博碩文化

❤ 236

U0086850

行動行銷的
13堂關鍵必修課

 ChatGPT ☑社群 ☑APP ☑大數據 ☑LINE ☑抖音
☑RWD ☑Mobile SEO ☑GA到GA4

胡昭民 著

✚ 結合ChatGPT打造並優化內容，充分運用AI工具魔法
✚ 提供打動人心的行銷策略例，最大化的行銷實戰祕笈
✚ 掌握電商發展趨勢，用對的工具和方法完成商業目的
✚ 介紹數位時代的行動行銷力，創造數位消費的新商機
✚ 重點行銷Tips、最夯行銷語詞，強化學習與深入思考

作　　者：胡昭民

董 事 長：陳來勝
總 編 輯：陳錦輝

出　　版：博碩文化股份有限公司
地　　址：221 新北市汐止區新台五路一段 112 號 10 樓 A 棟
　　　　　電話 (02) 2696-2869　傳真 (02) 2696-2867

發　　行：博碩文化股份有限公司
郵撥帳號：17484299　戶名：博碩文化股份有限公司
博碩網站：http://www.drmaster.com.tw
讀者服務信箱：dr26962869@gmail.com
訂購服務專線：(02) 2696-2869 分機 238、519
（週一至週五 09:30 ～ 12:00；13:30 ～ 17:00）

版　　次：2024 年 1 月初版

建議零售價：新台幣 680 元
I S B N：978-626-333-741-1
律師顧問：鳴權法律事務所 陳曉鳴律師

本書如有破損或裝訂錯誤，請寄回本公司更換

國家圖書館出版品預行編目資料

行動行銷的 13 堂關鍵必修課：ChatGPT. 社
群 .APP. 大數據 .LINE. 抖音 .RWD.Mobile
SEO.GA 到 GA4/ 胡昭民著 . -- 初版 . -- 新
北市：博碩文化股份有限公司 , 2024.01

面；　公分

ISBN 978-626-333-741-1(平裝)

1.CST: 網路行銷　2.CST: 網路社群　3.CST: 行
銷傳播　4.CST: 行動資訊

496　　　　　　　　　　　　　112022430

Printed in Taiwan

歡迎團體訂購，另有優惠，請洽服務專線
博 碩 粉 絲 團　(02) 2696-2869 分機 238、519

商標聲明

本書中所引用之商標、產品名稱分屬各公司所有，本書引用
純屬介紹之用，並無任何侵害之意。

有限擔保責任聲明

雖然作者與出版社已全力編輯與製作本書，唯不擔保本書及
其所附媒體無任何瑕疵；亦不為使用本書而引起之衍生利益
損失或意外損毀之損失擔保責任。即使本公司先前已被告知
前述損毀之發生。本公司依本書所負之責任，僅限於台端對
本書所付之實際價款。

著作權聲明

本書著作權為作者所有，並受國際著作權法保護，未經授權
任意拷貝、引用、翻印，均屬違法。

序
PREFACE

　　行動商務（Mobile Commerce, m-Commerce）是電商發展最新趨勢，行動商務最簡單的定義，就是行動通訊結合電子商務的一種資訊化商業服務。當智慧型手機普及後，行動行銷躍升成為數位行銷的最新課題，對於品牌或店家來說，這種利用行動裝置來行銷的策略，將可以為業績帶來全新的盈利藍海，企業與品牌該如何開始改變既有觀念與做法，將成為行銷人員當前最大的挑戰。

　　而行動行銷（Mobile Marketing）就是透過行動工具與無線通訊技術為基礎來進行行銷的一種方式，這同時也宣告真正無縫行動銷售服務及跨裝置體驗的時代來臨。

　　本書適用於對行動行銷感興趣的讀者，不管是行銷人員、開店老闆、社群管理員、網站設計和產品企劃人員、App 開發者以及相關網際網路從業人員，書中包含了最詳盡行動行銷的觀念解析，完整且詳實介紹行動行銷相關議題、重要觀念及最新行動行銷工具。精彩篇幅包括：

- 新眼球經濟的行動行銷黃金入門課
- App 抓住的行動商機與滾滾錢潮
- 讓營收翻倍的行動創新科技與應用
- 觸及率翻倍的行動社群行銷關鍵心法
- 成長駭客必修的熱門行銷宮心計
- 地表最強的全通路銷售法則
- 邁向成功店家捷徑的 LINE 超級賺錢術
- 指尖下的大數據淘金術與智慧行銷

- 買氣紅不讓的行動影音與抖音行銷攻略
- 打造美好行動體驗的響應式網頁設計（RWD）
- 集客瘋潮的 Mobile SEO 與語音搜尋贏家祕笈
- 網路大神的數據分析神器─GA 到 GA4
- 行動行銷最強魔法師─ChatGPT
- 最夯行動行銷專業術語

另外，本書也加入了「行動行銷最強魔法師─ChatGPT」，精彩單元如下：

- 聊天機器人與電子商務
- ChatGPT 初體驗
- ChatGPT 在數位行銷領域的應用
- 讓 ChatGPT 將 YouTube 影片轉檔
- 活用 GPT-4 撰寫行銷活動策劃文案
- AI 寫 FB、IG、Google、短影片文案
- 利用 ChatGPT 發想行銷企劃案

本書儘量輔以簡潔的介紹方式，期許各位能以最輕鬆的方式了解這些重要新議題，筆者深信這會是一本學習行動行銷最新理論與實務兼備的最佳工具書。

目錄
CONTENTS

Chapter 01　新眼球經濟的行動行銷黃金入門課

Chapter **02** App 抓住的行動商機與滾滾錢潮

Chapter 03 讓營收翻倍的行動創新科技與應用

Chapter 04 觸及率翻倍的行動社群行銷關鍵心法

Chapter 05　成長駭客必修的熱門行銷宮心計

Chapter 06　地表最強的全通路銷售法則

Chapter 07 邁向成功店家捷徑的 LINE 超級賺錢術

Chapter **08** 指尖下的大數據淘金術與智慧行銷

Chapter **09** 買氣紅不讓的行動影音與抖音行銷攻略

Chapter **10**　打造美好行動體驗的響應式網頁設計（**RWD**）

Chapter **11** 集客瘋潮的 **Mobile SEO** 與語音搜尋贏家祕笈

Chapter **12** 網路大神的數據分析神器 — **GA** 到 **GA4**

Chapter **13**　行動行銷最強魔法師─**ChatGPT**

Appendix A　最夯行動行銷專業術語

01
CHAPTER

新眼球經濟的
行動行銷黃金入門課

隨著 5G 行動寬頻和雲端服務（Cloud Service）產業的帶動下，全球行動裝置快速發展，結合了無線通訊無所不在的行動裝置充斥著我們的生活，讓行動載體應用也如雨後春筍般蓬勃發展，這股「新眼球經濟」所締造的市場經濟效應，正快速連結身邊所有的人、事、物，改變著我們的生活習慣，讓現代人在生活模式、休閒習慣和人際關係上有了前所未有的全新體驗。

PChome24h 購物 App，讓你隨時隨地輕鬆購

TIPS

5G 是行動電話系統第五代，也是 4G 之後的延伸，5G 技術是整合多項無線網路技術而來，對一般用戶而言，最直接的感覺是 5G 比 4G 又更快、更不耗電，預計未來將可實現 10Gbps 以上的傳輸速率。「雲端」其實就是泛指「網路」，「雲端服務」（Cloud Service），其實就是「網路運算服務」，透過雲端運算將各種服務無縫式的銜接，讓使用者可以連接與取得由網路上多台遠端主機所提供的不同服務。

尤其智慧型手機普及後，行動行銷躍升成為數位行銷的最新課題，對於品牌或店家來說，這種利用行動裝置來行銷的策略，將可以為業績帶來全新的盈利藍海，企業與品牌該如何開始改變既有觀念與做法，將成為行銷人員當前最大的挑戰。

時至今日，消費者在網路上的行為越來越複雜，這股浪潮也帶動行動上網逐漸成為網路服務之主流，「行動行銷」（Mobile Marketing）可以看成是網路行銷的延伸，連帶也使行動行銷成為兵家必爭之地，越來越多消費者使用行動裝置購物、搜尋與處理日常事務，藉由人們日益需求行動通訊，而讓行銷的活動延伸到人們線下（off-line）生活。

L'Oreal 彩妝成功用行動 App 隨時隨地服務客戶

TIPS　數位行銷（Digital Marketing），或稱為網路行銷（Internet Marketing），是一種雙向的溝通模式，能幫助無數電商網站創造訂單創造收入，本質其實和傳統行銷一樣，最終目的都是為了影響「目標消費者」（Target Audience, TA），主要差別在於行銷溝通工具不同，現在則可透過網路通訊的數位性整合，使文字、聲音、影像與圖片可以結合在一起，讓行銷的標的變得更為生動與即時。

1-1　行銷、品牌與網路消費者

Peter Drucker 曾經提出：「行銷（marketing）的目的是要使銷售（sales）成為多餘，行銷活動是要造成顧客處於準備購買的狀態。」行銷不但是一種創造溝通，並傳達價值給顧客的手段，也是一種促使企業獲利的過程，不管你在職場裡擔任什麼職務，這是一個人人都需要行銷的年代，我們可以這樣形容：「在企業中任何支出都是成本，唯有行銷是可以直接幫忙帶來獲利」，市場行銷的真正價值在於為企業帶來短期或長期的收入和利潤的能力。

在各位開始深入行銷領域時，經常會發現行銷的定義、內容與方式，會隨著科技與環境的演進而與時俱進。以往傳統的商品的行銷策略中，大都是採取一般媒體廣告的方式來進行，例如報紙、傳單、看板、廣播、電視等媒體來進行商品宣傳，傳統行銷方法的範圍通常會有地域上的限制，而且所耗用的人力與物力的成本也相當高。

🏠 產品發表會是早期傳統行銷的主要模式

不過當傳統媒體的廣告都呈現衰退之時，網路新媒體卻不斷在蓬勃成長，在行銷人心裡，主要是生產能讓客戶與之互動的內容，提供更豐富的用戶體驗已經成為自覺意識，現在則可透過網路的數位性整合，並且可以全年無休，全天候 24 小時的提供商品資訊與行銷服務。

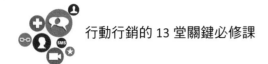
我們的生活受到行銷活動的影響既深且遠，行銷的英文是 Marketing，簡單來說，就是「開拓市場的行動與策略」，行銷策略就是在有限的企業資源下，盡量分配資源於各種行銷活動，基本的定義就是將商品、服務等相關訊息傳達給消費者，而達到交易目的的一種方法或策略。

行銷活動已經和現代人日常生活形影不離

1-1-1 品牌行銷的小心思

人要衣裝，佛要金裝，企業更要有好的品牌形象作為門面，現代行銷的最後目的，我們可以這樣形容：「行銷是手段，品牌才是目的！」。時至今日，品牌或商品透過網路行銷儼然已經成為一股顯學，品牌（Brand）就是一種識別標誌，也是一種企業價值理念與品質優異的核心體現，更是賣方為某個產品做「品質擔保」。品牌已經成長為現代企業的寶貴資產，建立品牌的目的即是讓消費者無意識地將特定的產品意識或需求與品牌連結在一起。品牌行銷的最終目的，是要引導顧客「行動」，假如顧客始終是被動接收訊息，那對品牌就一點效益也沒有，在產品與行銷的層面上，有些是天條，不能違背，數位行銷的第一步驟就是要了解你的產品定位，並且分析出你的「目標受眾」（Target Audience, TA），品牌更需要去理解自己「存在的價值」，以及「為誰而服務」，最重要的是要能與目標受眾引發「品牌對話」的效果。

蝦皮購物為東南亞及台灣最大的行動購物平台

TIPS 目標受眾（Target Audience, TA）又稱為目標顧客，是一群有潛在可能會喜歡你品牌、產品或相關服務的消費者，也就是一群「對的消費者」。

過去企業對品牌常以銷售導向做行銷，忽略顧客對品牌的定位認知跟了解，其實做品牌就必須先想到消費者的真正需求是什麼，而不能只想自己會生產什麼，才能讓品牌成為消費者心中獨一無二的存在。在現今消費者如此善變的時代，顧客對你的第一印象取決於品牌行銷的成效，而且品牌滿足感往往會驅動消費者下一次回購的意願，例如計畫型購物中，有超過一半的消費者傾向選擇自己較為熟悉的品牌，而在非計畫型購物中（在逛街時臨時看到有優惠活動），更有高達 8 成的消費者傾向購買自己曾經聽過或見過的品牌。最近相當紅火的蝦皮 App 購物平台利用「新媒體轉型」這個策略－「品牌大於導購」，有別於一般購物社群把目標放在導流上，把整體的競爭拉高到品牌意識上，希望逐步提升品牌市佔率，他們堅信將品牌建立在顧客的生活中，加深在大眾心目中的好印象才是現在的首要目標。

1-1-2 行動網路消費者

網際網路的迅速發展，改變了大部分店家與顧客的互動方式，並且創造出不同的行銷與服務成果，傳統消費者的購買歷程（Customer Journey），通常是想到要買什麼，再跑到實體商店裡逛逛，一家家的比價和詢問，因此必須由店家將資訊傳達給消費者，並經過一連串心理上的購買決策活動，最後才真的付諸行動，稱為 AIDA 模式，主要是讓消費者滿足購買需求的過程，所謂 AIDA 模式說明如下：

- **注意（Attention）**：網站上的內容、設計與活動廣告是否能引起消費者注意。
- **興趣（Interest）**：產品訊息是不是能引起消費者興趣，包括產品所擁有的品牌、形象、信譽。
- **渴望（Desire）**：讓消費者看產生購買欲望，因為消費者的情緒會去影響其購買行為。
- **行動（Action）**：使消費者產生立刻採取行動的作法與過程。

至今全球網際網路的商業活動，仍然持續高速成長，也促成消費者購買行為的大幅改變，根據各大國外機構的統計，網路消費者以 30-49 歲男性為多數，教育程度則以大學以上為主，充分顯示出高學歷、青壯族群與相關專業人才，多半是網路購物主要客群。相較於傳統消費者來說，現今消費者不但在購物時透過手機上網搜尋比價，比起品牌廣告文宣，更相信網友或親友推薦。購買商品後也會主動在網路上分享（Share），給予商品體驗後的個人評價，這些購物經驗更會影響其往後的購物決策，因此網路消費者的模式就多了兩個 S，也就是 AIDASS 模式，代表搜尋（Search）產品資訊與分享（Share）產品資訊的意思。

　　各位平時有沒有一種體驗，當心中浮現出購買某種商品的欲望，你對商品不熟，通常會不自覺打開 Google、臉書、IG 或搜尋各式網路平台，搜尋網友對購買過這項商品的使用心得或經驗，或專注在「特價優惠」的網路交易，購物者通常都會投入很多時間在這個產品搜尋的過程，尤其是年輕購物者都有行動裝置，很容易用來尋找最優惠的價格，所以「搜尋」（Search）是網路消費者的一個重要特性。

● 搜尋與分享是網路消費者的最重要特性

　　網路最大的特色就是打破了空間與時間的藩籬，與傳統媒體最大的不同在於「互動性」，由於大家都喜歡在網路上分享與交流，網路上會有所謂的發燒商品、爆紅團購潮等現象，就是泛指人們傾向遵從與追求多數大眾的選擇，「分享」（Share）是行銷的終極武器，70% 消費者認為其他消費者推薦或評論的內容，比品牌端提供的行銷內容更有參考價值，除了能迅速傳達到消費族群，也可以透過消費族群分享到更多的目標族群裡。根據國外最新調查，特別是新冠疫情延燒，使得人們減少出門頻率，轉往加入行動購物的行列，有高達 77% 台灣消費者曾下載品牌或電商所推出的 App，許多人喜歡躺在沙發上，直接立馬「手滑」血拼一番，還能輕鬆享受快速配送的服務，所以往往上午下單、下午就收到貨了，這種使用平板或手機直接購物的「沙發商務」（Coach Commerce）現象越來越普遍。

1-2　行動行銷簡介

「行動商務」（Mobile Commerce, m-Commerce）是電商發展的最新趨勢，不但促進了許多另類商機的興起，更有可能改變現有的產業結構。行動商務最簡單的定義，就是行動通訊結合電子商務的一種新型商業服務。自從 2015 年開始，行動商務的使用者人數，開始呈現爆發性的成長，現代人人手一機，人們的視線已經逐漸從電視螢幕轉移到智慧型手機上，從「網路優先」（Web First）向「行動優先」（Mobile First）靠攏的數位浪潮上，而且這股行銷趨勢越來越明顯。事實上，跟所有其他行銷媒體相比，行動行銷的「轉換率」（Conversation Rate）及「投資報酬率 ROI」（Return of Investment）最高。

> **TIPS**　「轉換率」（Conversion Rate）就是網路流量轉換成實際訂單的比率，訂單成交次數除以同個時間範圍內帶來訂單的廣告點擊總數。「投資報酬率」（Return of Investment）則是指透過投資一項行銷活動所得到的經濟回報，以百分比表示，計算方式為淨收入（訂單收益總額 − 投資成本）除以「投資成本」。

現在對於行銷人員來說，最重要的是行動端。他們必須每一分鐘都關注著行動端，因為這裡有著最完整的消費者輪廓，當行動載具全面融入消費者生活，開始全面影響過去的媒體使用邏輯，更為數位行銷領域增加了更多的新媒體通道。伴隨著這一趨勢，行動行銷迅速發展，所帶來的正是快速到位、互動分享後所產生產品銷售的無限商機。所謂「行動行銷」（Mobile Marketing），就是透過行動工具與無

🏠 行動行銷的四種特性

線通訊技術為基礎來進行行銷的一種方式，算是數位行銷的延伸，這同時也宣告真正無縫行動銷售服務及跨裝置體驗的時代來臨。

行動行銷作為一個熱詞進入越來越多人的視野，已經成為全球品牌關注的下一個戰場，相較於傳統的電視、平面，甚至於網路媒體，行動媒體讓消費者在使用時的心理狀態和過去大不相同，特別是行動消費者缺乏耐心、渴望和自己相關的訊息，如果訊息能引發消費者興趣，他們會立即行動，並且能同時創造與其他傳統媒體相容互動的加值性服務。因為行動行銷擁有如此廣大的商機，使得許多企業紛紛加速投入這塊市場，企業或品牌唯有掌握行動行銷的四種特性，才能發揮行動行銷的最大效益。

1-2-1　個人化

智慧型手機是一種比桌機更具「個人化」（Personalization）特色的裝置，就像鑰匙一樣，已成為現代大部份人出門必帶的物品，因為消費者使用行動裝置時，眼球能面向的螢幕只有一個，很有助於協助廣告主更精準鎖定目標顧客，將可以發揮有別於大量傳播訊息管道的傳播效果，因為越貼近消費者，發生實質轉換的交易機會越高。基於個人訊息和大數據進行的以個性化為特點的行銷戰役會成為未來行動行銷領域的重頭戲，真正達到進行一對一的行銷，讓消費者感到賓至如歸以及獨特感。

目前以年輕族群為主的滑世代，已經從過往需要被教育的角色，轉變到主動搜尋訊息來主導一切的消費特質，行動行銷的最大價值就是就是每一步必留下數據，透過「人工智慧」（Artificial Intelligence, AI）與過去所蒐集的數據與資料（例如點擊、瀏覽、放入購物車、購買和訂閱）等，從大數據（Big Data）中挖掘出特定顧客的喜好及行為意向，並依照個人經驗所打造的專屬行銷內容和服務，因此增加許多創新行銷策略與活動的可能性。消費者在品牌網站上接收到越貼近自身的資訊，發生實質轉換的機會越高，對於店家或品牌來説，滿足消費者的個別需求，展開客製化行銷戰役變得非常重要，最普遍的是服務是讓使用者在行動時能同步獲得資訊、

服務、及滿足個人的需求，讓消費者覺得這個網站是似乎專門為我設計，個人化的特性帶給行動行銷的價值，在於能精確掌握消費者行為習慣，提供貼心的服務，增加顧客的忠誠度。

> **TIPS** 人工智慧（Artificial Intelligence, AI）的概念最早是由美國科學家John McCarthy 於 1955 年提出，目標為使電腦具有類似人類學習解決複雜問題與展現思考等能力，也就是由電腦所模擬或執行，具有類似人類智慧或思考的行為，例如推理、規劃、問題解決及學習等能力。
>
> 大數據（又稱大資料、海量資料, big data），由 IBM 於 2010 年提出，主要特性包含三種層面：大量性（Volume）、速度性（Velocity）及多樣性（Variety）。由於數據的來源有非常多的途徑，大數據的格式也將會越來越複雜，甚至大數據也曾在美國大選中為歐巴馬陣營的競選活動提供大量的參考資訊，並成功打贏選戰。

全球知名運動品牌 NIKE 的服務也越來越多元與創新，在 NIKEiD.com 官網上，顧客可以選擇鞋款、材質、顏色等各種選項，並提交自己的設計，顧客可以自己設計客製化產品，或模擬自己喜歡的穿搭，為客群量身打造專屬的商品，甚至於藉由 NIKEiD AR 機台，在手機或平板上進行選色後，還能馬上投影於眼前，最後直接到店面拿到個人專屬的鞋款，特定訂單可享有免費寄送與退貨服務，希望讓「購物」這件事變得跟「看自己喜歡的電影」或「跟閨蜜聚餐」一樣私密有趣。

● NIKE 近來也大量提供客製化的服務

1-2-2 即時性

行動行銷相較於傳統行銷具有更多即時性（instantaneity），消費者可以透過各種行銷管道，不但能立即連結產品資訊，還可延伸到更多服務的觸角，店家必須在一波波行動行銷中，快速散播活動訊息，達到與潛在客戶即時互動的效果，真正做到在最適當的時間、將最適當的訊息、傳遞給最適當的對象，以轉換成真正消費的動力，讓消費者購物更加簡單方便。由於碎片化時代（Fragmentation Era）來臨，消費者平均注意時間正持續縮短，互動速度更加即時快速，碎片化的時間運用讓「即時滿足」成行銷關鍵。店家如何抓緊消費者眼球是重要行銷關鍵，當消費者產生購買意願時，習慣會透過行動裝置這類最貼身的工具達到目的，因此即時又便利的訊息能夠讓品牌被消費者所選擇，此時最容易能吸引他們對於行銷訴求的注意。

🏠 行動行銷提供即時購物商品資訊

> **TIPS** 由於行動網路出現，打破了人們原本固有的時間板塊，於是「時間碎片化」成為常態。所謂「碎片化時代」（Fragmentation Era）是代表現代人的生活被很多碎片化的內容所切割，因此想要抓住受眾的眼球越來越難，同樣的品牌接觸消費者的地點也越來越不固定，接觸消費者的時間越來越短暫，碎片時間搖身一變成為贏得消費者的黃金時間，電商想在行動、分散、碎片的條件下讓消費者動心，成為今天行動行銷的重要課題。

相信未來行動通訊的服務品質還會越來越好，更可用較低廉的費用享受到更快速即時的行動服務，許多品牌也因此以「即時行銷」為目標，網路上買賣雙方可以立即回應，有效提高行銷範圍與加速資訊的流通，例如外出旅遊時，可以直接利用手機搜尋天氣、路線、當地名勝、商圈、人氣小吃與各種消費資訊等等，讓消費者時時刻刻接收各項行動服務新資訊，增加購物的多元選擇，更能進一步加深品牌或產品的印象。

1-2-3　定位性

更多新科技發展使智慧手機使用者成為展開消費行為的族群核心，真正讓「定址服務」（Location Based Service, LBS）行銷的詢問度大大提升的是智慧型手機的普及，定位性（Localization）的行銷活動本來就一直是廣告主的夢想，它代表能夠透過行動裝置探知消費者目前所在的地理位置，並能即時將行銷資訊傳送到對的客戶手中，讓服務能清楚衡量效益，更能掌握精準目標族群，甚至還可以隨時追蹤並且定位，甚至搭配如 GPS 技術，讓使用者的購物行為可以根據地理位置的偵測，以名正言順的提供「適地性服務」（LBS），包括 LBS 向消費者傳送附近店家優惠，透過 App 下單店內取餐等，使得消費者能夠立即得到想要的消費訊息與店家位置，這時手機的定位功能更像是消費者的導航系統，帶領消費者參觀整個體驗之旅。

> **TIPS**　全球定位系統（Global Positioning System, GPS）是透過衛星與地面接收器，達到傳遞方位訊息、計算路程、語音導航與電子地圖等功能，目前有許多汽車與手機都安裝有 GPS 定位器作為定位與路況查詢之用。「定址服務」（Location Based Service, LBS）或稱為「適地性服務」，就是網路行銷中相當成功的環境感知的創新應用，例如提供即時的定位服務，從許多手機加值服務的消費行為分析，都可以發現地圖、定址與導航資訊主要是消費者的首選。

　　台灣奧迪汽車推出可免費下載的 Audi Service App，專業客服人員提供全年無休的即時服務，為提供車主快速且完整的行車資訊，並且採用最新行動定位技術，當路上有任何緊急或車禍狀況發生，只需按下聯絡按鈕，客服中心與道路救援團隊可立即定位取得車主位置。

奧迪汽車推出 Audi Service App，並採用行動定位技術進行服務

1-2-4　隨處性

　　「消費者在哪裡、品牌行銷訊息傳播就到哪裡！」，行動生活儼然從消費者心中的選配，轉變為標準配備，擺脫了以往必須在定點上網的限制，在消費者方便的時間、地點，及其條件來溝通互動，消費者不論上山下海隨時都能帶著行動裝置到處跑。「隨處性」（Ubiquity）就是打通消費者購物時的各個環節，能夠清楚連結任何地域位置，除了隨處可見的行銷訊息，還能協助客戶隨處了解商品及服務，滿足使用者對即時資訊與通訊的需求。

ELLE 時尚網站透過行動行銷快速在全球發行新品

目前行動通訊範圍幾乎涵蓋現代人活動的每個角落，行動化已經成為一股勢不可擋的力量，消費者在哪裡，通路即在哪裡！當隨經濟無所不在，我們該回到以人為本位的思考，因為店家或品牌如今已很難依靠單純商品介紹吸引消費者，必須將購買通路全力遍布在消費者的生活之中，使購物不再侷限於時地或是交易模式，不但普及全球各地，也能使商業行為直接跨越國家藩籬。全世界每一角落都可能具有潛在顧客，許多知名品牌的商品顯然都在進行「全球化行銷」（Global marketing），不管我們走在台北、東京或紐約等大都會的街頭，都有可能接收到行銷的訊息。

全家便利商店利用長尾效應再創業績高峰

由於實體商店都受到 80/20 法則理論的影響，多數店家都將主要資源投入在 20% 的熱門商品（big hits），不過全球化帶來前所未有的商機，特別是在行動的領域，其實應該勇於將產品推向世界，消費者們的品味趨向小眾化與特殊化，過去一向不被重視，在統計圖上像尾巴一樣的小眾商品，因為全球化市場的來臨，即眾多小市場匯聚成可與主流大市場相匹敵的市場能量，可能就會成為具備意想不到的大商機，足可與最暢銷的熱賣品匹敵。Chris Anderson 於 2004 年就首先提出「長尾效應」（The Long Tail）」的現象，也就是所有非主流的市場累加起來，就會形成一個比流行市場還大的市場，全家董事長潘進丁認為：「麻雀的尾巴一旦拉長，也會變成鳳凰。」，就像實體店面也可以透過無所不在的行動平台，讓平常迴轉率低的商品免於被下架的命運。

> **TIPS** 「長尾效應」（The Long Tail）」意指過去一向不被重視，在統計圖上像尾巴一樣的小眾商品，因為全球化市場的來臨，即眾多小市場匯聚成可與主流大市場相匹敵的市場能量，強調「小利潤大市場」，顛覆了傳統以暢銷品為主流的觀念，只要通路夠大，非主流需求量小的商品總銷量也可能成為具備意想不到的大商機。

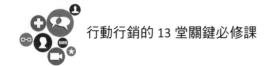

1-3　行動行銷與 4P

行銷人員在推動行銷活動時，最常提起的架構就是行銷組合，所謂「行銷組合」（marketing mix），各位可以看成是一種協助企業建立各市場系統化架構的元素，藉著這些元素來影響市場上的顧客動向。美國行銷學學者 Jerome McCarthy 在 20 世紀的 60 年代提出了著名的 4P 行銷組合，所謂行銷組合的 4P 理論是指行銷活動的四大單元，包括產品（product）、價格（price）、通

路（place）與促銷（promotion）等四項，也就是選擇產品、訂定價格、考慮通路與進行促銷等四種。

4P 行銷組合是近代市場行銷理論最具劃時代意義的理論基礎，屬於站在「產品供應端」（supply side）的思考方向，奠定了行銷基礎理論的框架，為企業思考行銷活動提供了四種容易記憶的分類架構。現代行銷的核心理念是以不斷創新求變為本質，為每個客戶提供量身打造的行銷模式，讓行銷成為一種投資而不是成本，通常這四者要互相搭配，才能提高行銷活動的最佳效果。隨著行動經濟時代來臨，地理疆界已被打破，行銷因為行動媒體而做了空前的改變，對於情況複雜的行動觀點而言，4P 理論的產品供應端觀點就相對要弱化許多，傳統行銷 4P 早已有了新的改變。

因為行動購物族有三高，分別是黏著度高、下單頻率高、消費金額也比一般網路消費者高，尤其行動消費者的購物行為改變，應以隨時（Anytime）、隨地（Anywhere）、任何設備（Any device）為原則，企業應該從過去「經營商品」的思維，轉向以人為核心的「服務與方便顧客」。店家和品牌在投入行動行銷前，思考重心應放在如何滿足與創新客戶的體驗與興趣，因此我們必須重新來定義與詮釋行動平台上的新 4P 新組合。

1-3-1 產品

　　產品（product）是指市場上任何可供購買、使用或消費以滿足顧客欲望或需求的東西，隨著市場擴增及消費行為的改變，產品策略主要研究新產品開發與改良，包括了產品組合、功能、包裝、風格、品質、附加服務等。如果沒有好的產品，再好的行銷策略也不見得會奏效。產品的選擇更關係了一家企業生存的命脈，一個成功的企業必須不斷地了解顧客對產品的需求，當廠商面對產品市場銷貨量逐步下滑時，另一方面就必須開發新產品。

　　在過去的年代，一個產品只要賣相夠好，東西自然而然就會大賣，然而在現代競爭激烈的行動市場中，企業必須面對來自全球各國的競爭者，往往提供相似產品的公司絕對不只一家，店家其實應該勇於將產品推向全世界，顧客可選擇對象實在太多了，加上顧客化「被動」為「主動」，從單方面接受廣告訊息，轉而積極搜尋或分享有興趣的產品。

　　在行動行銷的世界裡，訪客永遠不會給店家第二次機會去重新認識產品，過去產品的主導權由賣家掌握，賣家決定什麼是有價值的商品，如今已轉換成由消費者主導，消費者會更傾向選擇願意積極聆聽自己意見並做出調整的品牌，當企業計畫推出每一件新產品時，不是急於制定產品策略，或者優先考慮能生產什麼產品，反而必須要很明確思考消費者的需求與欲望。

　　行動行銷已經成為一種必然的趨勢，在行動領域當中，往往我們可能開發多時的產品因為市場的不領情而膠著不前，各位必須深刻了解未來商業核心與產品市場利基的決定就是消費者需求，行銷如同打仗，當擁有越完整有用資訊，獲得勝利的機會就越高。消費者都希望產品能夠反映出和自身相似的價值觀與需求，品牌將消費者意見化為改善產品的參考，讓消費者「共同創造」新產品，有效捕捉真正的市場需求，創造讓消費者認為：「這就是我想要的！」的口碑。例如蘋果（Apple）產品的行銷策略，絕對不會等到新產品到了發貨倉庫才來構思行銷，而是當產品還在設計階段時，就鎖定客戶夢想的關鍵性能，讓行銷的重心放在滿足醞釀顧客的期待與好奇。

🏠 蘋果（Apple）的產品策略在於實現客戶未來的夢想

二十一世紀初期手機大廠諾基亞以快速的創新產品設計及提供完整的手機功能，一度曾經在手機界獨領風騷，成為全世界消費者趨之若鶩的手機，不過隨著行動世代的快速來臨，因為錯失智慧型手機產品的生產而瀕臨崩壞。反觀國內手機大廠宏達電，由於虛擬實境（Virtual Reality Modeling Language, VR）策略的成功而帶來公司業績的大幅成長與未來空間。

🏠 宏達電（HTC）因應行動時代，積極推展 VR 相關產品

> **TIPS**
> 虛擬實境技術（Virtual Reality Modeling Language, VR）是一種程式語法，主要是利用電腦模擬產生一個三度空間的虛擬世界，提供使用者關於視覺、聽覺、觸覺等感官的模擬，利用此種語法可以在網頁上建造出一個 3D 的立體模型與立體空間，可讓設計者或參觀者在電腦中就可以獲得相同的感受，如同身處在真實世界一般，並且可以與場景產生互動，360 度全方位地觀看設計成品。

1-3-2　價格

　　「獲利」是企業經營的共同目標，影響獲利的因子很多，不過價格往往是決定企業的銷售量與營業額的最關鍵因素之一，也是唯一不花錢的行銷因素，更重要是消費者所追求的終極利益。許多店家認為價格由市場主導，而且很難設定客觀目標，企業可以根據不同的市場定位，配合制定彈性價格策略，商品不再是不二價，而是根據市場需求及生產量調整價格，價格要和產品的感知價值相連，千萬不要直接模仿其他公司的訂價策略，包括市場結構與效率都會影響訂價策略，例如訂價方法、價格調整、折扣及運費等，再透過競品分析過程看看競爭者推出類似產品的價格水準，因為行動時代消費者購買前會先搜尋與比價的行為，讓行動裝置成為購買決策過程中不可或缺的角色，甚至未來，店家還可以透過 AI，根據不同消費者來產生不同定價。

　　顧客就像水一樣，水總會往低處流，我們都知道消費者對高品質、低價格商品的追求是永恆不變的。大公司有規模經濟優勢，常以薄利多銷滲透市場選擇低價政策，可能帶來「薄利多銷」的榮景，卻不容易建立品牌形象，高價策略則容易造成市場上叫好不叫座的障礙，例如價格上漲一定會遇到一個批評，叫做「怎麼那麼貴？」。不過在行動時代，價格並不是影響顧客購買的最主要的因素，還必須緊貼顧客的行銷與消費新模式，因為在這個充滿同質化產品競爭的今天，關鍵在於商家有沒有跟顧客進行充分溝通，如果你的產品確實能夠滿足他，自然就會願意購買，因為消費者不會在乎競爭對手賣多少錢，也不會管你成本多少，只在乎他可以得到什

Trivago 提供保證最低價格的全球訂房服務

麼。傳統的訂價方式將消費者排斥到訂價體系之外，沒有充分考慮消費者的利益和承受力，企業今天必須首先瞭解和研究顧客，不能再依照自我的獲利策略定價，而是要透過一系列分析來瞭解消費者為滿足需求所願付出的成本基準點，再來提供產品價格。

1-3-3　通路

　　通路（place）是由介於廠商與顧客間的行銷中介單位所構成，通路運作的任務就是在適當的時間，把適當的產品送到適當的地點，企業與消費者的聯繫就是透過通路商來進行。由於通路運作是面對顧客的第一線，通路對銷售而言是很重要的一環，隨著愈來愈競爭的市場，迫使廠商越來越重視通路的改善。通路的選擇與開拓相當重要，掌握通路就等於控制了產品流通的管道。這幾年來，許多以網路起家的品牌，靠著對網購通路的了解和特殊的行銷手法，成功搶去相當比例的傳統通路市場，不論實體或虛擬店面，只要是撮合生產者與消費者交易的地方，都算是屬於通路的範疇，也是許多品牌最後接觸消費者的行銷戰場。

　　「還要讓我等多久？」、「到底什麼時候會到貨？」這些是所有行動電商會普遍碰到顧客抱怨的最頭痛問題，也幾乎是現在行動購物者最在意的問題，這個問題主要與購物通路的便利性息息相關。當行動購物已成趨勢，行動通路熱點越來越多，行銷的下一步將是勢必得朝向「隨經濟」（Ubiquinomics）的走向來發展。

> **TIPS**
>
> 　　「隨經濟」（Ubiquinomics）是盧希鵬教授所創造的名詞，是指因為行動科技的發展，讓消費時間不再受到實體通路營業時間的限制，行動通路成了消費者在哪裡，通路即在哪裡。消費者隨時隨處都可以購物，不僅改變你我的生活，也翻轉了品牌的行銷與經營策略，隨經濟的第一個特點，就在搶消費者的時間，因此任何節省時間的想法，都能提高隨經濟時代附加價值。

　　店家與品牌不再只是觀察市場，還必須從參與市場中了解市場需求，現代人由於工作和生活的忙碌，店家要思考如何給消費者更方便快速買到產品。購買的便利性當然是消費者利益的一部分，與傳統的行銷通路相比，行動行銷更重視服務與便利。在行動時代，當擁有了商品力，加上掌握與用戶發生關係的時時刻刻，就會有最大的商機，如何縮短消費者腦袋到口袋的距離？做行動行銷碰觸到的不只是相似的競爭品項，行銷操作上要更加整合、交叉和虛實三者並行，開啟了創新的全通路

體驗（Omni-Channel Experience）的發展。全通路體驗讓消費者能將其購買體驗無縫地在各種裝置上運作，多通路間彼此的互動成了很重要的課題，以投資極大化銷售的共同目標，把握線上流量，以帶動線下發展，多元化的一站式體驗即成為必然的趨勢，如此才能以零距離提升服務價值，包括流暢地連接瀏覽商品到消費流程，打造完美的通路體驗。

> **TIPS** 全通路體驗（Omni-Channel Experience）是專注於成為全管道、全天候、全頻道的消費年代，使得消費者無論透過桌機、智慧型手機或平板電腦，都能隨時輕鬆上網購物，全通路體驗讓實體與虛擬間的界線越趨模糊，透過各種平台加強和客戶的溝通，競相為顧客打造精緻個人化服務。

1-3-4　促銷

促銷（promotion）或者稱為推廣，就是將產品訊息傳播給目標市場的活動，透過促銷活動試圖讓消費者購買產品，以短期的行為來促成消費的增長。每當經濟成長趨緩，消費者購買力減退，這時促銷工作就顯得特別重要，產品在不同的市場周期時要採用什麼樣行銷活動與消費者溝通，如何利用促銷方案來感動消費者，並配合廣告及公開宣傳來拓展市場，讓消費者真正受益，實在是行銷活動中最為關鍵的課題之一。

「促銷」無疑是銷售行為中最直接吸引顧客上門的方式，不過胡亂打折特價不但不能有效解決問題，反而會降低企業利潤，一味促銷的結果，自然讓消費者感到無趣。行動行銷的最大特點就是讓消費者多了「選擇廣告」的權力，企業和顧客間能隨時隨地直接溝通對話，可以以較低的成本，讓企業給顧客量身定製的廣告來促

🔘 網家經常搭配許多行動端的促銷活動

銷其產品或服務。特別是行動行銷不再只是關注被客戶看到的次數，更在於消費者的參與與溝通，並掌握其消費喜好來重新創造另外一個行動消費場域。企業與顧客必須進行積極有效的雙向溝通，例如透過手機通訊的定位功能來獲取使用者所在的位置資訊，提供周邊店家的促銷資訊，當消費者在商家打卡或推薦，即可獲得優惠折扣等好康，例如網家（pchome）看好行動購物成趨勢，並積極打造以用戶為核心的購物環境，陸續推出行動端專屬促銷優惠及提升使用者體驗，嘗試與目標群眾建立起對話的橋梁，不但能給顧客更個人化資訊來推銷其產品，更能快速了解消費者對相關產品的需求，有效吸引年輕消費者目光。

1-4　行動 STP 策略規劃─我的客戶在哪？

　　企業所面臨的問題就是一個不斷變化的市場，總有人抱怨「現在的用戶口味越來越難搞了！」，而消費者也變得越來越精明，其實讓行動行銷不斷成長創新的關鍵實力就是來自客戶的挑剔。企業在進行行銷 4P 規劃前，必須先對於目前市場環境進行分析及了解，因為並非所有消費者都是你的目標客戶，企業必須從目標市場需求和市場行銷環境的特點出發，特別應該要聚焦在目標族群，透過環境分析階段了解所處的市場位置，特別是提供更豐富的用戶。

可口可樂的行動行銷規劃相當成功

　　美國行銷學家 Wended Smith 在 1956 年提出的 S-T-P 的概念，STP 理論中的 S、T、P 分別是「市場區隔」（Segmentation）、「市場目標」（Targeting）和「市場定位」（Positioning）。在企業準備開始擬定任何行銷策略時（如 4P 規劃前），必須先進行 STP 策略規劃，因為不是所有顧客都是你的買家，行動網路時代，主戰場在

小螢幕上，主要透過行動行銷規劃確認自我競爭優勢與精準找到目標客戶，然後定位目標市場，找到合適的客戶。在已知的行銷法則當中，我們會把 STP 當作競品規劃中一個核心邏輯，是串起品牌、產品和消費者的思考和決策過程，每個品牌都可以運用 STP 找到對的顧客來精準做行銷。STP 的精神在於就幫助品牌找到自己的價值定位，並且也找到認同品牌價值的受眾，通常不論是開始行動行銷規劃或是商品開發，第一步的思考都可以從 STP 策略規劃著手。

1-4-1　市場區隔

　　隨著市場競爭的日益激烈，產品、價格、行銷手段愈發趨於同質化，幾乎不可能會有某種品牌或產品，能吸引全世界全部的人需要或喜歡，商家應該要懂得區隔其他競爭者的市場，將消費者依照不同的需求與特徵，把某一產品的市場劃分為若干消費群的市場分類過程。「市場區隔」（Market Segmentation）是指任何企業都無法滿足所有市場的需求，應該著手建立產品差異化，行銷人員根據現有市場的觀察進行判斷，在經過分析潛在的機會後，接著便在該市場中選擇最有利可圖的區隔市場，並且集中企業資源與火力，強攻下該市場區隔的目標市場。

🏠 東京著衣主攻營大眾化時尚平價流行市場

　　這個道理就是想辦法吸引某些特定族群上門，也就是你期待誰會喜歡這樣的產品，絕對比夢想歡迎所有人更能為品牌帶來利潤。例如東京著衣創下了網路世界的傳奇，更以平均每二十秒就能賣出一件衣服，獲得網拍服飾業中排名第一，就是因為打出了成功的市場區隔策略。東京著衣的市場區隔策略主要是以台灣與大陸的年輕女性所追求大眾化時尚流行的平價衣物為主。產品行銷的初心在於不是所有消費者都有能力去追逐名牌，許多人希望能夠低廉的價格

買到物超所值的服飾，東京著衣讓大家用平價實惠的價格買到喜歡的商品，並以不同單品搭配出風格多變的造型，更進一步採用「大量行銷」來滿足大多數女性顧客的需求。近幾年來東京著衣為了搶攻行動商機，更攜手 91App 搶佔行動開店市場，不但掌握行動行銷趨勢，更可以依據不同區域的消費屬性，透過顧客關係管理系統（CRM）的分析來設定，達到與消費者間最良好的互動溝通。

> TIPS
>
> 「顧客關係管理」（Customer Relationship Management, CRM）是由 Brian Spengler 在 1999 年提出，最早開始發展顧客關係管理的國家是美國。CRM 的定義是指企業運用完整的資源，以客戶為中心的目標，讓企業具備更完善的客戶交流能力，透過所有管道與顧客互動，並提供適當的服務給顧客。

1-4-2　市場目標

　　隨著行動時代的到來，比對手更精確地對準市場目標，是所有行銷人員所面臨最大的挑戰，市場區隔是確定市場目標的關鍵因素，所謂「市場目標」（Market Targeting）是指完成了市場區隔後，下一步要做的，就是為你的品牌和產品鎖定一個目標市場。我們就可以依照企業的區隔來進行目標選擇，把適合的目標市場當成你的最主要的戰場，將目標族群進行更深入的描述，我們再從中選擇自己相對應的產品滿足其需要的哪幾個子市場。面對行動數位浪潮的來勢洶洶，現在對於行銷者來說，最重要的是行動端，因為這裡有著最完整的消費群體，創造對需求快速發展的行動用戶端競爭優勢，設定那些最可能族群，就其規模大小、成長、獲利、未來

漢堡王成功與麥當勞的市場做出差異化行銷

發展性、客群的溝通度等構面加以評估，並考量公司企業的資源條件與既定目標來投入。

例如漢堡王僅僅以分店的數量相比，當然是讓麥當勞遙遙領先，因此漢堡王針對麥當勞的弱點對於成人市場的行銷與產品策略不夠，而打出麥當勞是青少年的漢堡，主攻成人與年輕族群的市場，配合大量的行動行銷策略，喊出成人就應該吃漢堡王的策略，以此區分出與麥當勞全然不同的目標市場，而帶來業績的大幅成長。

TIPS 現代企業為了提高行銷的附加價值，開始對每個顧客量身打造產品與服務，塑造個人化服務經驗與採用「差異化行銷」（Differentiated Marketing），蒐集並分析顧客的購買產品與習性，並針對不同顧客需求提供產品與服務，為顧客提供量身訂做式的服務。

1-4-3 市場定位

「市場定位」（Positioning）是檢視公司商品能提供之價值，並向目標市場的潛在顧客訂定商品的價值與價格位階。市場定位是 STP 的最後一個步驟，也就是針對作好的市場區隔及目標選擇，再深入做市場定位。根據潛在顧客的意識層面，為企業立下一個明確不可動搖的層次與品牌印象，創造產品、品牌或是企業在主要目標客群心中鮮明獨特的印象，也就是必須在對的時間和對的狀態下，與你的消費者進行對話。各位會發現做好市場定位的店家，採取的每一個行銷行動都會與他們的市場定位策略結合，由於企業主與品牌商未來透過行動媒體接觸到消費者，消費者可能直接在智慧型裝置上就完成消費動作，行銷人員可以透過定位策略，讓企業的商

⬆ 85 度 C 全球的市場定位相當成功

品與眾不同，進一步再分化受眾，並對其溝通品牌優勢，當然市場定位最關鍵的步驟是跟產品的定價有直接相關。

例如在市場飽和及競爭激烈的咖啡連鎖事業戰國時代，85 度 C 的市場定位是主打高品質與平價消費的優質享受服務，將咖啡與烘焙結合，打出「咖啡 + 蛋糕 + 烘培」的混搭模式，甚至聘請五星級主廚來研發製作蛋糕西點，以更便宜的創新產品進攻低階平價市場。因為許多社會新鮮人沒辦法消費星巴克這種走高價位的咖啡店，85 度 C 就主打平價的奢華享受，咖啡只要 35 塊就可以享用，大規模拓展原本不喝咖啡的年輕消費族群喜歡來店消費，這也是 85 度 C 成立不到幾年，已經成為台灣飲品與烘焙業的最大連鎖店。

1-5 手遊 App 行銷的 SWOT 分析

SWOT 分析（SWOT Analysis）是由世界知名的麥肯錫諮詢公司所提出，又稱為「態勢分析法」，是一種很普遍的策略性規劃分析工具，也是最經典的行銷分析法。在這個資訊發達的年代，行動行銷愈來愈普及，我們可以採用 SWOT 分析來探討有關行動行銷所具備的優勢與劣勢。行銷企劃人員具備的最基本分析能力，就是針對企業或品牌做內外部環境分析，當使用 SWOT 分析架構時，面對的四個構面分別是企業的優勢（Strengths）、劣勢（Weaknesses）、與外在環境的機會（Opportunities）和威脅（Threats），就此四個面向去分析行銷策略的競爭力。

● 手機遊戲已成為目前最主流的遊戲平台

在已知的行銷法則當中，我們會把 SWOT 當作競品規劃中一個選項，行銷人員可作為分析企業競爭力與行動行銷規劃的基礎架構，優勢部份可列出企業的核心競爭優勢，劣勢部份則可以考慮企業有哪些弱勢層面，解決的策略共有 4 種：提升優勢、降低劣勢、把握可利用的機會與消除潛在威脅。

接下來我們將實際利用 SWOT 來分析台灣手機遊戲產業策略的競爭力，由於遊戲產業變化非常快速、產品類型也多，從最早的單機遊戲、線上遊戲到近年來崛起的手機遊戲又造成一股狂熱，現在打開電視，10 支廣告中可能有高達 7 成比例是手機遊戲，更令全球遊戲行銷市場產生重大變化。面對於人手一機的社會型態中，面對於手機逐漸飽和的市場，手機平台也是被重視的對象。

尤其對電玩遊戲公司來説，手機不僅只是傳遞單純的廣告訊息而已，還可以是一個呈現娛樂及豐富多媒體的個人平台。對於遊戲產品而言，開發一款手機遊戲就等於其他產業的產品研發，不過做手遊行動行銷碰觸到的不只是相似的競爭品項，這也是很多行銷高手在行動行銷領域當中可能會失敗的原因，從開發一個產品開始，就代表必須要思考如何行銷，行銷方法的轉變是必須更符合人們的習慣與行為，操作上要更加整合、交叉和虛實三者並行，特別是如何制定一個好的行動銷策略對遊戲商業模式的成功更是至關重要。

1-5-1 優勢（Strengths）：企業內部優勢

在各國遊戲業者紛紛朝向全球化經營的趨勢下，隨著線上與行動交易規模不斷擴大，傳統通路商的優勢不再，將傳統便利超商的通路行為，導引到行動支付，有效改善遊戲付費體驗，這對於遊戲公司內部的獲利能力，更有機會大幅提升。對於遊戲產品而言，遊戲行銷的巨大變化。最顯著的一個變化就是從傳統桌機行銷轉向以行動為中心的行銷，行動網路所帶來行銷方式的轉變更能即時符合全球玩家的習

慣與喜好，各種新的行銷工具及手法不斷推陳出新，傳統媒體與行動媒體的大融合是遊戲行銷人員不可忽視的熱門趨勢，無論你的團隊規模或預算大小，都可以利用行動行銷快速制定適合自己的廣告活動。例如透過世界知名的遊戲與地區社群合作，從而打入不同的地區市場，這些遊戲社群網站的討論區，一字一句都強烈左右著遊戲在當地玩家心中的地位。

🔴 遊戲基地 gamebase 巴哈姆特電玩資訊站

1-5-2　劣勢（Weaknesses）：企業內部劣勢

在過去的年代，遊戲產品的種類較少，一款遊戲只要本身夠好玩，東西自然就會大賣，然而在現代競爭激烈的全球市場中，能夠提供類似產品的公司百家爭鳴，顧客可選擇對象增多了，但是目前市場產品趨勢已開始飽和且往下坡走，現在主流遊戲走的都是「Free to play」的免費路線，「免費行銷」就是透過免費提供產品或者服務，達到極小化玩家轉移到自家遊戲的移轉成本，相對於過去以消費者購買點數卡為主，玩家得支付月費才能進入遊戲，因此近幾年遊戲廠商在整體收入方面有逐漸萎縮的趨勢。

（图）免費行銷方式會讓遊戲產商的獲利減少

1-5-3 機會（Opportunities）：企業外部機會

　　雖然大量「免費行銷」方式讓整體穩定收入減少，隨著行動科技不斷進步，現在每個玩家都人手一機，可以隨時收到訊息，廠商可以透過各種五花八門的加值服務來獲利，靠著利用走馬燈視窗展示虛擬物品或是觀戰權限、VIP 身分、介面外觀等商城機制來獲利。例如手機轉珠遊戲「神魔之塔」曾經廣受低頭族歡迎，就是官方經常辦促銷活動送魔法石，並活用社群工具以及跟遊戲網站合作，如此可吸引大量玩家的加入，想要獲得魔法石，全新角色等免費寶物，達到線上與線下虛實合一的效果，畢竟只要能贏得夠多玩家的青睞，對這款遊戲而言始終是佔有競爭優勢。

（图）神魔之塔的行銷手法是令遊戲火紅的關鍵

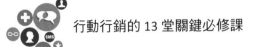
近年來「宅經濟」（Stay at Home Economic）這個名詞迅速火紅，在許多報章雜誌中都可以看見它的身影，「宅男、宅女」這名詞是從日本衍生而來，指許多整天呆坐在家中看 DVD、玩線上遊戲等地消費群，在這一片不景氣當中，宅經濟帶來的「宅」商機卻創造出另一個經濟奇蹟，也為手機遊戲產業注入一股新的活水。

1-5-4　威脅（Threats）：企業外部威脅

隨著遊戲市場競爭越來越激烈，必須認真思考外部大環境所帶來的可能風險，在行動領域當中，往往我們可能開發多時的產品因為市場的不領情而膠著不前，許多遊戲新產品的生命週期與以往的作品相較變得越來越短暫，加上虛擬貨幣及寶物價值日漸龐大，因此有不少針對遊戲設計的寶物取得外掛程式，甚至有些遊戲玩家運用自己豐富的電腦知識，透過特殊軟體（如特洛依木馬程式）進入電腦暫存檔獲取其他玩家的帳號及密碼，或用外掛程式洗劫對方的虛擬寶物，再把那些玩家的裝備轉到自己的帳號來，讓該款遊戲的公平性受到質疑，導致該款遊戲人數大量減少。

網路上有許多讓玩家交換寶物或購買的網站

> **TIPS**　全球知名的策略大師 Michael E. Porter 於 80 年代提出以五力分析模型（Porter five forces analysis）作為競爭策略的架構，他認為有 5 種力量促成產業競爭，每一個競爭力都是為對稱關係，透過這五方面力的分析，可以測知該產業的競爭強度與獲利潛力，並且有效的分析出客戶的現有競爭環境。五力分別是供應商的議價能力、買家的議價能力、潛在競爭者進入的能力、替代品的威脅能力、現有競爭者的競爭能力。

🔍　　　　　　　　**本章練習**　　　　　| GO

1. 什麼是 5G？

2. 請簡介數位行銷（Digital Marketing）。

3. 何謂行銷組合（marketing mix）？

4. 試簡述行銷組合的 4P 理論。

5. 請說明「長尾效應」（The Long Tail）。

6. 什麼是網路廣告的轉換率（Conversation Rate）及投資報酬率 ROI（Return of Investment）？

7. 請簡介行動行銷的四種特性。

8. 請簡介行動行銷（Mobile Marketing）。

9. 什麼是五力分析模型（Porter five forces analysis）？

10. 試簡述 STP 理論。

11. 請說明 SWOT 分析。

MEMO

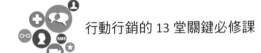
在智慧型手機、平板電腦逐漸成為現代人隨身不可或缺的設備時，全面改變了消費者的日常生活習性，最大功臣實在莫過於百花爭鳴的 App 了，因為智慧型手機所以能廣受歡迎，就是因為不再受限於內建的應用軟體，透過 App 的下載，擴充未來無限可能的應用。最新研究機構顯示，用戶使用手機時，幾乎有一半以上的時間花在 App 內。App 不僅能夠帶給用戶視覺上的舒心愉悅，還提供相對於網站而言更多樣化的服務。

電商與品牌如何將行動 App 結合行動行銷策略，快速吸引消費者的目光，佔領用戶的手機桌面，促進企業實現精準行銷，也成為當前最大行動行銷的熱門議題。

現在各大企業都已經意識到了與其不斷優化其網站在移動設備上的用戶體驗，不如推出公司的專屬 App，商品資訊與手機 App 相連，隨時隨地都能推播訊息給客戶。電商與品牌如何將行動 App 結合行動行銷策略，快速吸引消費者的目光，佔領用戶的手機桌面，促進企業實現精準行銷，也成為當前最大行動行銷的熱門議題。App 是現代店家或品牌經營者直接與行動用戶溝通的管道，行動行銷市場正式全面興起 App 行銷的熱潮。

L'Oreal 彩妝成功用 App 隨時隨地服務客戶

App 行動購物已經成為普羅大眾的流行風潮

2-1　行動裝置線上服務平台

　　App 是 Application 的縮寫，就是軟體開發商針對智慧型手機及平板電腦所開發的一種應用程式，App 涵蓋的功能包括了圍繞於日常生活的各項需求。App 市場交易的成功，帶動了如「憤怒鳥」（Angry Bird）這樣的 App 開發公司爆紅，讓 App 下載開創了另類的行動商務模式。App 是現代企業或品牌經營者直接與客戶溝通的最直接管道，有了 App，企業就等同為自己創造了巨大曝光機會的自媒體，還可作為展示品牌特點的最佳平台，另一方面則允許顧客隨時與品牌保持互動，許多知名購物商城或網站，開發專屬 App 也已成為品牌與網路店家必然趨勢。

🔵 憤怒鳥公司網頁

　　由於智慧型手機能夠依使用者的需求來安裝各種 App，為了增加作業系統的附加價值，蘋果與 Google 兩大平台都針對其行動裝置作業系統所開發的 App 推出了線上服務的平台，線上服務平台能夠提供了多樣化的應用軟體、遊戲等，透過 App 滿足行動使用者在實用、趣味、閱聽等方面的需求之外，讓消費者在購買其智慧型手機後，能夠方便地下載其所需求的各式軟體服務，App 勢將成為高度競爭市場，更是一種歷久不衰的行動商務與行銷模式。

2-1-1　App Store

　　App Store 是蘋果公司針對使用 iOS 作業系統的系列產品，如 iPod、iPhone、iPad 等，所開創的一個讓網路與手機相融合的新型經營模式，iPhone 用戶可透過手機或上網購買或免費試用裡面 App，與 Android 的開放性平台最大不同，App Store 上面的各類 App，都必須事先經過蘋果公司嚴格的審核，確定沒有問題才允許放上 App

Store 讓使用者下載，加上裝置軟硬體皆由蘋果控制，因此 App 不容易有相容性的問題。目前 App Store 上面已有數百萬個 Apps。各位只需要在 App Store 程式中點幾下，就可以輕鬆地更新並且查閱任何 App 的資訊。App Store 除了將所販售軟體加以分類，讓使用者方便尋找外，還提供了方便的金流和軟體下載安裝方式，甚至有軟體評比機制，讓使用者有選購的依據。店家如果將 App 上架 App Store 銷售，就好像在百貨公司租攤位銷售商品一樣，每年必須付給 Apple 年費 $99 美金，你要上架多少個 App 都可以。

● App Store 首頁畫面

TIPS　目前最當紅的手機 iPhone 就是使用原名為 iPhone OS 的 iOS 智慧型手機嵌入式系統，可用於 iPhone、iPod touch、iPad 與 Apple TV，為一種封閉的系統，並不開放給其他業者使用。

2-1-2　Google Play

Google 也推出針對 Android 系統所開發 App 的一個線上應用程式服務平台 — Google Play，允許用戶瀏覽和下載使用 Android SDK 開發，並透過 Google 發布的應用程式（App），透過 Google Play 網頁可以尋找、購買、瀏覽、下載及評級使用手機免費或付費的 App 和遊戲，包括提供音樂、雜誌、書籍、電影和電視節目，或是其他數位內容。

Google Play 為一開放性平台，任何人都可上傳其所開發的應用程式，Google Play 的搜尋除了比 Apple Store 多了同義字結果以外，還能夠處理錯字，由於 Android 平台的手機設計各種優點，可見得未來將像今日的 PC 程式設計一樣普及，採取開放策略的 Android 系統不需要經過審查程序即可上架，因此進入門檻較低。不過由於 Android 陣營的行動裝置採用授權模式，因此在手機與平板裝置的規格及版本上非常多元，因此開發者需要針對不同品牌與機種進行相容性測試。

● Google Play 商店首頁畫面

> **TIPS**
> Android 是 Google 公佈的智慧型手機軟體開發平台，結合了 Linux 核心的作業系統，可讓使用 Android 的軟體開發套件。Android 擁有的最大優勢，就是跟各項 Google 服務的完美整合，不但能享有 Google 上的優先服務，憑藉著開放程式碼優勢，愈來愈受手機品牌及電訊廠商的支持。

2-2 開發爆紅 App 的設計錦囊

近年來隨著行動裝置的大量成長，App 的數量如雨後春筍般的蓬勃發展，為了抓住行動族群的商機，App 設計的發展規模與技術已經超越了傳統網頁設計，因為智慧型手機已經是目前取代 PC 的主要上網媒體，畢竟品牌 App 的開發與設計是現階段提升品牌最具競爭力和可塑性的行銷模式。品牌想要製作專屬的 App 來推廣公司的產品也並不困難，包括 Android、Java、object-c、swift 都可以用來作為開發工具，甚至於像是 App Inventor 這樣簡單容易上手的積木式語言也可以。

> **TIPS**
>
> 「積木式語言」，就是設計者可以使用拖曳積木的方式組合出程式，積木式的圖像搭配觸控式螢幕，**App Inventor** 是 **Google** 所提供的 **Android** 開發環境，只要有 **Google** 帳戶皆可以免費使用，所有程式指令是靠拼塊積木堆疊而成，並不需要記憶複雜的程式語法，所以使用者能夠將重心放在創意發想、思考問題與解決問題上。

App 市場的競爭程度越來越激烈，在這片紅海之中，若要搶得一席之地，所謂「戲法人人會變，各有巧妙不同」，要開發一款成功爆紅的 App，關鍵在於是否提供用戶物超所值的體驗與跟消費需求，在行動商機無限大的今天，App 開發者更應了解市場需求與脈動，以下我們將說明 App 的開發設計過程中，助你衝高下載量的爆紅設計錦囊。

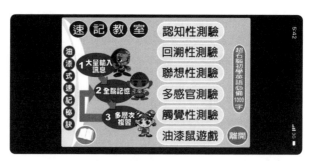

⌨ 本公司油漆式速記多國語言 App 的操作介面

2-2-1　清楚明確的開發主題

主題將會是決定 App 是否暢銷的一個很大因素，App 就跟一般商品一樣，開發團隊必須先決定出一個方向，絕對希望產品能滿足目標使用者的需求。App 行銷的核心價值在於「人」，當然希望產品能滿足目標使用者的需求。在開發 App 前，請先想想到底是要為誰開發？最後鎖定目標受眾，再決定一個你覺得最有可能成功的主題來製作與發想。簡單來說，就是要打造以人本目標為導向的 App。

正是沒有被找到的 App 就沒有價值，去下載一個免費 App 對消費者來說也是需要成本，App 主題必須留意重點的表達和互動效果，用戶使用 App 時，要能在最短時間內搜尋到這款產品的用途和特性，特別是在擁有超過幾百萬款 App 的網路商店中挑選，實在讓人眼花撩亂，搜尋到想要的 App 並不是一件很容易的事，一個有明確主題的 App，當然會更容易被用戶搜尋。

成功的 App 首先要有明確主題

2-2-2　迅速吸睛與操作簡單

App 可以說是行動裝置與顧客接觸最重要的管道，尤其是在功能及使用上顯著和網站使用有所不同，不但必須充分理解行動裝置的限制與特性，讓他們更好操作，因為當擁有了商品競爭力，如何縮短消費者腦袋到口袋的距離？完善的使用者介面將會是最好的入場門票。雖然在 App 的頁面空間較網頁小上很多，但不代表互動設計的要求就無法執行。由於視覺及介面設計是讓用戶打開之後決定 App 去留的關鍵，要盡可能把握動心黃金 3 秒，成功吸引用戶的目光，特別是從原本的電腦網頁轉變成為 App 時，消費者的耐心也會更少了，各位不妨透過採用一些設計小技巧，減輕等待感所帶來的負面情緒。例如透過放大的字體和更加顯眼的色彩來凸顯，不然他們也不會起心動念來下載。

把握黃金 3 秒，成功吸引用戶的目光

開發 App 時，千萬不要打算用複雜的介面來為難用戶，直觀好上手的原則絕對是王道，當然使用者偏好、操作情境或體驗等因素也必須加以考慮。Yahoo 執行長 Marissa Mayer 提出「兩次點擊原則」（The Two Tap Rule），表示一旦你打開你的 App，如果要點擊兩次以上才能完成使用程序，就應該馬上重新設計，這雖然不是一成不變的原則，不過可驅使你徹底的思考，哪些東西才是頁面上或流程中一定的必要。通常下載到難用的 App，就像遇到恐怖情人一樣，如果用戶無法輕易使用你的 App，也絕對不會想長期使用，根據統計，在用戶註冊後不到 3 天時間內，有約 7 成的用戶都選擇了解除安裝。事實上，當用戶下載 App 後，才是與其建立真正關係的開始，還有複雜的登入流程也可能讓使用者想都不想，就直接放棄。

2-2-3　簡約主義的設計風格

行動裝置的設計經常受到不同廠牌的差異而有所影響，例如手指觸控區、手機方向（垂直或水平）與手勢等，不過因為手機螢幕的尺寸還是始終有限，因此在 App 設計中，精簡是一貫的準則，必須要考慮效率與時間的因素，滿足用戶碎片化的溝通時間。現在 App 設計中使用簡約主義風格是主流，容易給人一種「更輕」的體驗，視覺表現進入了「素顏」時代，因為必須想方設法讓用戶的眼睛集中專注在有意義的訊息，簡約設計會讓人看起來寧靜清爽，也同時降低了使用者在該介面的導航成本，讓使用者能更舒適直覺地操作 App。

簡約主義風格是形式和功能的完美融合

例如太多的色彩也會給用戶負面影響，所以盡量簡化配色方案，透過真實的背景圖片與簡短文案互相搭配，也可以簡單而有整體感，例如可將點擊反應熱區做大一些，使用者在點選時就會更加容易。請記住用戶是用手指操作，而非滑鼠，必需考量讓手勢操作更友善的

互動方式。從某種意義上說，怎麼從一個操作的小按鈕，到跳出的提醒視窗都能符合這些條件，保留簡單的核心元素才是成功吸引用戶的關鍵，而且要盡量以圖形代替文字，提升用戶體驗，切記！保持品牌的與眾不同才能從多數產品中脫穎而出，展現自身特色，深入尋求用戶的個性體驗，提升市場競爭力。

2-2-4　做好 Icon 門面設計

自從智慧型手機火紅以來，在這麼多數以百萬 App 當中，通常最能夠在一瞬間，馬上抓住使用者目光的是什麼？就是 Icon（圖標）。要讓用戶選擇下載的話，Icon（圖標）的辨識度和色彩感就變得極為重要了，身為 App 開發者的各位，怎能小看這看似簡單的 Icon 設計？

Icon 是 App 設計中非常重要元素，通常可以嘗試轉換成具有商家特色的小圖標，只需搭配簡易的 logo，這樣能讓用戶更加清晰了解到商家的特點，還能減少用戶認知成本，加深對品牌認識，更容易聯想到這支 App 的用途。一個有寓意的圖標或文字都可以成為介面的唯一重點，也是視覺傳達的主要手段之一，當然 Icon 和介面設計的統一性也相當重要。例如以下透過這些代表 App 的臉，用簡潔的一個 Icon 來表現，就能給人一種很舒適立體的感覺，會讓使用者在第一時間內有關聯性的想像，進而從 Icon 感受到該款 App 所要表達特定遊戲的氛圍。

● 好的 Icon 是一套受歡迎 App 的門面

2-2-5 App 與社群緊密結合

完成後的 App 產品要有全盤的行銷企劃，才能成功推展出去，對 App 開發商來說，在行動介面的領域，將產品推向全世界才是終極目標，最大挑戰就是該如何很快被廣大用戶注意。由於行動行銷成為主流，社群媒體仍是全球熱門入口 App，人與人的互動具備散播性，我們知道社群平台可以說是依靠行動裝置而壯大，Facebook、Instagram、LINE、Twitter、YouTube 等各種社群媒體，早已經離不開大家的生活，社群平台理所當然成為推廣 App 最具影響力的管道之一。

當 App 得以通過測試順利上架，行銷工作嚴格來說才正要開始，由於在社群上，粉絲都有各自的喜好，隨著使用習慣移轉，社群與 App 的連結，正是目前爆紅

App 結合社群更能創造行銷的效益

App 的共同行銷趨勢。社群是手機上低頭族最常使用的功能，當社群的推廣上能夠切中議題，後續發酵的行銷效果將超乎預期，到底 App 如何跟社群做實際結合呢？首先社群的效果從下載 App 前就開始發生，必須一併納入規劃，最好是能夠結合你的 LINE@、Facebook、Instagram 帳戶等等社群行銷計畫，強化品牌認知。

例如藉助 Facebook App 的廣告位尋找目標受眾，受眾點擊廣告後，就會立刻在手機上下載廣告中的 App，當然也能將 App 的內容與社群結合，通常行動用戶如果透過社群網路分享新的 App，其他好友或粉絲也會較為願意嘗試下載試用。

2-3 UI/UX 的魔法包裝術

短短只有數年光陰，因為行動裝置的普及，讓 App 數量如雨後春筍般的蓬勃發展，**App** 設計趨勢通常可以反映當代的技術與時尚潮流。由於視覺是人們感受事物的主要方式，無論是 App 還是傳統網頁的介面，設計成果都是消費者購買它們的最關鍵因素之一，如何設計出讓用戶能簡單上手的介面是整體設計的重點，畢竟許多企業與品牌花了許多成本開發 App，到頭來還是有不少用戶在試用體驗後就直接選擇了卸載。因此近來對於 UI/UX 話題的討論大幅提升，畢竟 App 的 UI/UX 設計與動線規劃結果扮演著能否留下使用者舉足輕重的角色，也是顧客吸睛的主要核心依據。

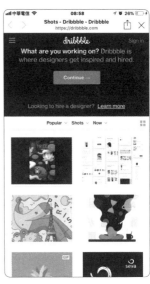

● Dribbble 網站有許多最新潮的 UI/UX 設計樣品

2-3-1 UI/UX 的異想世界

UI（User Interface，使用者介面）是屬於一種虛擬與現實互換資訊的橋梁，也就是使用者和電腦之間輸入和輸出的規劃安排，App 設計應該由 UI 驅動，因為 UI 才是人們真正會使用的部份，主要考慮「產品怎麼呈現」，以使用者便利性與整個視覺美學為出發點設計，包括整個 App 產品的顏色、字型、字體大小，我們可以運用視覺風格讓介面看起來更加清爽美觀，因為良好的互動設計配合直觀達意的 UI 設計，不僅較好地傳遞品牌資訊，還能讓用戶在體驗中提升品牌好感度，減少因等待造成的煩躁感。

● UI Movement 專門收錄不同風格的頁面設計

除了維持網站上視覺元素的一致外，盡可能著重在具體的功能和頁面的設計。同時在 App 開發流程中，UX（User Experience，使用者體驗）研究所佔的角色也越來越重要，UX 的範圍則不僅關注介面設計，更包括所有會影響使用體驗的所有細節，包括視覺風格、程式效能、正常運作、動線操作、互動設計、色彩、圖形、心理等。真正的 UX 是建構在使用者需求之上，是使用者操作過程當中的感覺，主要考量點是「產品用起來的感覺」，目標是要定義出互動模型、操作流程和詳細 UI 規格。全世界公認 UX 設計大師的蘋果賈伯斯過去有一句名言：「我討厭笨蛋，但我做的產品連笨蛋都會用。」一語道出了 UX 設計的精髓。賈伯斯帶領的蘋果團隊不僅知道如何設計出消費者真正需要的產品，將產品和品牌背後的精神和理念與顧客的體驗完美結合。

通常不同產業、不同商品用戶的需求可能全然不同，就算商品本身再好，如果戶在與店家互動的過程中，有些環節造成用戶不好的體驗，例如 App 介面內容的載入，一直都是令開發者頭痛的議題，如何讓載入過程更加愉悅，絕對是努力的方向，因為也會影響到用戶對店家的觀感或購買動機。

談到 UI/UX 設計規範的考量，也一定要以使用者為中心，例如視覺風格的時尚感更能增加使用者的黏著度，或者如文字與圖形的排列會使設計更具層次，還可以將介面上的內容做優先順序的區分，也能提高用戶在瀏覽的可讀性。近年來特別受到扁平化設計風格的影響，極簡的設計本身並不是設計的真正目的，因為乾淨明亮的介面往往更吸引用戶，讓使用者的注意力可以集中在介面的核心訊息上，在主題中使用更少的顏色變成了一個流行趨勢，例如在色彩的設定上，我們儘可能設定一種顏色作為此設計的基底，另外再選擇一或兩種顏色作為輔助色就好。而且講究儘量不打擾使用者，這樣可以使設計變得清晰和簡潔，請注意！千萬不要過度設計，打造簡單而更加富於功能性的 UI 才是終極的目標。

　　設計師在設計 App 的 UI 時，還是必須以「人」作為設計中心，傳遞任何行銷訊息最重要的就是讓人「一看就懂」，所以儘可能將資訊整理得簡潔易懂，不用讀文字也能看圖操作，同時能夠掌握網站服務的全貌。尤其是智慧型手機，在狹小的範圍裡要使用多種功能，設計時就得更加小心，例如放棄使用分界線就是為了帶來一個具有現代感的外觀，讓視覺體驗更加清晰，或者當文字的超連結設定過密時，常常讓使用者有「很難點選」的感覺，適時的加大文字連結的間距就可以較易點選到文字。

文字連結過於密集，很難點選 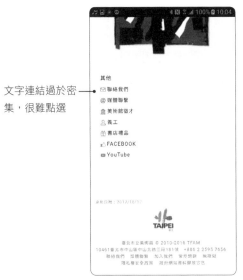  加大的間距很容易點選到目標物

　　因為手機所能呈現的內容有限，想要將資訊較完整的呈現，那麼折疊式的選單就是不錯的選擇。如下所示，在圖片上加工文字，可以讓瀏覽者知道圖片裡還有更多資訊，可以一層層的進入到裡面的內容，而非只是裝飾的圖片而已。（如左下圖所示）而主選單文字旁有三角形的按鈕，也可以讓瀏覽者一一點選按鈕進入到下層。（如右下圖所示）：

由此路徑可知道目前所在的階層，也方便回到最上層做其他選擇

折疊式選單，透過三角形的方向，讓使用者知道還有隱藏的內容

圖片上加入文字標題和符號，讓使用者知道裡面還有隱藏的內容

2-4 App 行銷私房集客術

在智慧型手機成為現代人隨身不可或缺的設備時，App 與人們的生活產生更緊密的關聯，也改變了數位行銷生態，當 App 行銷逐漸成為有力的行銷工具的此時，現代企業必須將行動 App 化為行銷策略的一環，透過 App 滿足行動使用者在生活各方面的需求外，對於品牌行銷而言，這也是一個不容忽視的溝通管道。

App 不僅能夠帶給用戶視覺上的愉悅，還為用戶提供相對於網站而言更多樣化的服務，透過用戶主動下載與分享，企業就等同於建立自己的行銷媒體，隨時隨地都能推播訊息給客戶，加上配合成熟的銷售導購機制，能讓消費者變得更容易手滑買下去。為了因應使用者在運用行動設備時的情境與使用模式，接下來我們將為各位介紹幾種目前相當常見的 App 行銷方式。

京站時尚廣場推出專屬 App 來拓展行動市場

2-4-1　創意行銷與智慧無人商店

創意往往是行銷的最佳動力，尤其是在面對一個三百六十度行動整合行銷的時代，有趣的 App 絕對可以吸引大家注意，品牌 App 不只是下廣告，還必須打造有梗的點子，更要具體傳達品牌背後的行銷目的，為了提高 App 的下載量與知名度，如果能夠在創意中加入客製化行銷，那絕對會帶給用戶很大的驚喜。

由於行動用戶同樣也會是一般媒體的使用者，App 與傳統商店方可以彼此整合資源，因此還可以不斷地跨足各種實體商品的販售，Amazon 是電子商務網站地先驅與典範，除了擁有幾百萬種多樣商品之外，成功的因素不只是懂得傾聽客戶需求，而且還不斷努力提升消費者購買動機，在行動應用領域的創新作法也沒有缺席。

Amazon 經常與實體商店進行創意整合行銷

Amazon 除了針對手機 App 購物者，不但推出限定折扣優惠商品，並在優惠開始時推播提醒訊息到消費者手機，結合商品搜尋與自定客製化推薦設定等功能，透過各種行銷措施來打造品牌印象與忠誠度。近年來更推出智慧無人商店 Amazon Go，只要下載 Amazon Go 專屬 App，當你走進 Amazon Go 時，打開手機 App 感應，在店內不論選擇哪些零食、生鮮或飲料都會感測到，然後自動加入購物車中，除了在行動平台上進行廣告外，更可以透過 App 作為最前端的展示，甚至於等到消費者離開時手機立即自動結帳，自動從 Amazon 帳號中扣款，讓客戶免去大排長龍之苦，享受「拿了就走」的快速流暢消費體驗。

Amazon 推出的智慧無人商店 Amazon Go

2-4-2　App 品牌行銷

App 已成為品牌界新平台，品牌運用 App 行銷已是不可或缺的媒體選擇，不再是單純提供產品或服務，而是創造多樣化的行銷策略，App 中則可以包含圖片、影音諸多元素，用戶可以全方位的感受品牌的溫度，並讓消費者有更好的好感度。

由於現代人使用 App 的時間比瀏覽網站的時間多，有些品牌的 App 可以說是與消費接觸的最重要管道，並且具備更多與顧客溝通與互動的機會。因為有了專屬 App，對於品牌行銷而言，不僅能夠帶給用戶服務便捷性的提升，透過使用者參與，甚至是取得促銷優惠，隨時隨地把顧客應該知道的需求，直接送到顧客「手上」。行動行銷重點在利用有限的產品週期內找到精準的目標，知名日本服飾品牌 UNIQLO 也相當著重 App 品牌行銷，曾經推出過多款實用品牌 App 與消費者互動。

例如 UNIQLO 曾經推出一款 UT CAMERA App，能讓世界各地的消費者在試穿時拍攝短片，再將短片上傳至活動官網，並能上傳臉書與朋友分享，將自己的作品上與全世界熱愛穿搭的消費者分享，這種結合實體試穿、上傳、評選、再線上展示等步驟的行銷方式，充分利用消費者平日的愛秀的個性來介紹品牌，提升品牌曝光度與知名度，並且吸引了更多消費者到實體門市購買。

消費者只要打開「零點選」App，熱呼呼的披薩立刻送到家

UNIQLO 相當努力經營 App 品牌行銷

2-4-3 App 遊戲化行銷

談到遊戲，想必將勾起許多人年少輕狂時的快樂回憶，遊戲本身就有一種樂趣會使人著迷，追求更多的樂趣也成為了品牌應用不可或缺的行銷主題。「遊戲化行銷」（Gamification Marketing）是指將遊戲中有好玩的元素與機制，透過行銷活動讓受眾「玩遊戲」，同時深化參與感，將你的目標客戶緊緊黏住，遊戲化行銷想引發病毒行銷效益，有趣自然就有話題，因此成了各個品牌不斷探索的新行銷模式。

🔵 星巴克咖啡將顧客分級，並鼓勵顧客努力爭取升級

遊戲化行銷借助遊戲化的平台建立與消費者之間的關係，像是積分、闖關、升級等等元素，融入與運用於行銷策略上，有助於提高消費者的參與度，讓消費者可以在玩遊戲過程中體驗品牌的魅力。例如透過不同的關卡提升經驗值，或者根據使用者參與的程度給予不同積分，甚至於利用集點的方式誘導消費者持續購買，嘗試與消費者建立更友善的互動關係，增加消費者與品牌的連結。全球連鎖咖啡星巴克早就致力將 App 應用到品牌服務的各個環節，不但能得知星巴克行銷活動訊息，傳送一般生日特惠、個人化專屬優惠與折扣，查詢星巴克門市、商品等資訊，並結合遊戲化行銷（Gamification）的概念來推動品牌行銷。

例如推出手機 App 蒐集顧客資料，藉由分析這些潛在客戶，從中找到最有價值的潛在客戶進行精準行銷，還推出了「星禮程」隨行卡的會員優惠，加入星禮程會員，只要消費即可累積「星點」回饋，鼓勵會員比賽努力升級，並且透過會員分級競賽的方式給予不同優惠回饋，星巴克的核心價值就是要透過和顧客的連接，並且配合各種推廣活動的遊戲化行銷概念來大幅提升業績。

2-4-4　App 嵌入廣告行銷

現代人追求更多的樂趣成為了不可或缺的消費誘因，行動裝置功能上已從通訊功能昇華為社交、娛樂、遊戲等更多層次的運用，透過行動裝置 App 來達到行銷宣傳的最大功臣莫過於免費 App 的百花爭鳴了，透過免費 App 滿足使用者在生活各方面的需求外，全球 App 數量目前仍在增加中，且多數的 App 都有其營收、獲利模式，然而大約 80% 以上開發者選擇 App 嵌入廣告為單一營利方式。

App 嵌入廣告也是目前很熱門的行銷方式

例如 App 嵌入廣告在許多手機遊戲行銷方面也獲得了快速的發展，有些 App 動輒下載達百萬次，各種置入性廣告便急速成長，以眼花撩亂的手段吸引玩家注意，只差沒直接叫玩家付錢。以 Android 手機來說，廣告種類有內嵌式與全螢幕推播廣告兩種，其中 Google 的 AdMob 無庸置疑是最受歡迎，在手機遊戲市場這一種方式尤其流行。App 開發商會在廣告聯盟中設定 CPA（回應數收費），由於遊戲開發商了解消費者的生命周期價值，他們更願意按每次下載付費。訪客每次透過廣告聯盟下載 App 後，遊戲開發商才會向廣告聯盟支付一定的費用。

> **TIPS**
> Cost per Action, CPA（回應數收費）：廣告店家付出的行銷成本是以實際行動效果來計算付費，例如註冊會員、下載 App、填寫問卷等。畢竟廣告對店家而言，最實際的就是廣告期間帶來的訂單數，可以有效降低廣告店家的廣告投放風險。

2-4-5　行動購物 App 行銷

　　愈來愈多業者投入以行動裝置為主的電商市場，近年來不斷萌生許多利用 App 經營的網路商店，其中行動購物 App 相當受到歡迎，不但可以省去上街購物的時間與心力，對於店家而言更是有效降低開店相關成本。

　　網路拍賣商機不但延燒到手機，也改變了消費者的生活型態，例如快速崛起的蝦皮（Shopee）購物 App，超過 1,200 萬人次下載，也成為 App Store 年度最佳 App 購物類別冠軍，蝦皮購物 App 是一個供買賣雙方線上交易的免費 App 軟體，利用行動購物 App 應用軟體低成本且流通速度快的優點，使經營成本降到最低，只需要 30 秒即可快速將商品上架，標榜「隨時隨地，隨拍即賣！讓拍賣就像 po 文一樣簡單」，蝦皮拍賣開始上市時提供免上架費、免手續費給使用者，並跳脫一般拍賣市場的複雜程序，並提供值得信賴的付款機制、物流

蝦皮購物為東南亞最大的行動購物平台

服務，還與黑貓宅急便合作推出「免運費」的服務，以及友善的操作介面，讓你隨時隨地都能輕鬆享受購物與開店的樂趣。

2-5　App 數據分析神器─Flurry Analytics

　　在網站流量分析上，大多數的用戶會使用 Google Analytics 去做數據分析，然而在行動裝置的 App 使用者數據追蹤上，Flurry 則最堪稱具代表性的強大分析工具。Flurry Analytics 是一套相當受歡迎的 App 行動分析免費工具，是目前全球領先的行動數據分析平台，並能輕鬆對您的 iOS 和 Android 版本 App 進行比較。

2-5-1　Flurry Analytics 簡介

Yahoo 於 2014 年 8 月併購了 Flurry 後，Yahoo 更進一步為廣大的開發者和廣告主提供行動 App 的解決方案，每個月在全球針對二十幾億台行動裝置進行追蹤，透過 Flurry Analytics 的協助，我們可以清楚分析全球行動用戶在行動裝置上的使用行為，開發者可以透過不同維度去了解目標使用者，結合這些寶貴的數據分析資訊，來幫助行動 App 的開發者，優化產品與提高使用者體驗。當各位想使用 Flurry 分析工具，必須先到官方網站註冊帳號，網址如下：https://www.flurry.com/。

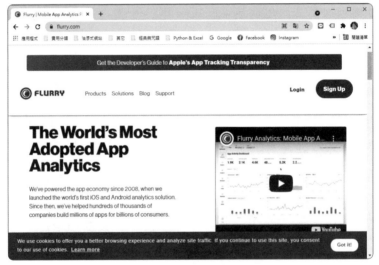

https://www.flurry.com/

我們可以透過 Flurry 行動數據的分析資訊，清楚看出在指定區域或國家的哪些類型的 App 使用量成長最多，或哪些類型 App 的下載大幅減少，舉例來說明，當發現市場中遊戲類型的 App 的使用次數大幅增加，或許可以推測是因為市場推出重量級大品遊戲。另外我們還可以觀察出某些 App 的使用頻率變化也和季節高度相關，例如暑假期間遊戲類 App 使用量就會開始增加。

手機上體驗跑跑卡丁車的一款熱門遊戲

2-5-2 跨螢功能與植入追蹤碼

許多行動 App 的開發團隊，為了因應行動化趨勢，積極開發跨螢新功能，成功引導 Web 用戶到 App，透過 Flurry 分析，除了能夠自動統計使用者背景與行為分析、監控各種網路行銷活動成效，還可以提供統計數據及圖表給開發者參考，進而分析使用者在 App 上行為，有助於研發團隊了解使用者對所設計 App 中不同特定功能的喜好程度，以作為未來改進 App 產品的研發方向，並可以做到更精準有效的行動廣告解決方案。

目前全球有超過 100 萬件 App 及 25 多萬組開發商設備使用 Flurry 分析平台，與市面上分析工具最大的差別就在於 Flurry 所收集的資料庫非常龐大，這些數據能夠深入剖析全球行動用戶在行動裝置上的使用行為。Flurry Analytics 技術主要是在所要追蹤的 App 中植入追蹤碼，每個月追蹤全球超過 21 億台行動裝置，它分析每個用

戶的操作習性與喜好，例如流量、使用者性別、停留時間、使用路徑等、年齡層分佈、新舊客戶、用戶下載 App 後留存率等。以下兩個網頁分別說明如何將 Flurry SDK 整合到在 iOS 及 Android 平台中相關作法：

資料來源：https://developer.yahoo.com/flurry/docs/integrateflurry/ios/

資料來源：https://developer.yahoo.com/flurry/docs/integrateflurry/android/

　　當越來越多開發者使用這樣的免費服務後，Flurry 的行動數據資料庫規模將更加龐大，如此一來就能更精準預測和掌握消費者行為，來幫助研發團隊找出新產品開發的亮點。除了可以避免浪費錢將廣告投放到錯誤目標外，更能研發出更符合廣大用戶喜好的 App。例如為了將所研發的 App 有效推廣到消費者面前，App 研發團隊或是企業的行銷部門，通常會透過多種行銷管道與或舉辦各種活動來提升下載率，透過 Flurry Analytics 可以讓管理者依照不同的行銷活動產出不同的網址，來幫助管理者掌握不同企劃的行銷活動的點擊數、下載數、下載品質…等，藉以判斷哪一種行銷活動帶來的效益最大，並作為企業未來在行銷經費資源分配比重的調整。

　　當然，各位如果想利用 Flurry 追蹤 App 用戶的操作行為，首先必須在 App 中植入 Flurry 的追蹤程式碼，讀者如果有興趣進一步了解相關技術支援，可以連上 Yahoo 的官方網站：

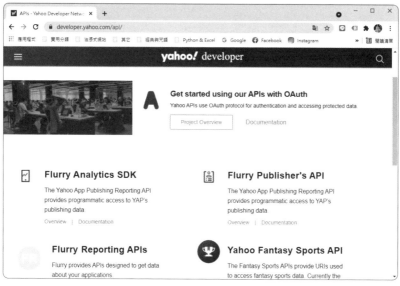

資料來源：https://developer.yahoo.com/api/

2-5-3 Yahoo App 廣告聯播網

由於 Flurry 精準的 App 分析能力，於是吸引了越來越多開發者加入 Yahoo App 廣告聯播網的行列。Yahoo App 廣告聯播網提供多種型式的廣告選擇，運用來自 Flurry 對行動大數據的行為分析，可以幫助 App 研發商以最適合的廣告來吸引客戶，並且精準行銷 App，並擁有更多管道行銷推廣 App。以下為申請在 Yahoo 網站刊登廣告的資訊填寫頁面（https://tw.emarketing.yahoo.com/ysmacq/position.html），下面的網頁中清楚說明了如果各位想要在 Yahoo 網站刊登廣告在素材的準備上相當簡易，只需要供一張圖片（1200*627 pixel）和網址連結，就可以在 Yahoo 廣告聯播網曝光，這些可以將您刊登的廣告曝光的版位包括了：Yahoo 奇摩及 Yahoo 行動版的首頁、新聞、股市、信箱…等，同時也包括了各大外站聯播網。

Yahoo 廣告聯播網可以為網站增加更多收益

2-5-4 常見的 Yahoo Flurry 功能

透過 Yahoo Flurry 大數據除了可以幫助研發商更了解使用者外,也有「指標」（benchmark）功能,讓開發者觀察自己的 App 在同類型 App 的全球排名。除了上述所提到的各項 Flurry 特色外,以下摘要簡介幾個 Yahoo Flurry 較為常見的重要的功能:

- **事件**:可以追蹤用戶如何使用您的行動 App 的各種行為,還可以透過用戶路徑分析的功能,以圖表呈現的方式清楚看出用戶所進行的事件,例如:安裝日期、行動 App 的版本、地理位置、使用語言、取得管道…等。

- **客群**:針對不同群組的行動 App 用戶,建立「使用量」、「留存率」、「用戶取得」…等報表,例如留存率這項收集到的數據,可以用來觀察所設計的行動 App 的用戶流失情形及用戶重新使用的百分比。

- **使用者基本資料**:透過 Flurry,可以向用戶收集年齡和性別資料。

以上只針對幾個重要功能摘要簡介,如果各位想要更清楚了解 Flurry 產品功能細節,不妨連上 https://www.flurry.com/analytics/ 網址:

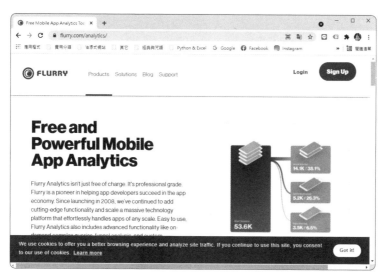

🌐 Flurry Analytics 產品功能特色說明

資料來源:https://www.flurry.com/analytics/

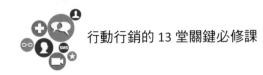

至於如何幫助各位順利將 Flurry 的追蹤程式碼植入到 App 中，來充份感受 Flurry 分析工具的強大功能，有興趣的讀者可以參考底下部落客網頁的步驟介紹：

🌐 資料來源：https://www.twblogs.net/a/5b8962622b71775d1ce183bb

本章練習 | GO

1. App 是什麼？

2. 什麼是 App Store ？

3. 為什麼 App 嵌入廣告目前相當流行？

4. 請問 Google Play 有哪些特色？

5. 請簡介 App Inventor。

6. 請介紹 UI（使用者介面）/UX（使用者體驗）。

7. 請列舉 App 的設計過程中，能夠衝高下載量的五大基本設計技巧。

8. 請簡介 Icon 與 App 開發的重要性？

9. 請簡介 Flurry Analytics 工具。

10. 請簡述如何做好 App 品牌行銷。

11. 請列舉四種常見的 App 行銷方式。

MEMO

03
CHAPTER

讓營收翻倍的
行動創新科技與應用

- ⊙ 雲端運算與服務
- ⊙ 物聯網
- ⊙ 行動支付的熱潮
- ⊙ 引爆行動行銷的創新技術

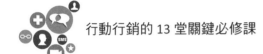
科技是影響企業未來營運的最大革新因素，行動商務的應用發展已經超乎了你我的想像，各種行銷與服務形態逐漸擴大到每個人的生活圈，行動行銷近年更成為各電商業者的兵家必爭之地，更重新詮釋了新的電商市場行銷型態。同樣是網路行銷，換到行動裝置就是完全不同的戰場，要了解消費者行為，就必須進入其日常情境。行動行銷最重要的目標是在低頭族們快速滑手機的當下，透過行動行銷模式的持續創新，以吸引消費者的目光，為了因應新興行動網路應用服務模式的演進趨勢，接下來我們將會為各位介紹相關的當紅科技創新應用。

🔘 App 行動購物已經成為現代人的流行風潮

3-1　雲端運算與服務

隨著網路技術和頻寬的發達，雲端運算（Cloud Computing）已經成為下一波電腦與網路科技發展的重要商機，或者可以看成將運算能力提供出來作為一種服務，由於雲端運算環境日益成熟，現在許多電商開店的解決方案，不再需要在硬體或資料庫的建置作太多的投資，有利於業者進行全球市場的布局。雲端運算時代來臨將大幅加速電子商務市場發展，到了 2021 年時全球 B2C 電子商務市場規模預估將向上飆升到的 3.5 兆美元以上。

所謂「雲端」其實就是泛指「網路」，希望以雲深不知處的意境，來表達無窮無際的網路資源，更代表了規模龐大的運算能力。與過去網路服務最大的不同就是「規模」。

🔘 雲端運算帶動電子商務快速興起，小資族可以輕鬆在雲端開店

雲端運算將虛擬化公用程式演進到軟體即時服務的夢想實現，也就是利用分散式運算的觀念，將終端設備的運算分散到網際網路上眾多的伺服器來幫忙，讓網路變成一個超大型電腦。未來每個人面前的電腦，都將會簡化成一臺最陽春的終端機，只要具備上網連線功能即可。例如雲端概念的辦公室應用軟體，可以將編輯好的文件、試算表或簡報等檔案，直接儲存在網路硬碟空間中，提供各位一種線上儲存、編輯與共用文件的環境。

🏠 雲端運算要讓資訊服務如同家中水電設施一樣方便

3-1-1 認識雲端服務

所謂「雲端服務」，簡單來說，其實就是「網路運算服務」，如果將這種概念進而衍伸到利用網際網路的力量，讓使用者可以連接與取得由網路上多台遠端主機所提供的不同服務，就是「雲端服務」的基本概念。根據美國國家標準和技術研究院（National Institute of Standards and Technology, NIST）的雲端運算明確定義了三種服務模式：

- **軟體即服務**（Software as a service, SaaS）：是一種軟體服務供應商透過 Internet 提供軟體的模式，使用者用戶透過租借基於 Web 的軟體，使用者本身不需要對軟體進行維護，可以利用租賃的方式來取得軟體的服務，而比較常見的模式是提供一組帳號密碼。例如：Google docs。

只要瀏覽器就可以開啟雲端的文件

■ 平台即服務（Platform as a Service, PaaS）：是一種提供資訊人員開發平台的服務模式，公司的研發人員可以編寫自己的程式碼於 PaaS 供應商上傳的介面或 API 服務，再於網絡上提供消費者的服務。例如：Google App Engine。

Google App Engine 是全方位管理的 PaaS 平台

- **基礎架構即服務**（Infrastructure as a Service, IaaS）：消費者可以使用「基礎運算資源」，如 CPU 處理能力、儲存空間、網路元件或仲介軟體。例如：Amazon.com 透過主機託管和發展環境，提供 IaaS 的服務項目。

●中華電信的 HiCloud 即屬於 IaaS 服務

TIPS

1. 公用雲（Public Cloud）：是透過網路及第三方服務供應者，提供一般公眾或大型產業集體使用的雲端基礎設施，通常公用雲價格較低廉。

2. 私有雲（Private Cloud）：和公用雲一樣，都能為企業提供彈性的服務，而最大的不同在於私有雲是一種完全為特定組織建構的雲端基礎設施。

3. 社群雲（Community Cloud）：是由有共同的任務或安全需求的特定社群共享的雲端基礎設施，所有的社群成員共同使用雲端上資料及應用程式。

4. 混合雲（Hybrid Cloud）：結合公用雲及私有雲，使用者通常將非企業關鍵資訊直接在公用雲上處理，但關鍵資料則以私有雲的方式來處理。

按此鈕上傳相片

🏠 Google 相簿可以和親友與閨蜜共享 / 共用相簿

雲端服務包括許多人經常使用 Flickr、Google 等網路相簿來放照片，或者使用雲端音樂讓筆電、手機、平板來隨時點播音樂，打造自己的雲端音樂台；甚至於透過免費雲端影像處理服務，就可以輕鬆編輯相片或者做些簡單的影像處理。例如雲端筆記本是目前相當流行的一種雲端服務，我們可以使用雲端筆記本記錄來隨時待辦事項、創意或任何想法，還可將它集中儲存在雲端硬碟，無論人在哪何處，只要手邊有電腦、平板電腦和手機，都可以快速搜尋到所建立的筆記，讓筆記資料跨平台同步。

🏠 Google 雲端硬碟可以連結到 100 個以上的雲端硬碟應用程式

3-1-2 邊緣運算

我們知道傳統的雲端資料處理都是在終端裝置與雲端之間，這段距離不僅遙遠，當面臨越來越龐大的資料量時，也會延長所需要的傳輸時間，特別是人工智慧開始運用於日常生活層面時，常因網路頻寬有限、通訊延遲與缺乏網路覆蓋等問題，遭遇極大傳輸上的挑戰，未來 AI 從過去主流的雲端運算模式，必須大量結合邊緣運算（Edge Computing）模式，搭配 AI 與「邊緣運算」能力的裝置也將成為幾乎所有產業和應用的主導要素。

⬆ 雲端運算與邊緣運算架構的比較示意圖

圖片來源：https://www.ithome.com.tw/news/114625

「邊緣運算」（Edge Computing）屬於一種分散式運算架構，可讓企業應用程式更接近本端邊緣伺服器等資料，資料不需要直接上傳到雲端，而是盡可能靠近資料來源以減少延遲和頻寬使用，而具有了「低延遲（Low latency）」的特性，這樣一來資料就不需要再傳遞到遠端的雲端空間。例如在處理資料的過程中，把資料傳到在雲端環境裡運行的 App，勢必會慢一點才能拿到答案；如果要降低 App 在執行時出

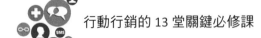

現延遲，就必須傳到鄰近的邊緣伺服器，速度和效率就會令人驚艷，如果開發商想要提供給用戶更好的使用體驗，最好將大部份 App 資料移到邊緣運算中心進行運算。

許多分秒必爭的 AI 運算作業更需要進行邊緣運算，這些龐大作業處理不用將工作上傳到雲端，即時利用本地邊緣人工智慧，便可瞬間做出判斷，像是自動駕駛車、醫療影像設備、無人機、行動裝置、智慧零售等應用項目，例如無人機需要 AI 即時影像分析與取景技術，由於即時高清影像低延傳輸與運算大量影像資訊，只有透過邊緣運算，資料就不需要再傳遞到遠端的雲端，就可以加快無人機 AI 處理速度，在即將來臨的新時代，AI 邊緣運算象徵了全新契機。

🔵 音樂類 App 透過邊緣運算，聽歌不會再卡卡

🔵 無人機需要即時影像分析，邊緣運算可以加快 AI 處理速度

3-2 物聯網

當人與人之間隨著網路互動而增加時，萬物互聯的時代就已經快速降臨，物聯網（Internet of Things, IOT）就是近年資訊產業中一個非常熱門的議題，台積電董事長張忠謀於 2014 年時出席台灣半導體產業協會年會（TSIA），明確指出：「下一個 big thing 為物聯網，將是未來五到十年內，成長最快速的產業，要好好掌握住機會。」他認為物聯網是個非常大的構想，很多東西都能與物聯網連結。

國內最具競爭力的台積電公司把物聯網視為未來發展重心

物聯網（Internet of Things, IOT）是近年資訊產業中一個非常熱門的議題，最早的概念是在 1999 年時由學者 Kevin Ashton 所提出，是指將網路與物件相互連接，實際操作上是將各種具裝置感測設備的物品，例如 RFID、NFC、環境感測器、全球定位系統（GPS）雷射掃描器等裝置與網際網路結合起來而形成的一個巨大網路系統，全球所有的物品都可以透過網際網路技術讓各種實體物件、自動化裝置彼此溝通和交換資訊。

物聯網系統的應用概念圖

圖片來源：www.ithome.com.tw/news/88562

　　現代人的生活正逐漸進入一個「始終連接」（Always Connect）網路的世代，物聯網的快速成長，快速帶動不同產業發展，除了資料與數據收集分析外，也可以回饋進行各種控制，這對於未來人類生活的便利性將有極大的影響，AI 結合物聯網（IoT）的智慧物聯網（AIoT）將會是電商產業未來最熱門的趨勢，未來電商可藉由智慧型設備來了解用戶的日常行為，包括輔助消費者進行產品選擇或採購建議等，並將其轉化為真正的客戶商業價值。

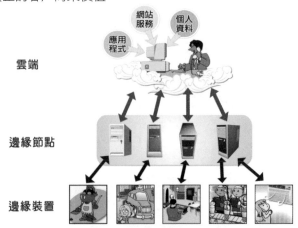

智慧物聯網的應用

　　物聯網的多功能智慧化服務被視為實際驅動電商產業鏈的創新力量，特別是將電商產業發展與消費者生活做了更緊密的結合，因為在物聯網時代，手機、冰箱、桌子、咖啡機、體重計、手錶、冷氣等物體變得「有意識」且善解人意，最終的目標則是要打造一個「智慧城市」，未來搭載 5G 基礎建設與雲端運算技術，更能加速現代產業轉型。

　　例如物聯網還可以進行智慧商務應用，「智慧場域行銷」就是透過定位技術，把人限制在某個場域裡，無論在捷運、餐廳、夜市、商圈、演唱會等場域，都可能收到量身訂做的專屬行銷訊息，舊式大稻埕是台北市第一個提供智慧場域行銷的老商圈，配合透過佈建於店家

⬆ 大稻埕是台北市第一個提供智慧場域行銷的老商圈

的 Beacon，藉由 Beacon 收集場域的環境資訊與準確的行銷訊息交換，夠精準有效導引遊客及消費者前往店家，並提供逛商圈顧客更美好消費體驗，讓示範性場域都有良好成效。

> **TIPS**
>
> 　　Beacon 是種低功耗藍牙技術（Bluetooth Low Energy, BLE），藉由室內定位技術應用，可做為物聯網和大數據平台的小型串接裝置，具有主動推播行銷應用特性，比 GPS 有更精準的微定位功能，是連結店家與消費者的重要環節，只要手機安裝特定 App，透過藍牙接收到代碼便可觸發 App 做出對應動作，可以包括在室內導航、行動支付、百貨導覽、人流分析，及物品追蹤等近接感知應用。隨著支援藍牙 4.0 BLE 的手機、平板裝置越來越多，利用 Beacon 的功能，能幫零售業者做到更深入的行動行銷服務。

行動行銷的 13 堂關鍵必修課

3-2-1　RFID

「無線射頻辨識技術」（radio frequency identification, RFID）是一種自動無線識別數據獲取技術，可以利用射頻訊號以無線方式傳送及接收數據資料，而且卡片本身不需使用電池，就可以永久工作。RFID 主要是由 RFID 標籤（Tag）與 RFID 感應器（Reader）兩個主要元件組成，原理是由感應器持續發射射頻訊號，當 RFID 標籤進入感應範圍時，就會產生感應電流，並回應訊息給 RFID 辨識器，以進行無線資料辨識及存取的工作，最後送到後端的電腦上進行整合運用，也就是讓 RFID 標籤取代了條碼，RFID 感應器也取代了條碼讀取機。

例如在所出售的衣物貼上晶片標籤，透過 RFID 的辨識，可以進行衣服的管理。因為 RFID 讀取設備利用無線電波，只需要在一定範圍內感應，就可以自動瞬間大量讀取貨物上標籤的訊息。不用像讀取條碼的紅外掃描儀般需要一件件手工讀取。RFID 辨識技術的應用層面相當廣泛，包括如地方公共交通、汽車遙控鑰匙、行動電話、寵物所植入的晶片、醫療院所應用在病患感測及居家照護、航空包裹、防盜應用、聯合票證及行李的識別等領域內，甚至於 RFID 在企業供應鏈管理（Supply Chain Management, SCM）上的應用，例如採用 RFID 技術讓零售業者在存貨管理與貨架補貨上獲益良多。

🏛 RFID 也可以應用在日常生活的各種領域

全球最大的連鎖通路商 Wal-Mart 要求前 100 大上游供應商在貨品的包裝上裝置 RFID 標籤，以便隨時追蹤貨品在供應鏈上的即時資訊，或者運用在 Web 上的訂單進度查詢，能讓業者清楚了解什麼商品值得放在特定位置展售的好工具，定期掃瞄核對商品，來了解物品銷售情形。此外，RFID 更能與行銷活動做結合成為有效的宣傳手法之一，除了可連結 Facebook、影片、留言與相片等收集，還能與個人資料結合，肯定將是一大利器，整合資料庫行銷（DatabaseMarketing），算是進行一對一精準行銷的好用工具。

3-2-2　NFC

NFC（Near Field Communication，近場通訊）是由 PHILIPS、NOKIA 與 SONY 共同研發的一種短距離非接觸式通訊技術，又稱「近距離無線通訊」，扮演物聯網應用重要關鍵技術。NFC 以 13.56MHz 頻率範圍運作，能夠在 10 公分以內的距離達到非接觸式互通資料的目的，資料交換速率可達 424 kb/s，可在您的手機與其他 NFC 裝置之間傳輸資訊，因此逐漸成為行動支付、行銷接收工具的最佳解決方案。

NFC 目前是最為流行的金融支付應用

NFC 技術其實並不是新技術，也是由 RFID 感應技術演變而來的一種非接觸式感應技術，簡單來說，RFID 是一種較長距離的射頻識別技術，而 NFC 是更短距離的無線通訊技術。NFC 的應用是只要讓兩個 NFC 裝置相互靠近，就能夠啟動 NFC 功能，接著迅速將內容分享給其他相容於 NFC 行動裝置。

近年來 NFC 相關技術也逐漸與行動行銷結合，包括下載音樂、影片、圖片互傳、交換名片、折價券和交換通訊錄和電影預告片等，或者門禁、學生員工卡、數位家電識別、商店小額消費、交通電子票證等。目前許多行動行銷案例也開始應用這項技術來進行推廣，例如有些書籍雜誌也開始應用 NFC 技術，只要將手機靠了過去就可以聽到悅耳的宣傳音樂，還可以結合各種 3C 家電產品的連結應用，透過手機感應 NFC 後，再透過專屬品牌 App 來連線與行銷推廣特定商品。

3-3　行動支付的熱潮

隨著行動商務的興起，未來將會有更多樣化的無店舖銷售型態通路，根據各項數據都顯示消費者已經使用手機來包辦處理生活中大小事情，甚至包括了行銷、購物與付款，特別是開始風行的行動支付，也對零售業帶來相當大的改變。整體而言，網路發達讓跨境不再有地域限制，但「行動支付」（Mobile Payment）的便捷性才是新興商務模式的重點。所謂行動支付，就是指消費者透過行動裝置對所消費的商品或服務進行帳務支付的一種方式，可藉由綁定信用卡、電子票證或是儲值等方式進行支付，很多人以為行動支付就是用手機付款，其實手機只是一個媒介，平板電腦、智慧手錶，只要可以行動聯網都可以拿來做為行動支付。

越來越多的品牌和 App 都適用於行動支付，這也是它們抓住行動支付用戶群的方式，門市不僅不用擺刷卡機也能接受信用卡支付，使用行動支付如支付寶，更可吸引陸客至門市消費。就消費者而言，直接用行動裝置刷卡、轉帳，甚至用來付費搭乘交通工具，提供快速收款及付款服務，讓你的手機直接變身為錢包。

👆 目前行動支付模式多到令人暈頭轉向

圖片來源：https://www.womstation.com/archives/10692

💡 TIPS 2004 年淘寶網開創支付寶，寫下「第三方支付」（Third-Party Payment）的新里程碑，讓 C2C 的交易不再因為付款不方便，買家不發貨等問題受到阻擾，在淘寶網購物，都是需要透過支付寶才可付，也支援台灣的信用卡刷卡，是很便利的一種付費機制。第三方支付機制就是在交易過程中，除了買賣雙方外，透過第三方來代收與代付金流，不同的購物網站，各自有不同的第三方支付的機制，例如美國很多網站會採用 PayPal 來當作第三方支付的機制，在中國最著名的淘寶網，採用「支付寶」就是屬於第三方支付的模式。

自從金管會宣布開放金融機構申請辦理手機信用卡業務開始，正式宣告引爆全台「行動支付」的商機熱潮，行動支付將促使商家降低儲存現金的風險與成本，消費者也能夠享受真正出門不用帶錢包的時代來臨！對於行動支付解決方案，目前主要是以 QR Code、條碼支付與 NFC（近場通訊）三種方式為主。

3-3-1　QR Code 支付

在這 QR Code 被廣泛應用的時代，未來商品也可以透過 QRCode 的結合行動支付應用，QR-Code 行動支付的優點具有製作容易、快速讀取且儲存資料容量大等特性，還能免辦新卡，突破行動支付對手機廠牌的仰賴，不管 Android 或 iOS 都適用，還可設定多張信用卡，等於把多張信用卡放在手機內，目前為行動支付市場的主流付款模式。店家不需要額外裝置設備或導入 App，民眾只要以手機掃描店內 QR Code 即可付款。QR Code 行動支付有別傳統支付應用，不但可應用於實體與網路特店等傳統型態通路，更可以開拓多元化的非傳統型態通路，中華電信推出 QR Code 信用卡行動支付 App「QR扣」，與玉山銀行、國泰世華、萬泰銀行、中國信託、元大銀行、台灣銀行、合作金庫及台新銀行等 8 家銀行

玉山信用卡首創 QR Code 行動支付一機在手即拍即付

信用卡合作，只要用手機或平板電腦拍攝商品 QR Code，串接銀行信用卡收單系統完成付款，就可以透過行動上網輕鬆完成購物。

> **TIPS**
>
> QR Code（Quick Response Code）是由日本 Denso-Wave 公司發明的二維條碼，利用線條與方塊所結合而成的黑白圖紋二維條碼，不但比以前的一維條碼有更大的資料儲存量，除了文字之外，還可以儲存圖片、記號等相關資訊，因為製作成本低且操作簡單，只要利用手機內建的相機鏡頭「拍」一下，馬上就能得到想要的資訊，或是連結到該網址進行內容下載，讓使用者將資料輸入手持裝置的動作變得簡單。

3-3-2　條碼支付

條碼支付近來在世界各地掀起一陣旋風，各位不需要額外申請手機信用卡，超商超市中只要有開立發票之一般消費皆能使用付款碼支付，同時支援 Android 系統、iOS 系統，免綁定電信業者，只要下載 App 後，以手機號碼或 Email 註冊，接著綁定手邊信用卡或是現金儲值，手機出示付款條碼給店員掃描，即可完成付款。條碼行動支付現在最廣泛被用在便利商店，不僅可接受現金、電子票證、信用卡，還與多家行動支付業者合作，目前有「GOMAJI」、「歐付寶」、「Pi 行動錢包」、「街口支付」、「LINE Pay」及甫上線的「YAHOO 超好付」等 6 款手機支付軟體。

● LINE Pay 行動錢包，可以快速累積點數

例如 LINE Pay 主要以網路店家為主，將近 200 個品牌都可以支付，LINE Pay 支付的通路相當多元化，越來越多商家加入 LINE 購物平台，可讓您透過信用卡或現金儲值，信用卡只需註冊一次，同時支援線上與實體付款，而且 LINE Pay 累積點數非常快速，且許多通路都可以使用點數折抵。至於 PChome Online（網路家庭）旗下的行動支付軟體「Pi 行動錢包」，與台灣最大零售商 7-11 與中國信託銀行合作，可以利用「Pi 行動錢包」在全台 7-11 完成行動支付。

3-3-3　NFC 行動支付 ── TSM 與 HCE

隨著行動支付普及率持續成長，NFC 最近會成為市場熱門話題，主要是因為其在行動支付中扮演重要的角色，當您的錢包忘了帶出門時，使用手機上的 NFC 付款是不錯的選擇，可以讓兩個電子裝置包括讀卡機，在非常短的距離進行無線且安全的傳輸。NFC 感應式支付在行動支付的市場可謂後發先至，越來越多的行動裝置配置這個功能，NFC 手機進行消費與支付已經是一個未來全球發展的趨勢，只要您的

手機具備 NFC 傳輸功能，就能向電信公司申請 NFC 信用卡專屬的 SIM 卡，再將 NFC 行動信用卡下載於您的數位錢包中，購物時透過手機感應刷卡，輕輕一嗶，結帳快速又安全。對於行動支付來說，都會以交易安全為優先考量，目前 NFC 行動支付有兩套較為普遍的解決方案，分別是 TSM（Trusted Service Manager）信任服務管理方案與 Google 主導的 HCE（Host Card Emulation）解決方案。

● 台灣行動支付公司推出 PSP TSM 平台

TSM 平台的運作模式主要是透過與所有行動支付的相關業者連線後，使用 TSM 必須更換特殊的 TSM-SIM 卡才能順利交易，NFC 手機用戶只要花幾秒鐘下載與設定 TSM 系統，經 TSM 系統及銀行驗證身分後，將信用卡資料傳輸至手機內 NFC 安全元件（secure element）中，便能以手機進行消費。

> **TIPS** 信任服務管理平台（Trusted Service Manager, TSM）是銀行與商家之間的公正第三方安全管理系統，也是一個專門提供 NFC 應用程式下載的共享平台，主要負責中間的資料交換與整合，商家可直接向 TSM 請款，銀行則付款給 TSM，未來的 NFC 手機可以透過空中下載（over-the-air, OTA）技術，將 TSM 平台上的服務下載到手機中。

HCE（主機卡模擬）是 Google 於 2013 年底所推出的行動支付方案，可以透過 App 或是雲端服務來模擬 SIM 卡的安全元件。HCE（Host Card Emulation）的加入已經悄悄點燃了行動支付大戰，僅需 Android 5.0（含）版本以上且內建 NFC 功能的手機，申請完成後卡片資訊（信用卡卡號）將會儲存於雲端支付平台，交易時由手機發出一組虛擬卡號與加密金鑰來驗證，驗證通過後才能完成感應交易，能避免刷卡時卡片資料外洩的風險。

HCE手機信用卡的優點是不限定電信門號，不用在手機加入任何特定的安全元件，因此無須行動網路業者介入，也不必更換專用SIM卡、一機可綁定多張卡片，僅需要有網路連上雲端，降低了一般使用者申辦的困難度。基本上，無論哪一種方案，NFC行動支付要在台灣蓬勃發展，關鍵還是支援NFC技術的手機在台灣能越來越普及才好。

⊙ 國內許多銀行推出NFC行動付款

> **TIPS** Apple Pay是Apple的一種手機信用卡付款方式，只要使用該公司推出的iPhone或Apple Watch（iOS 9以上）相容的行動裝置，並將自己卡號輸入iPhone中的Wallet App，經過驗證手續完畢後，就可以使用Apple Pay來購物，還比傳統信用卡來得安全。

3-4 引爆行銷的創新技術

行動行銷已經成為所有產業必須面對的最大通路效應，這股「新眼球經濟」所締造的市場經濟效應，不僅改變大眾的日常，也將促使網路行銷這個行業正跨大腳步往前邁進。由於現代消費者的喜好變動太快，選擇的通路也變得多元，行銷變成是一個必須超前部署的挑戰。企業的未來發展取決於能不斷為消費者創造更便利的行銷體驗；對於品牌行銷人員來說，即時掌握人們的數位消費行為，並在競爭對手之前趕上市場潮流，接下來我們將討論行動行銷的未來發展與創新趨勢。

3-4-1 穿戴式裝置

由於電腦設備的核心技術不斷往輕薄短小與美觀流行等方向發展，備受矚目的「穿戴式裝置」（Wearables）更因健康風潮的盛行，為行動裝置帶來多樣性的選擇，更將促使行動商務商機升溫，被認為是下一世代的最火紅電子產品。手機配合的穿戴式裝置也越來越吸引消費者的目光，就是希望與個人的日常生活產生多元連結，同時也將造成下一波的行動行銷模式的革命。

穿戴式裝置未來的發展重點，主要取決於如何善用可攜式與輕便性，簡單的滑動操控介面和創新功能，持續發展出吸引消費者的應用，講求的是便利性，其中又以腕帶、運動手錶、智慧手錶為大宗。穿戴式裝置的特

韓國三星推出了許多時尚實用的穿戴式裝置

殊性，並非裝置本身，特殊之處在於將為全世界帶來全新的行動商業模式，實際上在倉儲、物流中心等商品運輸領域，早已可見工作人員配戴各類穿戴式裝置協助倉儲相關作業，或者相關行動行銷應用可以同時扮演連結者的角色。

在目前的行動跨螢時代，如果大家想要站上這波穿戴式裝置行銷的浪頭，任何螢幕款式都應該被允許展現行銷的機會，例如一名準備用餐的消費者戴著 Google 眼鏡在速食店前停留，虛擬優惠套餐清單立刻就會呈現給他參考，或者以後透過穿戴式裝置，乘客可以直接向計程車司機叫車，不像現在透過車隊的客服中心轉接，從一般消費者的食衣住行日常生活著手，運用創意吸引消費者來開發更多穿戴式裝置的廣告工具，未來肯定有更多想像和實踐的可能性，可預期的潛在廣告與行銷收益將大量引爆，目前有愈來愈多的知名企業搭上這股穿戴裝置的創新列車。

TIPS 所謂的「跨螢」就是指使用者擁有兩個以上的裝置數，通常購買商品時可能利用時間在手機上先行瀏覽電商網站的商品介紹，再利空檔時間將要購買的商品先行放入購物車，等一切要購買的商品選齊後，也許在手機上直接下單，但也有可能在自己的平板電腦或桌上型電腦作下單的行為。

3-4-2 擴增實境行銷

寶可夢（Pokemon Go）大概是近年來行動行銷領域最熱門的話題，每到平日夜晚，各大公園或街頭巷總能看到一群要抓怪物的玩家們，整個城市都是你的狩獵場，各種可愛的神奇寶貝活生生在現實世界中與玩家互動。精靈寶可夢遊戲是由任天堂公司所發行的結合智慧手機、GPS 功能及擴增實境（Augmented Reality, AR）的尋寶遊戲，其實本身仍然是一款手游。只不過比一般的手機遊戲游多了兩個屬性：定址服務（LBS）和擴增實境（Augmented Reality, AR），也是一種從遊戲趣味出發，透過手機鏡頭來查看周遭的神奇寶貝再動手捕抓，迅速帶起全球神奇寶貝迷抓寶的熱潮。

⬛ 全球大地不分老少對抓寶都為之瘋狂

　　「擴增實境」（Augmented Reality, AR）就是一種將虛擬影像與現實空間互動的技術，能夠把虛擬內容疊加在實體世界上，並讓兩者即時互動，也就是透過攝影機影像的位置及角度計算，在螢幕上讓真實環境中加入虛擬畫面，強調的不是要取代現實空間，而是在現實空間中添加一個虛擬物件，並且能夠即時產生互動。各位應該看過電影鋼鐵人在與敵人戰鬥時，頭盔裡會自動跑出敵人路徑與預估火力，就是一種 AR 技術的應用。

🤖 鋼鐵人電影中使用了許多擴增實境的技術

　　從寶可夢成功的行銷經驗，這種運用擴增實境結合了遊戲與實體世界，進而增加消費者與品牌之間的粘著性，最後全面提高行銷效益的方法，大量啟動了 AR 在數位行銷上的應用風潮。目前 AR 運用在各產業間有著十分多元的型態，多數做為企業行動行銷的利器，包括讓用戶隨時隨地掃描與翻譯文字的 App、相片濾鏡，以及讓用戶實境試衣功能等，可以透過手機或其他連網設備，無所不在的抓取更多動態訊息，例如時裝品牌 ZARA 提供消費者另類的店內試衣體驗，只要透過手勢操控，並用手機掃描店鋪或網路商店的特定標誌，就能在手機上看到模特兒魔法般的試衣效果，盡情試穿店內所有中意的服裝。

ZARA即日起在全球的120家旗艦店推出擴增實境體驗。（ZARA提供）

⬆ ZARA 提供消費者另類的店內 AR 試衣體驗

3-4-3 虛擬實境行銷

隨著虛擬實境（Virtual Reality Modeling Language, VRML）的軟硬體技術逐漸走向成熟，將為廣告和品牌行銷業者創造未來無限可能，從娛樂、遊戲、社交平台、電子商務到網路行銷，最近全球又再次掀起了「虛擬實境」（Virtual Reality Modeling Language, VRML, VR）相關產品的搶購熱潮，許多智慧型手機大廠 HTC、Sony、Samsung 等都積極準備推出新的虛擬實境裝置，創造出新的消費感受與可能的商業應用。

不同於 AR 為現有的真實環境增添趣味，VR 則是將用戶帶到全新的虛擬異想世界，享受沉浸式的異想互動體驗，用戶能在虛擬世界中聯繫互動，例如大夥一同觀看電競大賽，或是一起參加阿妹現場演唱會。我們知道網路商店與實體商店最大差別就是無法提供產品觸摸與逛街的真實體驗，未來虛擬實境更具備了顛覆電子商務市場的潛力，就是要以虛擬實境技術融入電子商場來完成線上交易功能，這種方法

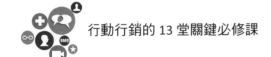
不僅可以增加使用者的互動性，改變了以往 2D 平面呈現方式，讓消費者有真實身歷其境的感覺，大大提升虛擬通路的購物體驗。

儘管網路購物日益普及，大部分消費者還是會希望在購買前親身試用產品，阿里巴巴旗下著名的購物網站淘寶網，將發揮其平台優勢，全面啟動「Buy ＋」計畫引領未來購物體驗，結合了網路購物的便利性，以及實體店面的真實感，向世人展示了利用虛擬實境技術改進消費體驗的構想，戴上連接感應器的 VR 眼鏡，直接感受在虛擬空間購物，帶給用戶身歷其境的體驗。不但能讓使用者進行互動以傳遞更多行動行銷資訊，還能增加消費者參與的互動和好感度，同時提升品牌的印象，為市場帶來無限商機，也優化了買家的購物體驗，進而提高用戶購買欲和商品出貨率，由此可見建立個性化的 VR 商店將成為未來消費者購物的新潮流。

「Buy+」計畫引領未來虛擬實境購物體驗

3-4-4　元宇宙行銷

隨著互聯網、AI、AR、VR、3D 與 5G 技術的高度發展與到位，科幻小說家筆下的「元宇宙」（Metaverse）構想距離實現也愈來愈近。元宇宙（Metaverse）的概念最早出自史蒂文森（Neal Stephenson）於 1992 年所著的科幻小說《潰雪》（Snow Crash），在這個世界裡，用戶可以成為任何樣子，主要是形容在「集體虛擬共享空間」裡，每個人都在一個平等基礎上建立自己的「虛擬化身」（avatar）及應用，透過這個化身在元宇宙裏面從事各種活動，例如可以工作、朋友相聚、看演唱會、看電影等，就和在真實世界中的生活一樣，只是在虛擬平行的宇宙中發生。談到元宇宙，多數人會直接聯想到電玩遊戲，因為目前元宇宙概念多從遊戲社群延伸，玩家

不只玩遊戲本身，虛擬社交行為也很重要，不少角色扮演的社群遊戲已具元宇宙的雛形，可以讓虛擬世界與實體世界間那條界線更加模糊了。

⬤ 元宇宙可以看成是下一個世代的網際網路

圖片來源：https://www.theglobaleconomics.com/south-korea-is-now-a-key-player-in-vr-with-the-metaverse-launch/

　　元宇宙可以看成是一個與真實世界互相連結、多人共享的虛擬世界，今天人們可以使用高端的穿戴式裝置進入元宇宙，而不是螢幕或鍵盤，並讓佩戴者看到自己走進各式各樣的 3D 虛擬世界，元宇宙能應用在任何實際的現實場景與在網路空間中越來越多元豐富發生的人事物。現在人們所理解的網際網路，未來也會進化成為元宇宙，臉書執行長佐伯格就曾表示「元宇宙就是下一世代的網際網路（Internet），並希望要將臉書從社群平台轉型為 Metaverse 公司。」因為元宇宙是比現在的臉書更能互動與優化你的真實世界，並且串聯不同虛擬世界的創新網際網路模式。

⬆「一級玩家」電影劇情寫實地描繪了元宇宙的虛擬世界

圖片來源：https://cn.nytimes.com/culture/20180403/ready-player-one-review-steven-spielberg/zh-hant/

　　虛擬與現實世界間的界線日益模糊，已經是不可逆的趨勢，在元宇宙中可以跨越所有距離限制，完成現實中任何不可能達成的事，並且讓品牌與廣告提供足夠好的使用者介面（User Interface, UI）及如同混合實境（Mixed Reality）般真假難辨的沉浸式體驗感，因此也為電子商務與行動行銷帶來嶄新的契機。從網路時代跨入元宇宙時代的過程中，愈來愈多企業或品牌都正以元宇宙（Metaverse）技術，來提供新服務、宣傳產品及吸引顧客，品牌與廣告主如果有興趣開啟元宇宙行銷，或者也想打造屬於自己的專屬行銷空間，未來可以思考讓品牌形象，高度融合品牌調性的完美體驗，透過賦予人們在虛擬數位世界中的無限表達能力，創造出能吸引消費者的元宇宙世界。

🏠 Vans 服飾與 ROBLOX 合力推出滑板主題的元宇宙世界─Vans World 來行銷品牌

圖片來源：https://www.vans.com.hk/news/post/roblox-metaverse-vans-world.html

> **TIPS**
>
> 「混合實境」（Mixed Reality）是一種介於 AR 與 VR 之間的綜合模式，打破真實與虛擬的界線，同時擷取 VR 與 AR 的優點，透過頭戴式顯示器將現實與虛擬世界的各種物件進行更多的結合與互動，產生全新的視覺化環境，並且能夠提供比 AR 更為具體的真實感，未來很有可能會是視覺應用相關技術的主流。

3-4-5　智慧家電行銷

　　隨著物聯網與人工智慧科技的發展，網路也開始從手機、平板的裝置滲透至我們生活的各個角落，民眾生活中常用的家電也和過去大不相同，「智慧家電」（Information Appliance）已然成為家家戶戶必備的設備之一。科技不只來自人性，

更須適時回應人性,「智慧家電」是從電腦、通訊、消費性電子產品 3C 領域匯集而來,智慧家電訴求的不是酷炫外觀或技能,而是能幫使用者解決生活問題的實用工具。愈來愈多廠商推出各種標榜「智慧家庭」的裝置,未來將從符合人性智慧化操控,能夠讓智慧家電自主學習,並且結合雲端應用的發展,希望能讓使用者自此過著更便利的生活。各位在家透過智慧電視就可以上網隨選隨看影視節目,或是登入社交網路即時分享觀看的電視節目和心得,甚至於透過手機就可以遠端搖控家中的智慧家電。

⊙ 掃地機器人是目前最夯的智慧家電

　　智慧家庭(Smart Home)堪稱是利用網際網路、物聯網、雲端運算、智慧終端裝置等新一代技術,智慧型手機成了促成物聯網發展的入門監控及遙控裝置,還可以將複雜的多個動作簡化為一個單純的按鈕、揮手動作,所有家電都會整合在智慧型家庭網路內,可以利用智慧手機 App,提供更為個人化的操控,甚至更進一步做到能源管理。例如家用洗衣機也可以直接連上網路,從手機 App 中進行設定,只

要把髒衣服通通丟進洗衣槽，就會自動偵測重量以及材質，協助判斷該用多少注水量、轉速需要多快，甚至用 LINE 和家電系統連線，馬上就知道現在冰箱庫存，就連人在國外，手機就能隔空遙控家電，輕鬆又省事，家中音響連上網，結合音樂串流平台，即時了解使用者聆聽習慣，推薦適合的音樂及行動行銷廣告。

🏠 各位只要按下啟動，LG 智慧洗衣機就自動選擇洗衣模式

居家防疫時間一久，人們更頻繁打掃家中環境，便利一直是消費者最關心的議題，談到智慧家庭與消費之間的連動應用，可以透過每家每戶的智慧家庭平台各種裝置聯網的數據，掌握用戶即時狀態及習性，從使用情境出發，讓使用者有感，進一步用 AI 科技打造專屬自己的行銷利基市場，提供精準廣告或導購訊息來行銷產品。網路所串起的各項服務也能替當下情境提供回饋；其中記錄各種時間、使用頻率、用量及使用者習慣的特點也發展出了另一種行銷手法。例如聲寶公司首款智能冰箱，就具備食材管理、App 下載等多樣智慧功能。只要使用者輸入每樣食材的保鮮日期，當食材快過期時，會自動發出提醒警示，未來若能透過網路連線，也可透過電子商務與行動行銷，讓使用者能直接下單採買食材。

本章練習 | GO

1. 請簡述「虛擬實境技術」（Virtual Reality Modeling Language, VRML）與其特色。

2. 何謂「智慧家電」（Information Appliance）？

3. 請簡介「擴增實境」（Augmented Reality, AR）。

4. 請簡述「雲端運算」。

5. 美國國家標準和技術研究院的雲端運算明確定義了哪三種服務模式？

6. 何謂混合雲（Hybrid Cloud）？

7. 何謂「行動支付」（Mobile Payment）？

8. 請簡介「條碼支付」。

9. 何謂「無線射頻辨識技術」（radio frequency identification, RFID）？

10. 請簡述 NFC 技術與 RFID 技術有何最大不同？

11. 試簡述「物聯網」（Internet of Things, IOT）。

12. 請簡介「元宇宙」（Metaverse）的概念。

觸及率翻倍的行動
社群行銷關鍵心法

時至今日，現代人已經離不開網路，網路正是改變一切的重要推手，而與網路最形影不離的就是「社群」，社群早已經成為現代人衣食住行中的第五個不可或缺的要素。社群的觀念可從早期的 BBS、論壇，一直到部落格、Instagram、微博或者 Facebook、Plurk（噗浪）、Twitter（推特）、Pinterest，主導了整個網路世界中人跟人的對話，網路傳遞的主控權已快速移轉到社群粉絲手上。例如臉書（Facebook）在 2021 年初時全球使用人數已突破 28 億，臉書的出現令民眾生活型態有不少改變，特別是隨著愈來愈多社群平台提供了行動版的社群 App，在台灣更有爆炸性成長，打卡（在臉書上標示所到之處的地理位置）是特普遍流行的現象，台灣人喜歡隨時隨地透過臉書打卡與分享照片，是國人最愛用的社群網站，讓學生、上班族、家庭主婦都為之瘋狂。

> **TIPS** 打卡（在臉書上標示所到之處的地理位置）是特普遍流行的現象，透過臉書打卡與分享照片，更讓學生、上班族、家庭主婦都為之瘋狂。例如餐廳給來店消費打卡者折扣優惠，利用臉書粉絲團商店增加品牌業績，對店家來說也是接觸普羅大眾最普遍的管道之一。

臉書不但引發轟動，當年更是掀起一股「偷菜」熱潮

4-1 認識社群

　　「社群」最簡單的定義，可以看成是一種由節點（node）與邊（edge）所組成的圖形結構（graph），其中節點所代表的是人，至於邊所代表的是人與人之間的各種相互連結的多重關係，新成員的出現又會產生更多的新連結，節點間相連結邊的定義具有彈性，甚至於允許節點間具有多重關係，整個社群所帶來的價值就是每個連結創造出價值的總和，節點越多，連結價值越大，進而形成連接全世界的社群網路。

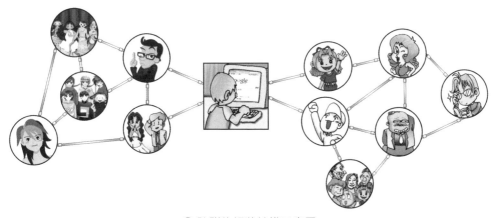

　社群的網狀結構示意圖

　　「社群網路服務」（Social Networking Service, SNS）的核心精神在於透過提供有價值的內容與訊息，社群中的人們彼此會分享資訊，網際網路一直具有社群的特性，相互交流間接產生了依賴與歸屬感。由於這些網路服務具有互動性，除了能夠幫助使用者認識新朋友，還可以透過社群力量，利用「按讚」、「分享」與「評論」等功能，對感興趣的各種資訊與朋友們進行互動，能夠讓大家在共同平台上，經營管理自己的人際關係，甚至把店家或企業行銷的內容與訊息擴散給更多人看到。

TIPS 社群網路服務是基於哈佛大學心理學教授米爾格藍（Stanley Milgram）所提出的「六度分隔理論」（Six Degrees of Separation）來運作。這個理論主要是說在人際網路中，平均而言只需在社群網路中走六步即可到達，簡單來說，這個世界事實上是緊密相連著的，只是人們察覺不出來，地球就像 6 人小世界，假如你想認識美國總統川普，只要找到對的人在 6 個人之間就能得到連結。

🏠 美國總統川普經常在推特上發文表達政見

4-1-1 同溫層效應

社群網路本質就是一種描述相關性資料的圖形結構，會隨著時間演變成長，網路社群代表著一群群彼此互動關係密切且有著共同興趣的用戶，用戶人數也會越來越廣，就像拓展人脈般，正面與負面訊息都容易經過社群被迅速傳播，以此提升社群活躍度和影響力。由於到了網路虛擬世界，群體迷思會更加凸顯，個人往往會感到形單影隻，這時特別容易受到所謂「同溫層」（stratosphere）效應的影響。

「同溫層」是近幾年出現的流行名詞，所揭示的是一個心理與社會學上的問題。美國學者桑斯坦（Cass Sunstein）表示：「雖然上百萬人使用網路社群來拓展視野，同時也可能建立起新的屏障，許多人卻反其道而行，積極撰寫與發表個人興趣及偏見，使其生活在同溫層中。」簡單來説，與我們生活圈接近且互動頻繁的用戶，通常同質性高，所獲取的資訊也較為相近，容易導致比較願意接受與自己立場相近的觀點，對於不同觀點的事物，選擇性地忽略，進而形成一種封閉的同溫層現象。

同溫層效應絕大部分也是因為目前許多社群會主動篩選你的貼文相關內容，在社群演算法邏輯下，會透過用戶過去偏好，推播與你相似的想法與言論，例如當用戶在社群閱讀時，往往傾向於點擊與自己主觀意見相合的資訊，而對相反的內容視而不見。大部分的人願意花更多的時間在與自己立場相同的言論互動，只閱讀自己有興趣或喜歡的議題，不過對於行銷產品而言，不斷地跟同溫層對話，儘管可以得到溫暖的回應，但是對於店家或品牌還是有其侷限性，應該盡量打破同溫層的藩籬，真正地走向更廣大的普羅大眾。

4-1-2 社群商務與粉絲經濟

當使用社群成為現代人日常活動，消費者之間的行為相互影響，社群成為重要的資訊來源，將為品牌帶來無限可能的銷售機會。臉書創辦人馬克佐克伯：「如果我一定要猜的話，下一個爆發式成長的領域就是「社群商務」（Social Commerce）」。社群商務（Social Commerce）的定義就是社群與商務的組合名詞，透過社群平台來獲得更多商業顧客。由於社群中的人們彼此會分享資訊，相互交流間接產生了依賴與歸屬感，並利用社群平台的特性鞏固粉絲與消費者，不但能提供消費者在社群空間的分享與溝通，又能滿足消費者的購物欲望，如何掌握網路發酵話題和銷售良機，是品牌面對社群商務的重點。

🔘 晶華酒店粉絲專頁經營就相當成功

社群商務真的有那麼大潛力嗎？這種「先搜尋，後購買」的商務經驗，正在已進行式的方式反覆在現代生活中上演，根據最新的統計報告，有 2/3 美國消費者購買新產品時會先參考社群上的評論，且有 1/2 以上受訪者會因為社群媒體上的推薦而嘗試全新品牌。根據國外

最新的統計，88% 的消費者會被社群其他用戶的意見或評論所影響，表示 C2C（消費者影響消費者）模式的力量愈來愈大，深深影響大多數網路者的購買決策，這就是社群口碑的力量，藉由這股勢力，也漸漸地發展出另一種商務形式「社群商務（Social Commerce）」。

> **TIPS**
>
> 「消費者對消費者」（consumer to consumer, C2C）模式就是指透過網際網路，交易與行銷的買賣雙方都是消費者，由客戶直接賣東西給客戶，網站則是抽取單筆手續費。每位消費者可以透過競價得到想要的商品，就像是一個常見的傳統跳蚤市場。

例如大陸紅極一時的小米手機的爆發性成長並非源於卓越的技術創新能力，而是因為透過培養死忠小米品牌的粉絲族群進行社群口碑式傳播，在線上討論與線下組織活動，分享交流使用小米的心得，大陸的小米手機剛推出就賣了數千萬台，更在短期內將大陸市場其他手機廠商擠下銷售排行榜。

🏠 小米機成功運用社群贏取大量粉絲

所謂「粉絲經濟」的定義，就是基於社群商務而形成的一種經濟思維，透過交流、推薦、分享、互動模式，不但是一種聚落型經濟，社群成員之間的互動更是粉絲經濟運作的動力來源，就是泛指架構在粉絲（Fans）和被關注者關係之上的經營性創新交易行為。品牌和粉絲就像一對戀人一樣，在這個時代做好粉絲經營，首先要知道粉絲到社群是來分享心情，而不是來看廣告，現在的消費者早已厭倦老舊的強力推銷手法，唯有仔細傾聽彼此需求，關係才能走得長遠。

4-1-3 SoLoMo 模式

近年來公車上、人行道、辦公室，處處可見埋頭滑手機的低頭族，透過手機使用社群的人口正在快速成長，形成「行動社群網路」（mobile social network）。這是一個消費者習慣改變的重大結果，當然有許多店家與品牌在 SoLoMo（Social、Location、Mobile）模式中趁勢而起。所謂 SoLoMo 模式是由 KPCB 合夥人約翰、杜爾 John Doerr）2011 年提出的一個趨勢概念，強調「在地化的行動社群活動」，主要是因為行動裝置的普及和無線技術的發展，讓 Social（社交）、Local（在地）、Mobile（行動）三者合一能更為緊密結合，顧客會同時受到社群（Social）、本地商店資訊（Local）、以及行動裝置（Mobile）的影響，代表行動時代消費者會有以下三種現象：

🔴 行動社群行銷提供即時購物商品資訊

- **社群化（Social）**：在行動社群網站上互相分享內容已經是家常便飯，很容易可以仰賴社群中其他人對於產品的分享、討論與推薦。

- **本地化（Local）**：透過即時定位找到最新最熱門的消費場所與店家訊息，並向本地店家購買服務或產品。

- **行動化（Mobile）**：民眾透過手機、平板電腦等裝置隨時隨地查詢產品或直接下單購買。

例如各位想找一家性價比較高的餐廳用餐，透過行動裝置上網與社群分享的連結，然後藉由適地性服務（LBS）找到附近的口碑不錯的用餐地點，都是 SoLoMo 很常見的生活應用。

4-2 社群行銷的特性

正所謂「顧客在哪，行銷點就在哪！」，對於行銷人員來說，數位行銷的工具相當多，然而很難全面一一投入，而且所費成本也不少，而社群媒體則是目前大家最廣泛使用的工具。尤其是剛成立的品牌或小店家，沒有專職的行銷人員可以處理行銷推廣的工作，所以使用社群來行銷品牌與產品，絕對是店家與行銷人員不可忽視的熱門趨勢。

GAP 經常在 Instagram 發佈時尚短片，引起廣大熱烈迴響

所謂「戲法人人會變，各有巧妙不同」，社群行銷不只是一種數位行銷工具的應用，社群行銷已經是目前無法抵擋的趨勢，例如社群中最受到歡迎的功能，包括照片分享、位置服務即時線上傳訊、影片上傳下載等功能變得更能方便使用，然後再藉由社群媒體廣泛的擴散效果，透過朋友間的串連、分享、社團、粉絲頁的高速傳遞，使品牌與行銷資訊有機會觸及更多的顧客。各位要做好社群行銷前，先得要搞懂社群的本質，才能談如何建立死忠粉絲群，當然首先我們就必須了解社群行銷的四大特性。

4-2-1　分享性

分享是社群行銷的終極武器，分享在社群行銷的層面上，肯定是天條，絕對不能違背，共同分享與實際參與是建立消費者忠誠度的主要方法，無論粉絲專頁或社團經營，主要都是「社群訊號」（Social Signal）所引起。例如「分享」絕對是經營品牌的必要成本，還要能與消費者引發「品牌對話」的效果。社群並不是一個可以直接販賣的場所，有些店家覺得設了一個 Facebook 或 Instagram 粉絲專頁，以為三不五時想到就到 FB、IG 貼貼文、放放圖片，就可以打開知名度，讓品牌能見度大增，這種想法還真是大錯特錯！事實上，就算許多人已經成為你的粉絲，不代表他們就一定願意被你推銷。

> **TIPS**　社群訊號（Social Signal），也稱為社交訊號，就是用戶與社群媒體的互動行為，包括影片觀看次數、留言數、瀏覽量、點擊率、分享次數、訂閱等，因為任何能引起受眾的反應都是好事。

社群行銷的一個死穴，就是要不斷創造分享與討論，因為所有社群行銷只有透過「借力使力」的分享途徑，才能增加品牌的曝光度。例如在社群中分享真實小故事，或者關於店家產品的操作技巧、祕技、好康議題等類型的貼文，絕對會比廠商付費狂轟猛炸的「業配」文更讓人吸睛，如果配合品質與包裝，包括圖片 / 影片美觀性、清晰性、創意性、娛樂性和新聞性，更重要是緊密配合你的行銷主軸，千萬不要圖不對題，就像放上一張美輪美奐的田園風景圖片，就絕對吸引不了想要潮牌服飾的美少女們。

> **TIPS**　所謂「業配」（advertorial）是「業務配合」的簡稱，業配金額從數萬到上百萬都有，也就是商家付錢請電視台的業務部或是網路紅人對該店家進行採訪，透過電視台的新聞播放或網路紅人的推薦商品畢竟網紅的經濟命脈，最終仍建立於觀眾是否對他的影片買單。

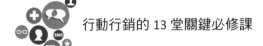

社群上相當知名的 iFit 愛瘦身粉絲團，成功建立起全台最大瘦身社群，更直接開放網站團購，並與廠商共同開發瘦身商品。創辦人陳韻如小姐就是經常分享自己的瘦身經驗，除了將瘦身專業知識以淺顯短文表現，強調圖文整合，穿插討喜的自製插畫，搭上現代人最重視的運動減重的風潮，讓粉絲感受到粉絲團的用心經營，難怪讓粉絲團大受歡迎。

🏠 陳韻如靠著分享瘦身經驗坐擁大量粉絲

4-2-2　多元性

「平台多不見得好，選對粉絲才重要！」近年來社群網站如雨後春筍般來襲，青菜蘿蔔各有喜好不同，社群的魅力在於它能自行滾動，不同的社群平台，在上面活躍的用戶也有著不一樣的特性，特別是消費者不會接觸與自身核心價值抵觸的品牌。市面上那麼多不同社群平台，第一步要避免所有平台都想分一杯羹的迷思，最好先選出一個打算全力經營的社群平台，尋找出適合與消費者對話的社群，是極度重要的。在社群擴散的同時，得回到經營社群的根本，也就是「經營內容」，稍有知名度之後，才開始經營其他平台，重點是內容行銷，不是行銷內容，發展出適應每個平台不同粉絲的內容。

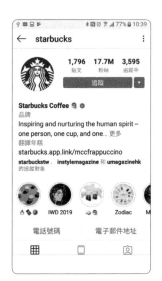

🏠 星巴克喜歡在 IG 上推出有故事的行銷方案

操作社群最重要的是觀察，由於用戶組成十分多元，觸及受眾也不盡相同，選擇時的評估重點在於目標客群、觸及率跟使用偏好，應該根據社群媒體不同的特性，訂定社群行銷策略，例如千萬不要將 FB 內容原封不動分享到 IG。

　店家想要經營好年輕族群，Instagram 就是在全球這波「圖像比文字更有力」的趨勢中，崛起最快的社群分享平台，至於 Pinterest 則有豐富的飲食、時尚、美容的最新訊息。LinkedIn 是目前全球最大的專業社群網站，大多是以較年長，而且有求職需求的客群居多，有許多產業趨勢及專業文章如果是針對企業用戶，那麼 LinkedIn 就會有事半功倍的效果，反而對一般的品牌宣傳不會有太大效果。

　⊕ Pinterest 在社群行銷導購上　　　⊕ LinkedIn 是全球最大專業人士
　　成效都十分亮眼　　　　　　　　　　社交網站

　如果是針對零散的個人消費者，推薦使用 Instagram 或 Facebook 都很適合，特別是 Facebook 能夠廣泛地連結到每個人生活圈的朋友跟家人。社群行銷時必須多多思考如何抓住口味轉變極快的粉絲，就能和粉絲間有更多更好的互動，才是成功行銷的不二法門。

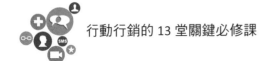

　　由於所有行銷的本質都是「連結」，對於不同受眾來說，需要以不同平台進行推廣，因此社群平台間的互相連結能讓消費者討論熱度和延續的時間更長，理所當然成為推廣品牌最具影響力的管道之一。每個社群都有它獨特的功能與特點，社群行銷的特性往往一切都是因為「連結」而提升，了解顧客需求並實踐顧客至上的服務，建議各位可將上述的社群網站都加入成為會員。

　　品牌也開始尋找其他適當社群行銷平台，只要有行銷活動就將訊息張貼到這些社群網站，或是讓這些社群相互連結，一旦連結建立的很成功，「轉換」就變成自然而然，如此一來就能增加網站或產品的知名度，大量增加商品的曝光機會，讓許多人看到你的行銷內容，對你的內容產生興趣，最後採取購買的行動，以發揮最大成效。

4-2-3　黏著性

　　「熟悉衍生喜歡與信任」是廣受採用的心理學原理，好的社群行銷技巧，除了提高品牌曝光量，創造使粉絲們感興趣的內容外，特別是深度經營客群與開啟彼此間的對話就顯得非常重要。社群行銷成功的關鍵字不在「社群」，而在於「互動」！網友的特質是「喜歡互動」、「需要溝通」，要做社群行銷，就要牢記不怕有人批評你，只怕沒人討論你的鐵律。店家光是會找話題，還不足以引起粉絲注意，根據統計，社群上只有百分之一的貼文，被轉載超過七次，贏取粉絲信任是一個長遠的過程，觸及率往往不是店家所能控制，黏著度才是重點，了解顧客需求並實踐顧客至上的服務，如此一來就能增加網站或產品的知名度，大量增加商品的曝光機會，並產生消費忠誠和提高績效的積極影響。

例如蘭芝（LANEIGE）隸屬韓國 AMORE PACIFIC 集團，主打的是具有韓系特點的保濕商品，蘭芝粉絲團在品牌經營的策略就相當成功，目標是培養與粉絲的長期關係，為品牌引進更多新顧客，務求把它變成一個每天都必須跟粉絲聯繫與互動的平台，這也是增加社群歸屬感與黏著性的好方法，包括每天都會有專人到粉絲頁去維護留言，將消費者牢牢攬住。

🏠 蘭芝懂得利用社群來培養小資女的黏著度

4-2-4 傳染性

行銷高手都知道要建立產品信任度是多麼困難的一件事，首先要推廣的產品最好需要某種程度的知名度，接著把產品訊息置入互動的內容，透過網路的無遠弗屆以及社群的口碑效應，口耳相傳之間，病毒立即擴散傳染，被大量轉貼的內容，透過現有顧客吸引新顧客，利用口碑、邀請、推薦和分享，在短時間內提高曝光率，引發社群的迴響與互動，大量把網友變成購買者，造成了現有顧客吸引未來新顧客的傳染效應。

🏠 統一陽光豆漿結合歌手以 MV 影片病毒行銷產品

社群行銷本身就是一種「內容行銷」（Content Marketing），著眼於利用人們的碎片化時間，過程是不斷創造口碑價值的活動，根據國外統計，約莫有 50% 的消費者，會聽信陌生部落客的推薦而下購買決策。由於網路大幅加快了訊息傳遞的速度，加上社群網路具有獨特的傳染性功能，也拉大了傳遞範圍，那是一種累進式的行銷過程，能產生「投入」的共感交流，講究的是互動與對話，透過現有粉絲吸引新粉絲，利用口碑、邀請、推薦和分享的方式，在短時間內提高曝光率，藉此營造「氣氛」（Atmosphere），引發社群的熱烈迴響與互動。

4-3 讓粉絲甘心掏錢的臉書行銷

Facebook 是台灣用戶數最多的社群媒體，在行動行銷的戰場中，擁有最重要的戰略地位，特別是 Facebook 在功能上不斷推陳出新，店家開始經營 Facebook 時，心態上真要有鐵杵磨成針的毅力。當然如果各位能更熟悉 Facebook 所提供的各項功能，並吸取他人成功行銷經驗，肯定可以為商品帶來無限的商機。接下來我們會陸續為各位介紹臉書中店家或品牌經常運用在社群行銷的最流行工具與相關功能。

由於臉書功能更新速度相當快，也讓品牌更容易鎖定不同的目標客群，如果想即時了解各種新功能的操作說明，可以在 Facebook 手機 App 右下方按下「功能表」鈕，並展開「使用說明和支援」，就可以找到「使用說明」。

接著請點按「使用說明」就可以進入下圖的說明頁面，不僅可以搜尋要查詢的問題外，也可以看到大家常關心的熱門主題。

4-3-1　相機功能

根據官方統計，臉書上最受歡迎與最多人參與的貼文中，就有高達 90% 以上是跟相片有關，比起閱讀網頁文字，80% 的消費者更喜歡透過相片瞭解產品內容。Facebook 內建的「相機」功能包含數十種的特效，讓用戶可使用趣味或藝術風格的濾鏡特效拍攝影像，更協助行銷人員將實體產品豐富的視覺元素，透過手機原汁原味呈現在用戶面前，例如邊框、面具、互動式特效等，只需簡單套用，便可透過濾鏡讓照片充滿搞怪及趣味性。如下二圖所示：

同一人物，套用
不同的特效，產
生的畫面效果就
差距很大

各位要使用手機上的「相機」功能，請先按下「在想些什麼？」的區塊，接著在下方點選「相機」的選項，使進入相機拍照狀態。在螢幕下方選擇各種的效果按鈕來套用，選定效果後按下圓形按鈕就完成相片特效的拍攝。

相片拍攝後螢幕上方還提供多個按鈕，除了可隨手塗鴉任何色彩的線條外，也能使用打字方式加入文字內容，或是加入貼圖、地點和時間。如右下圖所示：

由右而左依序為
塗鴉、打字、
貼圖、標註人名
等設定

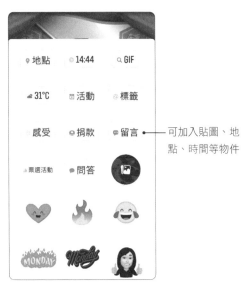

可加入貼圖、地點、時間等物件

螢幕左下方按下「儲存」鈕則是將相片儲存到自己的裝置中，或是按下「特效」鈕加入更多的特殊效果。

4-3-2 限時動態

「限時動態」（Stories）能讓臉書的會員以動態方式來分享創意影像，而且多了很多有趣的特效和人臉辨識互動玩法，目前已經被應用在 Facebook 家族的各項服務中，而且呈現爆發式的成長。限時動態功能會將所設定的貼文內容於 24 小時之後自動消失，相較於永久呈現在塗鴉牆的照片或影片，對於一些習慣刪文的使用者來說，應該更喜歡分享稍縱即逝的動態效果。對品牌行銷而言，限時動態不但已經成為品牌溝通重要的管道，正因為是 24 小時閱後即焚的動態模式，加上全螢幕沉浸式的觀看體驗，會讓用戶更想常去觀看「即刻分享當下生活與品牌花絮片段」的限時內容，並與粉絲透過輕鬆原創的內容培養更深厚的關係，也能透過這個方式與粉絲分享商家的品牌故事，為粉絲群提供不同形式的互動模式。

如何在極短時間中抓住消費者的目光，是限時動態品牌內容創作的一大考驗。想要發佈自己的「限時動態」，請在手機臉書上找到如下所示的「建立限時動態」，按下「+」鈕就能進入建立狀態，透過文字、Boomerang、心情、自拍、票選活動、圖庫照片選擇等方式來進行分享。在限時動態發佈期間，也可隨時查看觀看的用戶人數：

❶ 按下此鈕建立限時動態

❷ 由此視窗進行拍照或選取相片

4-3-3 工作機會

使用 Facebook 所提供的「工作機會」功能，不僅可以設定篩選條件找工作，還能送出履歷線上應徵或是發佈徵才貼文，如右圖所示：

在「工作機會」我們還可以建立徵才貼文，當用戶在 Facebook 搜尋類似的職缺時，你所設定的貼文就會顯示，透過這種免費發佈的徵才的貼文，可能幫助各位商家找到合適的人才，而與應徵者聯絡的管道則可以透過 Facebook、Messenger 或電子郵件。

4-3-4　主辦付費線上活動

各位透過付費線上活動，可以在 Facebook 主辦線上活動並開放付費參加，讓粉絲在線上齊聚一堂，也只有這些粉絲可以以付費的方式來獨享內容，對主辦活動者而言也是可以增加收入，通常線上活動可以是直播視訊或訪談或有趣的活動安排，只要各位同意《服務條款》並新增你的銀行帳戶資訊，即可立即開始享用這項免費的行銷工具。

⬆ Facebook 舉辦活動可幫助觸及目標客群

4-3-5　聊天室與 Messenger

我們都知道經營臉書可不是發發貼文就能蹭出曝光量的事實，品牌需要投入更多資源並與用戶建立更高強度的關係連結，即時通訊 Messenger 就是不錯的工具。各位和好友或粉絲打個招呼或進行對話，直接點選 Messenger 鈕，並從所出現的朋友清單中點選聯絡人，就能在開啟的視窗中即時和朋友進行訊息的傳送，能讓 FB 經營更有黏著度。

按下「Messenger」鈕

點選朋友大頭貼

開啟的臉書聯絡人視窗，除了由下方傳送訊息、貼圖或檔案外，想要加朋友一起進來聊天、進行視訊聊天、展開語音通話，都可由直接在視窗上方進行點選。

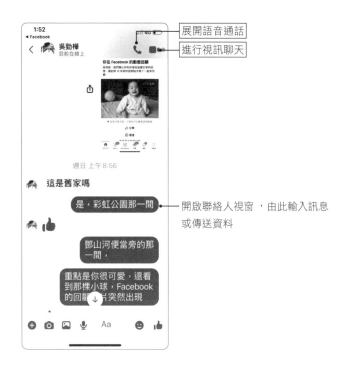

展開語音通話

進行視訊聊天

開啟聯絡人視窗，由此輸入訊息或傳送資料

每一個品牌或店家都希望能夠和顧客建立良好的關係，而 Messenger 正是幫助你提供更好使用者經驗的方法。臉書的「Messenger」目前已經成為企業新型態行動行銷工具，也是 Facebook 現在最努力推動的輔助功能之一，活躍使用的用戶正逐步上升中。過去人們可能因為工作之故，使用 Email 的頻率較高，相較於 EDM 或是傳統電子郵件，Messenger 發送的訊息更簡短且私人，開信率和點擊率都比 Email 高出許多，是最能讓店家靈活運用的管道，還可以設定客服時間，讓消費者直接在線上諮詢，以便與潛在消費者有更多的溝通和互動。

此外，利用 Messenger 除了直接輸入訊息外，也可以發送語音訊息、直接打電話，或是視訊聊天，相當的便利。當各位的臉書有行銷的訊息發佈出去，臉書上的朋友大多是透過 Messenger 來提問，所以經營粉絲專頁的人務必經常查看收件匣的訊息，對於網友所提出的問題務必用心的回覆，這樣才能增加品牌形象，提升商品的信賴感。

4-4　粉絲專頁與社團經營小心思

店家在臉書上最常見的行銷手法，就是成立「粉絲專頁」帳號，所以很多的企業、組織、名人等官方代表，都紛紛建立專屬的粉絲專頁，讓消費者透過按「讚」的行為開始建立社交關係鏈，用來發佈一些商業訊息，或是與消費者做第一線的拜訪與互動。當店家建立了粉絲專頁，就能夠開始打造一個對你產品有興趣的用戶群，粉絲專頁不同於個人臉書，臉書好友的上限是 5000 人，而粉絲專頁可針對商業化經營的店家或品牌，它的粉絲人數並無限制，屬於對外且公開性的組織。粉絲專頁必須是組織或公司的代表，才可建立粉絲專頁。

◉ 粉絲專頁（Pages）適合公開性的行銷活動

4-4-1　粉絲專頁類別簡介

建立粉絲專頁的目的在於培養一群核心的鐵粉，增加現有用戶對品牌認同度，並透過粉絲專頁讓潛在客戶更加認識你，吸引更多目標族群來成為粉絲。每個臉書帳號都可以建立與管理多個粉絲專頁。經營粉絲專頁沒有捷徑，必須要有做足事前的準備，為了滿足各式消費者的好奇心，例如需要有粉絲專頁的封面相片、大頭貼照，這樣才能讓其他人可以藉由這些資訊來快速認識粉絲專頁的主題。

🚲 粉絲專頁封面

　　進入粉專頁面，第一眼絕對會被封面照吸引，因此擁有一個具設計感的封面照肯定能為你的粉專大大加分。

🚲 大頭貼照

　　在 FB 的粉專頁面之中，有兩個最重要的視覺區塊：大頭貼照與封面照片。大頭貼照從設計上來看，最好嘗試整合大頭照與封面照，加上運用創意且吸睛的配色，讓你的品牌被一眼認出。

🚲 粉絲專頁說明

　　請依照粉絲專頁類型而定，可以加入不同類型的基本資料，基本資料填寫越詳細對消費者 / 目標受眾在搜尋上有很大的幫助，假設你開設的是實體商店，並希望增加在地化搜尋機會，那麼填寫地址、當地營業時間是非常重要的，而且千萬別選錯了類別。

　　粉絲專頁的內容絕對是經營成效最主要的一個重點，請開啟行動版臉書 App 的功能表就可以找到和粉絲專頁有關的功能，如右圖所示：

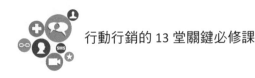

如果您曾經在電腦版臉書（Facebook）的管理後台
建立過粉絲專頁，當進入「粉絲專頁」的頁面，就可以
看到你所管理的粉絲專頁。在下圖的上方可以看到 4 個
按鈕，分別為「建立」、「探索」、「邀請」及「說讚」，
有關這 4 個按鈕的功能，分別說明如下：

「建立」

按下「建立」鈕就可以建立粉絲專頁，不過要先同
意 Facebook 粉絲專頁使用條款，當各位點擊右圖中的
「立即開始」，即表示你同意。

接著就可以依行動版臉書 App 的畫面引導建立粉絲專頁，在建立的過程中不外乎要設定專頁的類別、輸入粉絲專頁名稱、輸入說明文字、大頭貼照、封面相片…等，其中設定類別的目的就是在說明你所建立粉絲專頁的性質，可以方便其他人更容易在所設定的類別中找到你所建立的粉絲專頁，只要依照畫面的步驟引導，就可以完成粉絲專頁的建立工作。

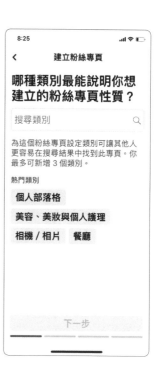

「探索」

在「探索」的頁面則可以看到推薦的粉絲專頁，這些專頁中也可以大概看出你的好友中有哪些人曾經對該專頁按過讚。

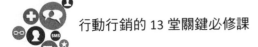

🚴「邀請」

這個頁面會列出待回覆粉絲專頁的「邀請」，同時下方也會列出一些推薦的粉絲專頁。

🚴「說讚」

這個頁面會列出你按讚或追蹤的所有粉絲專頁，如右圖所示：

4-4-2 臉書社團

「精準分眾」是社群上最有價值的功能，臉書的社團（Group）是指相同嗜好的小眾團體，設立主要目的大部分是因為這群成員他們有共同的愛好、興趣或身份，如果你想學習新的技能，或是培養新的興趣，加入社團就是個好方法。社團可設定不公開或私密社團，社團和粉絲專頁有點類似，不過社團則是邀請使用者「加入」，必須經過社團管理人的審核才可以加入，例如「熟女購物團」、「泰國代購」、「二手拍賣」、「爆料公社」、「雄中校友會」、「柴犬同學會」等。相較於粉絲專頁，有更多細節功能可設定與使用，社團更注重帶起討論的特性，這也使得社團從 0 到有的經營比粉絲團更加困難，而且不能針對社團下廣告。

● 爆料分社眾多，每一社團都是 10 萬人起跳

因應 FB 粉絲團貼文觸及率不斷下修，許多店家開始將經營重心放在 FB 社團，因此 FB 社團的經營近年來越來越受店家與品牌的重視。臉書的「社團」目前已擁有超過 10 億個用戶，社團最大價值在於能快速接觸目標族群，透過社團的最終目標不單是為了創造訂單，而是打造品牌。首先要幫社團定義清楚的目標受眾與想要傳遞的核心價值，這些是社團經營的第一步，特別是要確定你想建立的社團是否已有相同性質的社團存在？並參考同類型社團的經營方向，瞄準重複性較低的區塊，讓你的社團做出區隔，就像是要開一間早餐店，也要先看過附近方圓 500 公尺有多少間早餐店一樣。

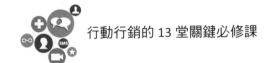
　　社團的命名最好要能夠讓人用直覺就能搜尋，例如在社團名稱埋入關鍵字就是個很重要的行銷技巧，當然社團名稱最好能讓人一眼看出要加入的社團性質，如果不能在 10 秒內讓人立馬決定點選加入社團，之後可能也很難吸引其他人加入使用。由於社團是以「個人」帳戶進行建立與管理，任何人要建立社團，新增成員到社團中，至少要 2 個人（包括自己）才能建立社團，各位只要從臉書手機版 App 的下方功能表 ☰ 鈕（以 iPhone X 為例）下拉建立「社團」，就可以替你的社團命名和加入會員。

❶ 設定社團名稱

❷ 社團可以是公開或私密社團，由此進行隱私選擇

❸ 按此鈕建立社團

臉書的社團可以是公開社團或私密社團，差異性如下：

- **公開社團**：所有人都可以找到這個社團，並查看其中的成員和他們發布的貼文，非社團成員也能讀取貼文內容。

- **私密社團**：一般用戶無法在搜尋中看到社團，只有成員可以找到這個社團，並查看其中的成員和他們發布的貼文。

臉書的粉絲專頁的用戶稱為「粉絲」；加入社團的用戶則稱作「成員」，至於社團成立的方向最好參考同類型社團的經營方式與本身在內容產製上較具優勢的區塊，讓自己的社團做出區隔，或者你剛好還有經營粉絲專頁，那麼你不妨透過粉專的貼文，配合下臉書廣告的方式推廣你的社團。店家想要在社團中邀請成員加入，可在社團封面下方按下「邀請」鈕，就可以邀請朋友加入社團。

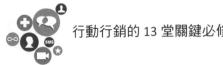

❶ 按下「邀請」鈕邀請成員

如果按下「管理」鈕可以找到排定發佈的貼文、社團設定、社團品質、社團規則等各種實用的管理工具

❷ 針對想邀請的用戶，按下「邀請」鈕

任何人在臉書上看到喜歡的社團，也可以自行提出要求來加入社團。例如在下圖的推薦社團中按下「加入」鈕。

社團新成員的審核可由社團管理員或是社團成員來審核資格，如果社團建立者希望用戶需先經過管理員或版主批准，才能進一步發佈貼文和留言，可以在如下的社團的「管理」功能視窗中進行修改與進行「社團」或「個人」的設定。

4-5 打造 IG 贏家行銷初體驗

Instagram 是一款依靠行動裝置興起的免費社群軟體，和時下年輕人一樣，具有活潑、多變、有趣的特色，尤其是 15-30 歲的受眾用戶，許多年輕人幾乎每天一睜開眼就先上 Instagram，關注朋友們的最新動態。根據國外研究，Instagram 是所有社群中和追蹤者互動率最高的平台，與其他社群平台相比，IG 更常透過圖像／影音來說故事，讓用戶輕鬆使用相機作生活記錄，加上濾鏡效果處理後變成美美的藝術相片，捕捉瞬間的訊息相片然後與朋友分享。

我們可以這樣形容；Facebook 是最能細分目標受眾的社群網站，主要用於與朋友和家人保持聯絡，而 Instagram 則是最能提供用戶發現精彩照片和瞬間驚喜，並因此稱得上是深受感動及啟發的平台。對於現代行銷人員而言，

ESPRIT 透過 IG 發佈時尚短片，引起廣大迴響

需要關心 Instagram 的原因是能近距離接觸到年輕潛在受眾，根據天下雜誌調查，Instagram 在台灣 24 歲以下的年輕用戶占 46.1%。

4-5-1　個人檔案建立關鍵要領

經營個人 IG 帳戶時，就可以分享個人日常生活中的大小事情，偶而也可以作為商品的宣傳平台。各位想要一開始就讓粉絲與好友印象深刻，那麼完美的個人檔案就是首要亮點，個人檔案就像你工作時的名片，鋪陳與設計的優劣，可說是一個非常重要的關鍵，因為這是粉絲認識你的第一步：

💠 個人簡介的內容隨時可以變更修改，也能與你的其他網站商城社群平台做串接

各位要進行個人檔案的編輯，可在「個人」👤 頁面上方點選「編輯個人檔案」鈕，即可進入如下畫面，其中的「網站」欄位可輸入網址資料，如果你有網路商店，那麼此欄務必填寫，因為它可以幫你把追蹤者帶到店裡進行購物。下方還有

「個人簡介」，也盡量將主要銷售的商品或特點寫入，或是將其他可連結的社群或聯絡資訊加入，方便他人可以聯繫到你：

商家務必重視個人檔案的編寫，不管是用戶名稱、網站、個人簡介，都要從一開始就留給顧客一個好的印象

其他用戶所看到的資訊呈現效果

使用企業 LOGO 的大頭貼

使用個人相片的大頭貼

千萬不要將「個人簡介」欄位留下空白，完整資訊將給粉絲留下好的第一印象，如果能清楚提供訊息，頁面品味將看起來更專業與權威，記得隨時檢閱個人簡介，試著用 30 字以內的文字敘述自己的品牌或產品內容，讓其他用戶可以看到你的最新資訊。

當各位有機會被其他 IG 用戶搜尋到，那麼第一眼被吸引的絕對會是個人頁面上的大頭貼照，圓形的大頭貼照可以是個人相片，或是足以代表品牌特色的圖像，以便從一開始就緊抓粉絲的眼

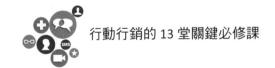

球動線。大頭貼是最適合品牌宣傳的吸睛爆點,尤其在限時動態功能更是如此,也可以考慮以店家標誌(LOGO)來呈現,運用創意且亮眼的配色,讓你的品牌能夠一眼被認出,讓粉絲對你的印象立馬產生聯結。

各位想要更換相片時,請在「編輯個人檔案」的頁面中按下圓形的大頭貼照,就會看到如下的選單,選擇「從 Facebook 匯入」或「從 Twitter 匯入」指令,只要在已授權的情況下,就會直接將該社群的大頭貼匯入更新。若是要使用新的大頭貼照,就選擇「新的大頭

> 更換大頭貼照
>
> 移除目前使用的相片
>
> 從 Facebook 匯入
>
> 拍照
>
> 從圖庫選擇

貼照」來進行拍照或選取相片,加上運用創意且吸睛的配色,讓你的品牌被一眼認出,這也是讓整體視覺可以提升的絕佳方式。

4-5-2　新增商業帳號

在 Instagram 的帳號通常是屬於個人帳號,如果你想利用帳號來做商品的行銷宣傳,那麼也可以考慮選擇商業帳號,過去很多自媒體經營者仍舊使用「一般帳號」在經營 IG,強烈建議轉換成「商業帳號」,而且申請商業帳號是完全免費,不但可以在 IG 上投放廣告,還能提供詳細的數據報告,容易讓顧客更深入瞭解您的產品、服務或商家資訊。

假如你使用的是商業帳號,自然是以經營專屬的品牌為主,主打商品的特色與優點,目的在宣傳商品,所以一般用戶不會特別按讚,追蹤者相對也會比較少些。你也可以將個人帳號與商業帳號兩個帳號並用,因為 Instagram 允許一個人能同時擁有 5 個帳號。早期使用不同帳號時必須先登出後才能以另一個帳號登入,現在則可以直接由左上角處進行帳號的切換,相當方便。

各位想要同時在手機上經營兩個以上的 IG 帳號,那麼可以在「個人」頁面中新增帳號。請在「設定」頁面下方選擇「新增帳號」指令即可進行新增。新帳號若是還沒註冊,請先註冊新的帳號喔!如圖示:

　　擁有兩個以上的帳號後，若要切換到其他帳號時，可以從「設定」頁面下方選擇「登出」指令，接著顯示右下圖時，選擇想要登出的帳號後，再按「登出」鈕即可。

此外，當手機已同時登入兩個以上的帳號後，你就可以在右下方按下長按  鈕，出現帳號清單時，直接點選要進入的帳號名稱！

4-5-3　推薦追蹤名單

曝光率就是行銷的成功關鍵，而且和追蹤人數息息相關，例如女性用戶大部分追求時尚和潮流，而男性則是喜歡嘗試了解新事物。各位可別輕忽 IG 跟各位推薦的熱門追蹤名單，因為這裡的「建議」清單包含了熱門的用戶、已追蹤朋友所追蹤的對象、還有 IG 為你所推薦的對象。

每次 IG 為你建議的清單都不一樣，追蹤公眾人物可知道現今熱門的趨勢

有些帳戶必須得到對方的同意，所以按下「追蹤」鈕，得到對方認可後才會進行追蹤

「首頁」通常是顯示已追蹤者所發佈的相片／影片的頁面，已追蹤的朋友如果要取消追蹤，可從朋友貼文的右上角按下「選項」… 鈕，當出現如右下圖的功能表時選擇「取消追蹤」指令即可。

此外，按下  鈕切換到「個人」頁面，右上方按下「追蹤中」就會進入「追蹤名單」的頁面，直接在欲取消追蹤者的後方按下「追蹤中」鈕，就能在開啟的視窗中選擇「取消追蹤」指令，悄悄的移除追蹤者。

4-5-4 一看就懂的 IG 介面操作功能

要好好利用使 Instagram 來進行行銷活動，當然要先熟悉它的操作介面，了解各種功能的所在位置，這樣用起來才能順心無障礙。Instagram 主要分為五大頁面，由手機螢幕下方的五個按鈕進行切換。

- 首頁：瀏覽追蹤朋友所發表的貼文。

- **搜尋**：鍵入姓名、帳號、主題標籤、地標等，用來對有興趣的主題進行搜尋。

- **新增**：可以新增貼文、限時動態或直播。

- 商店：點進「商店」分頁後用戶就能查看個人化推薦的商店與商品，可能是根據你按讚或追蹤的內容來推薦。

- 個人：由此觀看你所上傳的所有相片／貼文內容、摯友可看到的貼文、有你在內的相片／影片、編輯個人檔案，如果你是第一次使用 Instagram，它也會貼心地引導你進行。

編輯用戶名稱、網站、
個人簡介等資訊

4-6　地表最強的 Hashtag 行銷

「主題標籤」（Hashtag）是目前社群網路上相當流行的行銷工具，Hashtag 的標籤和臉書相當不一樣，不但已經成為品牌行銷重要一環，可以利用時下熱門的關鍵字，並以 Hashtag 方式提高曝光率。透過標籤功能，所有用戶都可以搜尋到你的貼文，你也可以透過主題標籤找尋感興趣的內容。目前許多企業也逐漸認知到標籤的重要性，紛紛運用標籤來進行宣傳，使 Hashtag 成為社群行銷的新寵兒。

Instagram、Facebook 都有提供 hashtag 功能

主題標籤是全世界 Instagram 用戶的共通語言，用戶習慣透過 Hashtag 標籤尋找想看的內容，一個響亮有趣的 slogan 很適合運用在 IG 的主題標籤上，主題標籤不但可以讓自己的商品做分類，同時又可以滿足用戶的搜尋習慣。店家或品牌可以在貼文裡加上別人會聯想到自己的主題標籤當品牌舉辦活動時，一個響亮有趣的 slogan很適合運用在 IG 的主題標籤上，透過貼文搜尋及串連功能，就能迅速與全世界各地網友交流，進而增進對品牌的好感度。

🏠 貼文中加入與商品有關的主題標籤，可增加被搜尋的機會

當我們要開始設定主題標籤時，通常是先輸入「#」號，再加入你要標籤的關鍵字，要注意的是，關鍵字之間不能有空格或是特殊字元，否則會被分隔。如果有兩個以上的標籤，就先空一格後再標記第二個標籤。如下所示：

 # 油漆式速記法 # 單字速記 # 學測指考

貼文中所加入的標籤，當然要和行銷的商品或地域有關，除了中文字讓中國人都查看得到，也可以加入英文、日文等翻譯文字，這樣其他國家的用戶也有機會查看得到你的貼文或相片。不過 Instagram 貼文標籤也有數量的限定，超過額度的話將無法發佈貼文喔！

4-6-1　相片 / 影片加入主題標籤

主題標籤之所以重要，在於它可以帶來更多陌生的潛在受眾，如果希望店家的 IG 能被更多人看見，善用 Hashtag 絕對是頭號課題！很多人知道要在貼文中加入主題標籤，卻不知道將主題標籤也應用到相片或影片上，不但與內容中的圖片相互呼應，還能鎖定想觸及的產業與目標閱聽眾。當相片 / 影片上加入主題標籤，觀看者

按點該主題標籤時，它會出現如左下圖的「查看主題標籤」，點選之後，IG 就會直接到搜尋頁面，並顯示出相關的貼文。

❶ 選「# 好友分享日」會出現上方的「查看主題標籤」

❷ 按點「查看主題標籤」會顯示如圖的所有相關貼文

　　除了必用的「# 主題標籤」外，商家也可以在相片上做地理位置標註、標註自己的用戶名稱，甚至加入同行者的名稱標註，增加更多的曝光的機會讓你的粉絲變多多。

加入地點標註

提及其他用戶名稱

4-6-2　創造專屬的主題標籤

　　IG 中有無數種標籤可以任你使用；不同屬性的品牌帳號適合的主題標籤也不同，不過最重要的是哪種標籤適合各位的目標受眾，因此最好必須先行了解當前的流行趨勢。針對行銷的的內容，企業也可以創造專屬的主題標籤。例如星巴克在行銷界算是十分出名的，雖然 Starbucks 已是世界知名的連鎖企業，但在大眾的心裡都維持優良的形象，每當星巴克推出季節性的新飲品時，除了試喝活動外，也會推出馬克杯和保溫杯等新商品，所以世界各地都有它的粉絲蒐集星巴克的各款商品。

　　星巴克在 IG 經營和行銷方面算是十分成功，消費者只要將新飲品上傳到 IG，並在內文中加入指定的主題標籤，就有機會抽禮物卡，所以每次舉辦活動時，IG 上就有上千張的相片是由消費者上傳上去的，這些相片自然而然成為星巴克的最佳廣告，像是「# 星巴克買一送一」或「# 星巴克櫻花杯」等活動主題標語便是最好的行銷。

🏠 搜尋該主題可以看到數千則的貼文，貼文數量越多就表示使用這個字詞的人數越多

　　這樣的行銷手法，粉絲們不但會主動上傳星巴克飲品的相片，粉絲們的追蹤者也會看到星巴克的相關資訊，宣傳效果如樹狀般的擴散，一傳十，十傳百，傳播速度快而顯著，又不需要耗費太多的廣告成本，即可得到消費者的廣大的回響。而下

圖所示則為星巴克近期推出的「星想餐」，不但在限時動態的圖片中直接加入「星想餐」的主題標籤，也在貼文中加入這個專屬的主題標籤。

限時動態中加入
星巴克專屬的主
題標籤 - 星想餐

貼文之中也加入
星巴克專屬的主
題標籤

4-6-3　主題標籤辦活動

時至今日，主題標籤已經成為 Instagram 貼文中理所當然的風景之一，店家想要做好 IG 行銷的話，肯定必須重視主題標籤的重要性。例如當品牌舉辦活動時，商家可以針對特定主題設計一個別出心裁而具特色的標籤，一個響亮有趣的 slogan 就很適合運用在 IG 的標籤行銷！只要消費者標註標籤，就提供折價券或進行抽獎。這對商家來說，成本低而且效果佳，對消費者來說可得到折價券或贈品，這種雙贏的策略應該多多運用。如下所示是「森林小熊曲奇餅」的抽獎活動與抽獎辦法，參與抽獎活動的就有 1800 多筆。

活動辦法中也要求參加者標註自己的親朋好友，這樣還可將商品延伸到其他的潛在客戶。不過在活動結束後，記得將抽獎結果公布在社群上以供昭公信。

另外，企業舉辦行銷活動並制定專屬 Hashtag，就要盡量讓 Hashtag 和這次活動緊密相關，並且用簡單字詞、片語來描述，透過 Hashtag 標記的主題，馬上可以匯聚了大量瀏覽人潮，不過最有效的主題標籤是一到二個，數量過多會降低貼文的吸引力。

本章練習

1. 請簡介社群網路服務（Social Networking Service, SNS）與「六度分隔理論」。

2. 請問如何增加粉絲對品牌的黏著性？

3. 請簡介 Instagram。

4. 請簡介臉書的社團（Group）功能。

5. 請問行動社群行銷有哪四種重要特性？

6. 請簡述 SoLoMo 模式。

7. 請簡介 Facebook「動態消息」的行銷功能。

8. 如何將所拍攝的相片 / 視訊和好朋友分享與行銷？

9. Instagram 行銷較適用於哪些產業？

10. 請簡單說明標籤的功用。

成長駭客必修的
熱門行銷宮心計

- ⊙ 行動廣告
- ⊙ 行動部落格
- ⊙ 簡訊與電子郵件行銷
- ⊙ 電子報行銷
- ⊙ 網紅（KOL）行銷
- ⊙ 邁向成功店家的隱藏版必殺技

隨著越來越多的流量移動到行動裝置上，各位會發現行銷人員如今一切以手機優先考量，如何在行銷設計中體現行動端優先、並主動抓住消費者的注意力，與更優化行動媒體上的創意。面對行動行銷的時代，從電視、桌機、再到智慧手機，與我們生活緊密相連的螢幕變得越來越小了，用戶在接收訊息時，大多期望能夠像吃快餐般迅速解決且即刻滿足，行銷人員面臨數位通路的擴張與消費者互動頻率提升，如何提供更豐富與迅速的用戶體驗已經成為品牌間的共識。

🏠 Adidas 經營品牌行動行銷非常成功

我們知道駭客被認為是使用各種軟體和惡意程式攻擊個人和網站的代名詞，不過所謂「成長駭客」（Growth Hacking）的主要任務就是在行動時代中跨領域地結合行銷與技術背景，直接透過「科技工具」和「數據」的力量來短時間內快速成長與達成各種增長目標，所以更接近「行銷＋程式設計」的混血兒。簡單來説成長駭客和傳統行銷相比，更注重密集的工具操作和資料分析，打造能自動運作成長的行銷機器與找出提高轉換率的方式，快速接觸數百萬潛在用戶，目的是創造真正流量，達成增加公司產品銷售與顧客的營利績效。

🏠 成長駭客更注重密集的工具操作和資料分析

　　成功的數位行銷不只要了解顧客的需求與體貼顧客的感受，還必須懂得善用新工具與數據來幫助你更靠近你的顧客。在行動行銷的時代，各種新的行銷工具及手法不斷推陳出新，也讓成長駭客團隊必須與時俱進的學習各種工具來符合行銷效益，就像一件樂高積木堆成的藝術作品。一個好的積木作品之所以創作成功，不會只單靠一種類型的積木就能完成，各種行銷工具就有點像是樂高積木，有不同大小與功能，在新技術不斷推陳出新衝擊下，單一的行銷工具較無法達成導引消費者到店家或品牌最終目的，必須依靠與配合更多數位行銷技巧，本章中就要為各位介紹目前當紅的行動行銷技巧。

5-1 行動廣告

　　販售商品最重要的是能大量吸引顧客的目光，到碎片化的行動時代，商品要如何搶占消費者眼球？廣告當然便是其中的一個選擇。傳統廣告主要利用傳單、廣播、大型看板及電視的方式傳播，來達到刺激消費者的購買欲望，進而達成實際的消費行為。閱聽大眾的注意力在哪，廣告主的錢就應該花在哪，日常生活中，人們的視線已經逐漸從電視螢幕轉移到智慧型手機上，伴隨著這一趨勢，行動端廣告迅速發展，不但能有效提高消費者詢問度，而且只用了幾年時間就成為數位廣告的主角，越來越多的廣告商正在把他們的預算調整到行動裝置上，並透過與其他媒體結合或互動，以吸引消費者的目光。

Yahoo 官方經常打造的創新型態行動廣告

> **TIPS**
> 「瘋狂跟班廣告」（Crazy Ad）是 Yahoo 推出的廣告模式，在低頭族們快速滑手機的當下，會以特別搶眼的視覺效果突然呈現在消費者面前，達到 100% 吸睛度，點擊效果比橫幅廣告多 10 倍以上。

「行動廣告」（Mobile Advertising）就是在行動平台上做的廣告，與一般傳統與網路廣告的方式並不相同，擁有隨時隨地互動的特性，例如店家經常在使用的文字簡訊，就是一個成本相當低的廣告工具，可以很快把廣告的訊息傳送給消費者，還能引導觀眾瀏覽廣告中提及的網站或下載 App，不過因為大量的使用及濫用，反而造成消費者的反感與不信任。行動廣告的門檻雖然較低，不過如果應用得當，仍然可以翻轉中小企業，大幅縮短消費距離，而且外溢效果極為強大，越來越多的行動廣告跟我們生活息息相關，科技越來越發達，模式也更五花八門，以下來介紹目前 Web 上常見的行動廣告類型。

> **TIPS**
>
> 「橫幅廣告」（Banner）是最常見的收費廣告，在所有與品牌推廣有關的數位行銷手段中，橫幅廣告的作用最為直接，通常都會再加入鍵結以引導使用者至廣告主的宣傳網頁，不過目前多數人已習慣忽略橫幅廣告，甚至認為會干擾消費體驗，而且在行動裝置應用上，互動方式受限，因此並不受行動用戶喜愛。
>
> 按鈕式廣告（Button）是一種小面積的廣告形式，因為收費較低，較符合無法花費大筆預算的廣告主，例如 Call-to-Action, CAT（行動號召）鈕就是一個按鈕式廣告模式，就是希望召喚消費者去採取某些有助消費的活動。至於彈出式廣告（pop-up ads）或稱為插播式（Interstitial）廣告，當網友點選連結進入網頁時，會彈跳出另一個子視窗來播放廣告訊息，強迫使用者接受，這種廣告容易產生反感。

5-1-1　即時競價廣告（RTB）

現代人通勤喜歡坐捷運時滑手機、上班時用桌機、下班後邊看電視邊盯 IG、晚上睡不著覺時玩遊戲機，這幾乎已經是日常生活的固定節奏了。過去因為電視媒體具有普遍性，相對的閱聽人並沒有太多的主動權，由於跨螢行為已經是目前消費者的主流，消費者也容易選擇和決定他們想看的內容，隨著用戶的使用行為所創造的相關數據持續累積，不斷產出新型態廣告模式來跟使用者溝通。因此一股以自動化

廣告購買為基礎的 RTB 浪潮正快速竄起，因為 RTB 廣告跨越多屏，並且整合行動平台，最符合這種潮流。所謂即時競標廣告（Real-time bidding, RTB），則是近來新興的目標式網路廣告模式，相當適合有強烈行動廣告需求的電商業者，允許廣告主以競標來購買目標對象，因為 RTB 廣告的有效性正快速地吸引廣告預算投入。

由程式瞬間競標拍賣方式，廣告主對某一個曝光廣告出價，價高者得標，廣告主會期望除了廣告「被曝光」之外，還要能夠真正帶入「被轉換」，至於目標對象的選定，可以透過消費者的網路瀏覽行為，從而將廣告受眾做更精確的分類，然後利用數據來分析喜好，再精準投放不同的廣告，所以這樣的模式非常彈性，選擇不出價就能省下不必要的浪費。

相較於之前廣告主投放的傳統大範圍廣告模式，無法確定真正點擊廣告的消費群，往往因而浪費大筆的預算，RTB 讓廣告主用他們願意付出的成本直接投放給精準的受眾，出價最高的廣告主就能將廣告投放到目標群眾的眼前，而且不只是讓目標對象看見，消費者悠遊在多個數位螢幕時，贏家的廣告會馬上出現在媒體廣告版

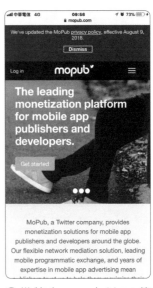

🏠 推特（Twitter）以 3.5 億美元收購行動廣告服務平台 MoPub

位。這樣的方式每個人看到的廣告將會更精準符合需求，可以提升廣告主的廣告投放效益，廣告主買的不只是曝光量或點擊率，而是實際的行銷效果，消費者也看到對他真正有用的訊息，這樣的結果讓廣告主與消費者能同時雙贏。

> **TIPS** Google Adsense 是一項免費的廣告計畫，各種規模的網站發佈商都可以用自己的網站顯示內容精確的 Google 廣告，包辦所有 Google 的廣告投放服務，例如店家可以根據目標決定出價策略，選擇正確的廣告出價類型，對於降低廣告費用與提高廣告效益有相當大的助益，例如是否要著重在獲得點擊、曝光或轉換。

5-1-2 行動原生廣告

隨著消費者對於接受廣告自主行為越來越強，除了對於大部分的廣告沒興趣之外，也不喜歡那種感覺被強迫推銷的心情，反而讓廣告主得不到行銷該有的效果，如何讓訪客瀏覽體驗時的干擾降到最低，盡量以符合網站內容不突兀形式出現，一直是廣告業者努力的目標。「原生廣告」（Native advertising）就是近年受到熱門討論的廣告形式，具備跨環境與跨裝置特性，可在 App、行動版網站和電腦版網站上放送，能夠重塑廣告主和消費者之間的關係，改變消費者牴觸廣告的逆向心理，主要呈現方式為圖片與文字描述，不再守着傳統的橫幅式

易而善公司的行動原生廣告讓業績開出長紅

廣告，而是圍繞著使用者體驗和產品本身，可以將廣告與網頁內容無縫結合，讓消費者根本沒發現是在閱讀一篇廣告，而且點擊率通常是一般顯示廣告的兩倍。

原生廣告不論在內容型態、溝通核心，或是吸睛度都有絕佳的成效，改變以往中斷消費者體驗的廣告特點，換句話說，那些你一眼就能看出是廣告的廣告，就不能算是原生廣告。轉而融入消費者生活，讓瀏覽者不容易發現自己正在看的其實是一則廣告，目的就是為了要讓廣告「不顯眼」（unobtrusive），卻能自然地勾起消費者興趣。例如生產蜂膠、奶粉的易而善公司就成功透過行動原生廣告，用戶在行動裝置上看到廣告，就可立即點擊、並以電話索取體驗包，試用滿意再購買。

行動原生廣告不中斷使用者體驗，提升使用者的接受度，效果往往勝過傳統橫幅廣告，是目前行動廣告的趨勢。例如透過與地圖、遊戲等行動 App 密切合作客製

🔘 LINE 官方帳號也視為行動原生廣告的一種

的原生廣告，能夠有更自然的呈現，像是 Facebook 與 Instagram 廣告與贊助貼文，天衣無縫將廣告完美融入網頁，或者 LINE 官方帳號也可視為原生廣告的一種，由用戶自行選擇是否加入該品牌官方帳號，自然會增加消費者對品牌或產品的黏度，都能在不知不覺中讓消費者願意點選、閱讀並主動分享，甚至刺激消費者的購買欲。

5-1-3　Widget 廣告

近年來許多創新的行動廣告模式不斷被開發出來，其中 Widget 廣告受到相當歡迎，相較於傳統的橫幅廣告接受度更高，開發技術門檻不高，熱情的消費者很容易自己發揮創意，而且行銷成本極低。隨著行動裝置的規格越來越高，螢幕表現也越來越生動，除了造型、功能多變，突破瀏覽器的介面限制，Widget 廣告在行動行銷操作上一直被認為是能夠與忠實品牌支持者溝通的絕佳利器。

Widget 是一種桌面的行銷小工具，可以在電腦或手機桌面上獨立執行，讓店家花極少的成本，就可迅速匯集超人氣，由於手機具有個人化的優勢，算是目前市場滲透率相當高的行銷裝置。由於 Widget 廣告必須由網友主動下載，顯示消費者認同企業服務，也更願意與人分享，從開機就放在螢幕的桌面上，使得手機上的 Widget 更能瞄準目標客群，任何品牌都可以透過 App 撰寫製作屬於自己的 Widget，設計時可依據貼心、照顧消費者的策略出發，塑造企業的正面形象。

一般品牌手機預設下，也都會在剛剛開機的桌面擺上一些像是新聞、音樂、App 商店或時鐘等桌面小 Widget，消費者只要下載自己所需要的 Widget，隨時用文字、影片送上氣象、電影、新聞、消費等最新訊息，不僅能一直呈現在消費者的眼前，對消費者的黏著度幾乎是 100%，也可以在不用進入 App 或開啟瀏覽器的情況下，直接從 Widget 面板操控或顯示資訊，已經成為許多人日常生活中的好伙伴。

● 手機桌面常會看到可愛的 Widget 廣告

5-2　行動部落格

部落格行銷發展的歷史相當久，已經是一種十分成熟的行銷方法，部落格的情感行銷魅力，源自其背後進入的低門檻和網路無遠弗屆的影響力，例如口碑行銷也是部落格行銷的效益之一，就像是以內容行銷為主，從提供網友分享個人日誌的「心情故事」，擴散成充滿無限商機的「行銷媒體」，優質的內容讓讀者有較高的欲

望分享給周遭的親朋好友，加上愈來愈多的使用者利用上網來尋求答案解決問題，形成了部落格行銷的首要條件。過去統一傳播模式的行銷模式，是代表由上而下、由商家至消費者的一貫運作機制，多注重於銷售者目標的達成與宣傳，對於現在接受新事物程度較高的 e 世代消費者而言，強迫性的洗腦式廣告已經起不了作用。

● 部落格具備了商品的生產者與消費者角色

隨著行動裝置的發達，連帶改變了部落格行銷的形態，行動部落格（Moblog）就是一個由行動裝置加上 Blog 的新傳播型態，主要是以行動終端設備為傳輸管道的部落格系統，可以不限時間地點的隨時寫下內容，隨時隨地都能上網與分享自己的創作。目前最常被用來做企業部落格行銷的方式，是企業將商品或是產品活動，放到行動部落格上，並吸引消費者上來討論，不只能透過部落格內容，針對特定搜尋動機的使用者，透過彈性靈活、互動性強的行銷方式，可以直接接觸到廣大的年輕消費者，讓品牌進行更完整的行銷溝通，並完整展現產品特性及優點，讓部落格同時具備了商品的生產者與消費者的角色。

5-3 簡訊與電子郵件行銷

在 2021 年時，擁有手機的人口已佔全球人口的 90% 以上，在台灣地區更是每 10 個人中就會有 9 個人使用行動裝置，加上現代人手機不離身，簡訊（Short Message Service, SMS）行銷就是透過手機簡訊的管道進行行銷活動，也是行動行銷經營忠實客群的最佳工具，更有研究顯示，SMS 開信率高達 90%，遠高於 Email 20% 的開信率。店家利用手機簡訊與消費者聯絡感情，傳遞活動訊息與品牌資訊，傳送促銷活動訊息給現有客戶和潛力客戶，還可以加強售後服務與建立形象口碑。

簡訊行銷讓你更貼近潛在顧客的心

圖片來源：https://a1.digiwin.com/product/SMS.php

在 SMS 行銷興起的同時，「電子郵件行銷」（Email Marketing）的使用數量也在持續增長中，更是許多企業喜歡的行銷手法，即使在行動通訊軟體及社群平台盛行的環境下，電子郵件仍然屹立不倒，雖然一直都不算是個新的行銷手法，但卻是跟顧客聯繫感情不可或缺的工具。例如將含有商品資訊的廣告內容，以電子郵件的方式寄給不特定的使用者，也算是一種「直效行銷」。隨著行動科技越來越發達，擁有智慧型手機的使用者節節攀升，由於越來越多人會使用行動裝置來瀏覽信件匣，根據統計今天幾乎有高達 68% 的人會使用行動裝置來收發電子郵件，除了增加了電子郵件使用的便利

7-11 超商的電子郵件行銷相當成功

性、時效性及開信率，在行動行銷盛行的今天，全球電子郵件每年仍以 5% 的幅度持續成長中，如何讓 Email 行銷的效果更上一層樓，這個方向也要開始走向行動化思考了。

不過在資訊爆炸的時代，垃圾郵件到處充斥，研究顯示大部分的人在手機產品的專注力平均僅 8 秒，如果直接就向用戶發送促銷 Email，絕對會大幅降低消費者對於商業郵件的注意力，店家將很難獲得與其溝通的機會，最好是同時利用廣告、贈品來吸引用戶的興趣，然後再根據網友所瀏覽過的商品，自動寄一份相關的商品訊息給他。例如 7-11 網站常常會為會員舉辦活動，利用折扣或是抽獎等誘因，讓會員樂意經常接到 7-11 的產品訊息郵件，或者能與其他媒介如網站、社群媒體和簡訊整合，是消費者參與互動最有效的多元管道。

店家透過電子郵件宣傳時，不再以純文字版本為主，最好也可以同步發揮你的視覺化創意，吸引你的讀者跟你互動，順便在郵件內容中加入適當的影音促銷訊息，絕對是實現網路行銷效果的最佳利器。如果想優化 Email 行銷，各位對於線上線下的客戶也應該同時掌握，線下活動招攬來的客戶，絕對比線上的客戶來得精準，因此必須把握任何線下活動所留下來的 Email 名單，這樣做的好處就是成本低廉，而且客戶關注力高，也可以避免直接郵寄 Email 造成用戶困擾所帶來的潛在傷害。

5-4 電子報行銷

「電子報行銷」（Email Direct Marketing）也是一個主動出擊的行動行銷戰術，目前電子報行銷依舊是企業經營老客戶的主要方式，多半是由使用者訂閱，再經由信件或網頁的方式來呈現行銷訴求。由於電子報費用相對低廉，加上可以追蹤，這種作法將會大大的節省行銷時間及提高成交率。電子報行銷的重點是搜尋與鎖定目標族群，缺點是並非所有收信者都會有興趣去閱讀電子報，因此所收到的廣告效益往往不如預期。

電子報的發展歷史已久，然而隨著時代改變，使用者的習慣也改變了，如何提升店家電子報在行動裝置上的開信率，成效就取決於電子報的設計和規劃，在打開你的電子報時能擁有良好的閱覽體驗，加上運用和讀者對話的技巧，進而吸引讀者

的注意。設計行動電子報的方式也必須有所改變，必須讓電子報在不同裝置上，都能夠清楚傳達訊息，在手機上也不適合看太長的文章，點擊電子報之後的到達頁（Landing Page）也應該要能在行動裝置上妥善顯示等。

> **TIPS** 網路上每則廣告都需要指定最終到達的網頁，「到達頁」（Landing Page）就是使用者按下廣告後到直接到達的網頁，到達頁和首頁最大的不同，就是到達頁雖然只有一個頁面，就要完成讓訪客馬上吸睛的任務，通常這個頁面是以誘人的文案請求訪客完成購買或登記。

　　例如透過 HTML 5 語言進行設計，方便以手機瀏覽電子報內容，使用夠大的連結按鈕，讓客戶無需放大畫面就能輕鬆的點擊，以避免客戶收到電子報時發生閱覽障礙，或者可以將電子報以動畫方式呈現，能為電子報添加幾分活潑的氣氛，刪除不相干的文字或圖片，特別是好的主旨容易勾住收信者的目光，幫助客戶迅速抓住重點，常被用來提升轉換率的行動號召（Call-to-Action, CTA），更是要好好利用，是整封電子報相當重要的設計，這樣的設計都能讓收信者有意願點開電子報閱讀。

遊戲公司經常利用行動電子報維繫與玩家的互動

> **TIPS** 「行動號召」（Call-to-Action, CTA）是希望訪客去達到某些目的的行動，就是希望召喚消費者去採取某些有助消費的活動，例如故意將訪客引導至網站策劃的「到達頁面」（Landing Page），會有特別的 CTA，讓訪客參與店家企劃的活動。

5-5 網紅（KOL）行銷

　　越來越多的素人走上社群平台，虛擬社交圈更快速取代傳統銷售模式，為各式產品創造龐大的銷售網絡，網紅行銷可算是各大品牌近年最常使用的手法。過去民眾在社群軟體上所建立的人脈和信用，如今成為可以讓商品變現的行銷手法，不推銷東西的時候，平日是粉絲的朋友，做生意時他們搖身一變成為網路商品的代言人，而且可以向消費者傳達更多關於商品的評價和使用成效。所謂「網紅」（Internet Celebrity）就是經營社群網站來提升自己的知名度的網路名人，也稱為 KOL（Key Opinion Leader），能夠在特定專業領域對其粉絲或追隨者有發言權及重大影響力的人。這股由粉絲效應所衍生的現象，能夠迅速將個人魅力做為行銷訴求，利用自身優勢快速提升行銷有效性，充分展現了網紅文化的蓬勃發展。

🔵 網紅館長成功代言了許多運動相關產品

圖片來源：https://www.youtube.com/watch?v=fWFvxZM3y6g

網紅行銷（Internet Celebrity Marketing）並非是一種全新的行銷模式，就像過去品牌找名人代言，主要是透過與藝人結合，提升本身品牌價值，例如過去的遊戲產業很喜歡用的代言人策略，每一套新遊戲總是要找個明星來代言，花大錢找當紅的明星代言，最大的好處是會保證有一定程度以上的曝光率，不過這樣的成本花費，也必須考量到預算與投資報酬率，相對於企業砸重金請明星代言，網紅的推薦甚至可以讓廠商業績翻倍，素人網紅似乎在目前的行動平台更具說服力，逐漸地取代過去以明星代言的行銷模式。

由於社群平台在現代消費過程中已扮演一個不可或缺的角色，隨著網紅經濟的快速風行，許多品牌選擇借助網紅來達到口碑行銷的效果，網紅通常在網路上擁有大量粉絲群，就像平常生活中的你我一樣，加上了與眾不同的獨特風格，很容易讓粉絲就產生共鳴，使得網紅成為人們生活中的流行指標。

⬤ 阿滴跟滴妹國內是英語教
學界的網紅

網紅行銷的興起對品牌來說是個絕佳的機會點，因為社群持續分眾化，現在的人是依照興趣或喜好而聚集，所關心或想看內容也會不同，網紅就代表著這些分眾社群的意見領袖，反而容易讓品牌迅速曝光，並找到精準的目標族群。他們可能意外地透過偶發事件爆紅，也可能經過長期的名聲累積，企業想將品牌延伸出網紅行銷效益，除了網紅必須在社群平台上具有相當人氣外，還要能夠把個人品牌價值轉化為商業品牌價值，最好還能透過內容行銷來對粉絲產生深度影響，才能真正夠說服力來帶動銷售成長。影響力在行動行銷趨勢中是重要因素，很多品牌是靠 KOL 才會成功，因此也將更多的行銷預算用於與 KOL 合作。

⬤ 可愛搞笑的蔡阿嘎算是台灣網紅始祖

5-6 邁向成功店家的隱藏版必殺技

　　談到行銷技巧的美感，就像一件藝術作品，在於它擁有無限的想像空間，行動時代來臨，行動行銷作為一個熱詞進入越來越多人的視野，店家與品牌必須思考創意行銷的整合策略，品牌行動行銷的做法有很多種，而且不同流量對店家而言代表了不同意義，重要關鍵不但是要找到對的目標族群，還必須充分善用一些熱門行動行銷策略，才能同時為品牌的行銷帶來更多可能性，接下我們將要彙整每項行銷策略的特色和優點，並告訴各位這些藏在成功品牌背後的隱藏版祕技。

5-6-1 飢餓行銷

　　「稀少訴求」（scarcity appeal）在行銷中是經常被使用的技巧，飢餓行銷（Hunger Marketing）是以「賣完為止、僅限預購」這樣的稀少訴求來創造行銷話題，就是「先讓消費者看得到但買不到！」，製造產品一上市就買不到的現象，利用顧客期待的心理進行商品供需控制的手段，促進消費者購買該產品的動力，讓消費者覺得數量有限而不買可惜。「我也不知道為什麼？」許多產品的爆紅是一場意外，

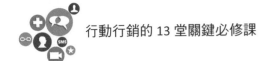

例如前幾年在超商銷售的日本「雷神」巧克力，吸引許多消費者瘋狂搶購竟然連台灣人到日本玩，也會把貨架上的雷神全部掃光，一時之間，成為最紅的飢餓行銷話題。

🌐 雷神巧克力是充分運用飢餓行銷的經典範例

此外，各位可能無法想像大陸熱銷的小米機也是靠飢餓行銷，特別是小米將這種方式用到了極致，本著利用「物以稀為貴、限量是殘酷」的原理，小米藉由數量控制的手段，每每在新產品上市前與初期，都會刻意宣稱產量供不應求，不但能保證小米較高的曝光率，往往新品剛推出就賣了數千萬台，就是利用「缺貨」與「搶購熱潮」瞬間炒熱話題，在小米機推出時的限量供貨被秒殺開始，刻意在上市初期控制數量，維持米粉的飢渴度，造成民眾瘋狂排隊搶購熱潮，促進消費者追求該產品的動力，直到新聞話題炒起來後，就開始正常供貨。

5-6-2　內容行銷

　　我們看到越來越多的企業把行動端策略納入到數位行銷的領域，由於行動裝置的流量早超過了桌機流量，不難看出行動策略對於品牌的重要性，特別是如何創造引人注目的內容是在行動行銷上能夠領先的關鍵。內容行銷（Content Marketing）市場逐漸成熟，容易快速瀏覽並分享注意的內容，才能抓住行動裝置用戶的眼球，經由內容分享以及提升，吸引人們到你的社群媒體或行動平台進行觀看，默默把消費者帶到產品前，引起消費者興趣並最後購買產品。

　　一篇好的行銷內容就像說一個好故事，沒人愛聽大道理，一個觸動人心的故事，反而更具行銷感染力，每個故事就是在描述一個產品，成功之道就在於如何設定內容策略。幫你的產品或服務說一個好故事，其中特別是以影片內容最為有效可以吸引人點閱，因為影片可以塑造情境，感受到情感的衝擊，讓觀眾參與你的產品和體驗，內容行銷必須更加關注顧客的需求，因為創造的內容還是為了某種行銷目的，銷售意圖絕對要小心藏好，也不能只是每天產生一堆內容，必須長期經營與追蹤與顧客的互動。

　　內容行銷是一門與顧客溝通但盡量不做任何銷售的藝術，不僅可以帶來網站的高流量，更能提高轉化率的發生，形式可以包括文章、圖片、影片、網站、型錄、電子郵件等，必須避免直接明示產品或服務，透過消費者感興趣的內容來潛移默化傳遞品牌價值，更容易帶來長期的行銷效益，甚至進一步讓人們主動幫你分享內容，以達到產品行銷的目的，重要性對於線上或線下店家都是不言可喻的。

　　身為全球第一大能量飲料品牌的紅牛（Red Bull）算是「內容行銷」成功的經典範例，利用內容行銷的渲染下，在全球消費者心中建立了品牌黏著度，間接成功

🔴 紅牛（Red Bull）長期經營與運動相關的品牌內容力

帶動了產品銷售的熱潮。當各位點閱紅牛的官網，一點都看不到任何產品的訊息，他們成功的策略就是不直接跟你行銷產品，取而代之的是透過豐富有趣的全方位運動生活內容和創新企劃，搖身一變成為全球運動內容提供者，結合各種極限運動、戶外冒險、體育賽事、文化創意與演唱會等報導，將品牌自然地融入內容中，把能量飲做了最完美的行銷，傳遞紅牛品牌想要帶給消費者充滿「能量」的運動感受。

5-6-3 病毒式行銷

「病毒式行銷」（Viral Marketing）主要方式倒不是設計電腦病毒造成主機癱瘓，它是利用一個真實事件，以「奇文共欣賞」的模式分享給周遭朋友，身處在數位世界，每個人都是一個媒體中心，可以快速的自製並上傳影片、圖文，能使品牌故事擴大延伸，行銷如病毒般擴散，並且一傳十、十傳百地快速轉寄這些精心設計的商業訊息，病毒行銷要成功，關鍵是內容必須在「吵雜紛擾」的網路世界脫穎而出，才能成功引爆話題。

例如網友自製的有趣動畫、視訊、賀卡、電子郵件、電子報等形式，其實都是很好的廣告作品，如果商品或這些商業訊息具備感染力，會加快被討論的過程，隨手轉寄或推薦的動作，正如同病毒一樣深入網友腦部系統的訊息，傳播速度之迅速，實在難以想像。由於口碑推薦會比其他廣告行為更具說服力，例如當觀眾喜歡一支廣告，且認為討論、分享這些內容能帶來社群效益，病毒內容才可能擴散，同時也會帶來人氣。簡單來說，兩個功能差不多的商品放在消費者面前，只要其中一個商品多了「人氣」的特色，消費者就容易有了選擇的依據。

🔵 臉書創辦人祖克柏也參加 ALS 冰桶挑戰賽

2014 年由美國漸凍人協會發起的冰桶挑戰賽就是一個善用社群媒體來進行病毒式行銷的活動。這次的公益活動的發起是為了喚醒大眾對於肌萎縮性脊髓側索硬化症（ALS），俗稱漸凍人的重視，挑戰方式很簡單，志願者可以選擇在自己頭上倒一桶冰水，或是捐出 100 美元給漸凍人協會。除了被冰水淋濕的畫面，正足以滿足人們的感官樂趣，加上活動本身簡單、有趣，更獲得不少名人加持，讓社群討論、分享、甚至參與這個活動變成一股潮流，不僅表現個人對公益活動的關心，也和朋友多了許多聊天話題。

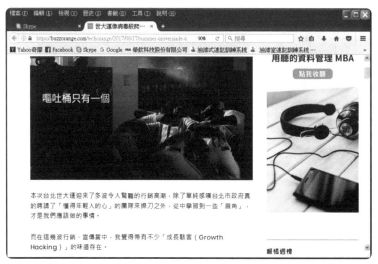

🔘 台北世大運以「意見領袖 - 網紅」創造病毒行銷宣傳

> **TIPS**
>
> 話題行銷（Buzz Marketing），或稱蜂鳴行銷和口碑行銷類似，企業或品牌利用最少的方法主動進行宣傳，在討論區引爆話題，造成人與人之間的口耳相傳，如蜜蜂在耳邊嗡嗡作響的 buzz，然後再吸引媒體與消費者熱烈討論。

5-6-4 使用者創作內容行銷

「使用者創作內容」（User Generated Content, UGC）行銷是代表由使用者來創作內容的一種行銷方式，這種聚集網友創作來內容，也算是近年來蔚為風潮的內容行銷手法的一種，能建立且加強消費者對品牌的社群連結，可以看成是一種由品牌設立短期的行銷活動，觸發網友的積極性，去參與影像、文字或各種創作的熱情，全天候地生產更多內容與觸及更多消費者，可以有效連結品牌與有購買意願的消費者。

「大堡礁島主」活動就是一種 UCG 行銷

由品牌設立短期的行銷活動，使廣告不再只是廣告，不僅能替品牌加分，也讓網友擁有表現自我的舞台，讓每個參與的消費者更靠近品牌，促使目標消費群替品牌完成宣傳任務。例如澳洲昆士蘭旅遊局最早為了行銷大堡礁，對外徵求「大堡礁島主」，雀屏中選者只需將在那裡生活點滴的創作在部落格與人分享，就可以獲得一份時薪約 4 萬 5 千元台幣的高薪。在短短的時間內，吸引了超過 3 萬多位各國人士報名，這就算是一種典型 UGC 行銷。在 2013 年星巴克推出了白色可重複使用的塑料杯，特別舉辦了一個手繪紙杯競賽，鼓勵網友在星巴克紙杯上發揮自己的創作靈感，後來不少消費者走進來消費，除了喝一杯暖心的咖啡外，還渴望在星巴克的白紙杯上塗鴉，這樣 UGC 行銷方式除了鼓勵顧客發揮創意，不但讓紙杯有專屬感，還一個目的就是為了推廣可重複使用紙杯，而且當你用這個紙杯購買飲料時，星巴克還會給你 0.1 美元的折價優惠。

5-6-5 聯盟行銷

「聯盟行銷」（Affiliate Marketing）在歐美是已經廣泛被運用的廣告行銷模式，利用聯盟行銷可以吸引無數的網民為其招攬客人，並且為數以萬計的網站增加了額外收入，每天 24 小時全年無休，成為行銷人員銷售產品，以及發佈商為了賺取目標族群的有效途徑，讓網路 Soho 族或 Youtuber 們隨時都享有成交客戶賺取獎金的機會。

🔵 聯盟網是台灣第一個聯盟行銷平台

> **TIPS** 所謂 Youtuber，是指經營 YouTube 頻道的影音內容創作者，或稱為頻道主、直播主或實況主可以分享很多自己的知識與影音內容，並沒有任何規定要有多少訂閱數或流量才能稱為 Youtuber。

在網路社群興盛的現在，網友口碑推薦效果將遠遠高於企業主推出的廣告。廠商與聯盟會員利用聯盟行銷平台建立合作夥伴關係，包括網站交換連結、交換廣告及數家結盟行銷的方式，共同促銷商品，以增加結盟企業雙方的產品曝光率與知名度，並利用各種的行銷方式，讓商品得到大量的曝光與口碑，將為各位帶來無法想像的訂單績效。

聯盟行銷是一種高價值、低風險的行銷方式，目前已經被視為是一個行動行銷的強大通路，可以幫助廠商賣出更多的商品，讓沒有產品的推廣者就像經銷一項商品，推廣者不需進貨、囤貨，也不必先預支成本，此通路不僅能夠增加品牌知名度、品牌參與度、銷售量，還能提升投資報酬率。在沒有商品的情況下，也能輕鬆幫忙銷售商品，並得到應有的利潤，只需要了解產品，並且在網路上推廣即可，投入的僅僅是時間成本。當聯盟會員加入廣告主推廣行銷商品平台時，會取得一組授

權碼用來協助企業銷售，然後開始在部落格或是各種網路平台推銷產品，消費者透過該授權碼的連結成交，順利達成商品銷售後，聯盟會員就會獲取佣金利潤。

🌐 近年來 iChannel 通路王受到國內許多網路 Soho 族與 Youtuber 歡迎

本章練習

Q | GO

1. 請簡述行動廣告（Mobile Advertising）。

2. 網紅行銷到底是什麼？

3. Widget 廣告是什麼？

4. 請簡介原生廣告（Native advertising）。

5. 什麼是即時競標廣告（Real-time bidding, RTB）？

6. 請簡介「病毒式行銷」（Viral Marketing）。

7. 搜尋引擎的資訊來源有幾種？試說明之。

8. 請說明聯盟行銷（Affiliate Marketing）的作法是什麼？

MEMO

06
CHAPTER

地表最強的
全通路銷售法則

- ⊙ 全通路與零售業成長史
- ⊙ 全通路零售的特點
- ⊙ 全通路熱門零售模式

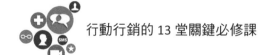

「後行動時代」來臨，無所不在的行動裝置充斥著我們的生活，隨之而來出現的跨螢幕消費的現象，正無處不在的連結身邊所有的人、事、物，改變著我們的生活習慣，消費者在網路上的行為越來越複雜，這股行動浪潮也帶動電商市場的競爭愈趨激烈，連帶也使行動平台成為兵家必爭之地。當行動購物趨勢成熟，搶攻 ON 世代商機就成了零售業的首要目標，PChome 詹宏志曾經在一場演講中發表他的看法：「越來越多消費者使用行動裝置購物，這件事極可能帶來根本性的轉變，甚至讓傳統電子商務產業一切重來」，更強調：「未來更是虛實相滲透的商務世界」。

京站時尚廣場推出專屬 App 拓展全通路市場

> **TIPS** 所謂「ON 世代」，是每日上網 3 小時（Always On-Line）以上，通常是指使用智慧手機或平板等行動裝置上網的年輕族群，這個族群對於行動科技有重度的依賴。

「零售行動化」是以行動裝置為主的商務模式中，消費者不用理會通路在哪裡，這時店家能夠提供顧客多少支援，比配送或購買率更重要，這種趨勢已經成為勢不可擋的行銷新革命，特別透過萬物物聯網取得數據，不只工業要 4.0，舉凡醫療、電腦業、服務業皆吹起一股行動科技風，零售業更是直接面臨消費者喜好無常的挑戰，零售通路也將更多樣化，正式進入革命性改變的「零售 4.0」時代。

TIPS 德國政府 2011 年提出第四次工業革命（又稱「工業 4.0」）概念，工業 4.0 浪潮牽動全球產業趨勢發展，雖然掀起諸多挑戰卻也帶來不少商機，工業 4.0 將影響未來工廠的樣貌，智慧生產正一步步化為現實，轉變成自動化智能工廠，是以智慧製造來推動產品創新，與利用產業物聯網大量滿足客戶的個性化需求，最後進階到「大規模訂製」（Mass Production）。隨著人工智慧快速發展，面對當前機器人發展局勢，未來市場需求將持續成長，機器人功能越來越多，生產線上大量智慧機器人已經是可能的場景。

🔘 鴻海推出的機器人— Pepper

6-1 全通路與零售業成長史

　　零售業主要是指從事販售商品為主要業務之公司行號與店家，並向最終消費者提供所需商品為主的行業，回顧零售業發展至今，經歷了幾次大的變化，每一次變革和新的經營方式的出現，都是因為消費者需求的不斷改變，從單通路到多通路，

再到跨通路，最後到全通路的演化過程，對於零售的本質則一直沒有變，宗旨就是把「商品賣給顧客」，零售企業要想在客戶心目中樹立品牌形象，僅靠質優價廉的商品是不夠的，本質上是「消費體驗」的變革史，客戶還希望享受到細緻盛情的服務，因此不斷產生創新的零售模式。

零售業者要有預見未來的能力，因為許多購物行為的轉變不一定是業者單方面的給予，消費者習慣改變與科技進化帶動產業趨勢革命才是關鍵，隨著線下（offline）跟線上（on line）的界線逐漸消失，當消費者購物的大部分重心已經轉移到線上時，通路其實就不單僅於實體店、網路商城、行動購物、App、社群等。現在通路高度融合是各界關注的重點，借其之勢來建立對品牌的熟悉感，因為品牌整合旗下所有的通路，無疑是成本最低、投資報酬率最高的一種業績提升手段。零售型態的轉型與進化，一直都在進行，根據國外調查結果顯示，當消費者使用越多管道，他們可能會花費越多的錢，特別是在這個後疫情時代，全通路（Omni-Channel）正式經營品牌將成為行動零售化布局的重要關鍵。接下來我們將從現代零售業的四次革命，來為各位說明每個階段的內容。

6-1-1　零售 1.0

最早的零售業模式，大多是實體門店，也就是以雜貨店類型為主的單店（Single Channel）；當傳統消費者有購物需求時，通常就是前往實體通路購買，基本的特徵是率先透過開放貨架、價格標示與結帳服務台等前所未見的新元素，從以往早期的巷口柑仔店，進而發展出轉變成透過店鋪的櫥窗陳列的現代化隨處可見的便利商店經營型態。這可從近百年前美國出現了全球第一家超市—Piggly Wiggly 開始，將傳統雜貨店推向現代化，店家一般較不關注顧客需求的變化，金流是透過一手交錢一手交貨的現場方式完成，由顧客自我服務（self-service）將傳統雜貨店推向現代化，不過這種傳統零售越來越難以生存，零售業開始出現連鎖式的超市（supermarket），成為零售 1.0 時代的開端。

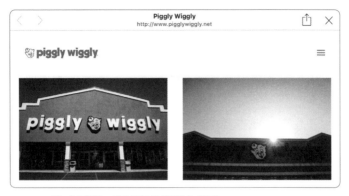

🔵 全球第一家出現的現代化超市— Piggy Wiggly

6-1-2　零售 2.0

　　由於消費者不斷湧入與超市不斷擴大，轉變成超大型超市（Hypermarket）、量販店（Discount store）與連鎖店模式，西元 1962 年，第一家沃爾瑪連鎖店由美國零售業大亨山姆•沃爾頓開設，直到現在的沃爾瑪是世界零售業的一大奇跡，經營 1 萬 7 百多家門市，分布於美洲、歐洲、亞洲等 27 個國家，榮登美國 5 百強榜首與全球第一大的零售商，更提出「一站式購物」（one-stop shopping）概念，讓所有上門的顧客在一家商場可以一次滿足所有需求的購物環境，同時保證了對消費者天天低價的承諾的實施。

🔵 成功的物流管理帶來沃爾瑪卓越的經營績效

> **TIPS**
> 　　物流（logistics）是指產品從生產者移轉到經銷商、消費者的整個流通過程，主要重點就是當消費者在網際網路下單後的產品，廠商如何將產品利用運輸工具就可以抵達目的地，最後遞送至消費者手上的所有流程，並結合包括倉儲、裝卸、包裝、運輸等相關活動。

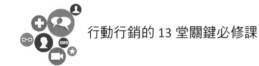

隨後法國家樂福（Carrefour）、美國 IKEA 等大型連鎖量販店相繼現身，由此揭開了零售 2.0 時代的序幕，過去沒有線上購物，只要占據好位置，就不怕沒有生意，開始提供多樣、划算與自有品牌的商品，滿足消費者一次購足的需求，特色在於成本管控與供應鏈管理，即便是到了今天，大型連鎖量販店仍然是實體通路的主流。

> **TIPS** 供應鏈管理（Supply Chain Management, SCM）是 1985 年由邁克爾・波特（Michael E. Porter）提出，主要是關於企業用來協調採購流程中關鍵參與者的各種活動，範圍包含採購管理、物料管理、生產管理、配銷管理與庫存管理乃至供應商等方面的資料予以整合，並且針對供應鏈的活動所作的設計、計畫、執行和監控的整合活動。

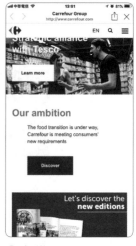

🏠 家樂福（Carrefour）是零售 2.0 時代的成功模式

6-1-3　零售 3.0

隨著傳統零售業成本的提升以及網路的普及，當消費者出現購物需求時，開始懂得利用方便的網路來購物，零售業從此進入電子商務型態，同時也帶動跨領域的通路開始盛行，透過網際網路提供訂單、貨物及帳務的流動與管理，大量節省傳統作業的時程及成本，從買方到賣方都能產生極大的助益。除了實體店鋪銷售外，也包含了虛擬網路商城的銷售，隨著亞馬遜書店、eBay、Yahoo！奇摩拍賣等的興起，讓許多人跌破眼鏡，原來商品也可以在網路虛擬市場上販賣，而且有那麼驚人的商業績效。這時電商平台與各種網路商店百家爭鳴，正式吹響了零售 3.0 號角，電商躍為這個階段零售市場的主流。

🏠 許多網路商城在零售 3.0 階段興起

6-1-4　零售 4.0

在今天「社群」與「行動裝置」的迅速發展下，零售業態已進入 4.0 時代，宣告零售業正式從多通路（multi-channel）轉變成全通路（Omni-Channel）的虛實整合型態，所謂全通路（Omni-Channel）就是融合實體通路與虛擬通路，為顧客提供更方便的交易平台。這時「賣場」已不只是一間店面，而是在任何時間、地點都能進行購買行為的數位平台，同時最重要的基礎是能夠將線上與線下會員整合，並以消費者為中心的 24 小時營運模式，更有效滿足消費者所需要的商品與服務與提供顧客在不同接觸點之間不間斷的消費體驗。

全通路與多通路型態的最大不同是各通路彼此並非獨立運行，而是讓不同通路間進行會員資料與消費訊息的共享與連結，彼此並非獨立運行，專注於成為全管道、全天候、全頻道的消費年代，關鍵在於「縮短服務提供者與消費者的距離」，使得消費者無論透過桌機、智慧型手機或平板電腦，都能隨時輕鬆上網購物。網路購物的項目已從過去單純買衣服、買鞋子，朝向行動裝置等多元銷售、支付和服務通路，透過各種平台加強和客戶的溝通，不僅讓零售商的營運效率大幅提升，更為消費者提供高品質的購物感受，打造精緻個人化服務。

> **TIPS**　「多通路零售」（multi-channel）是指企業採用兩條或以上完整的零售通路進行銷售活動，每條通路都能完成銷售的所有功能，例如同時採用直接銷售、電話購物或在 PChome 商店街上開店，也擁有自己的品牌官方網站，就是每條通路都能完成買賣的功能。

共享經濟（Sharing Economy）就是近幾年最受矚目的全通路模式之一，隨著資本市場的擴充，對傳統消費模式、零售模式以及消費者與企業間關係產生了巨大影響，未來在這個領域還有很大的進步空間，共享經濟將會不斷地生產新的東西，打破銷售通路的限制。共享經濟的核心精神就是每個個體都可以視為是一個品牌中心，所有過去傳統店家所霸占的資源，都會被開放共享，透過共享經濟，這樣可以

促使零售業進一步合作已有的龐大客戶群，因為用戶根據個人需求，藉由線上宣傳、接單，帶動線下世界的商業活動，各位可以看出基於 LBS 功能和行動支付的發展，未來消費者進入的服務場域將更為智慧化與個人化，所有的零售產業都可以往線上移動。

TIPS 　共享經濟的成功取決於建立互信，是把同一個商品以合理的價格與他人共享資源，嘗試將生產商、流通商和消費者三者的資源共享，同時讓閒置的商品和服務創造收益，讓有需要的人得以較便宜的代價借用資源，實現供給方和需求方的雙贏。例如類似計程車「共乘服務」（Ride-sharing Service）的 Uber，絕大多數的司機都是非專業司機，開的是自己的車輛，大家可以透過網路平台，只要家中有空車，人人都能提供載客服務。

⊕ Uber 提供比計程車更為優惠的價格與付款方式

6-2 全通路零售的特點

由於行動上網應用越來越普及，根據 Google 的報告，有 84% 的消費者到實體店面時，會用手機搜尋相關資訊，包括從產品資訊、口碑收集、客服互動乃至付款取貨，透過手機消費的人也愈來愈多，全通路零售（Omni-Channel Retailing）正運用最新科技平台，打造全方位互動體驗，有鑑於全通路零售是未來的趨勢，對品牌而言，在這個顧客體驗至上的時代，串聯各種媒體平台和實體通路，整合線上和線下服務，提供給消費者一致的體驗，以下我們將為各位說明全通路零售的主要特點。

6-2-1 科技優化消費體驗

全通路零售時代的消費者基本需求其實沒變，不過跨螢充斥與廣告資訊爆炸，與消費者溝通越來越是困難，顧客變得更為挑剔與不容易滿足，因此關注與優化消費者的體驗是最重要。不但要讓消費者線上線下的購物足跡能被即時蒐集、分析並推送最被需要的資訊，畢竟真正掏錢的是消費者，期望能讓消費者滿足購買的需求，讓消費者的購物體驗能夠最佳化。

全通路銷售中對於數位互動要求越來越高，結合了最新科技助力，包含了雲端運算、行動服務、物聯網、NFC、Beacon 等，在實體通路以及行動銷售的應用中無縫接軌，輔以線上金流服務的蓬勃興盛，店家與消費的服務接觸點（touch point）大增，必須創造出以消費者為中心的智慧型全通路，最終目標便是讓每一個客戶接觸點都能提供一致且美好的消費互動體驗。

日本知名服飾品牌 Uniqlo 的姐妹品牌 GU，原本是主打東京潮流風格流行服飾，開始嘗試在傳統零售產業中融入現代科技，特別是自動化的人機互動，讓店面不再只是販售商品，更引進的「時尚導航」系統，從結帳到確認商品的存貨，都不再需要店員服務。顧客只要

🔹 GU 導入「時尚導航」系統的新科技

將商品擺入購物車，就能看到庫存情況和消費者評論等情報，只要輕輕將吊牌碰一下「魔鏡」，就馬上可以提供這件服飾的穿搭建議，或者當購物車接近各展示區塊的 Beacon 裝置時，螢幕上還會馬上顯示該區塊的推薦商品，這些智慧科技的結合，就是希望讓消費者體驗智慧購物的便利，讓各式通路的基本服務水準提升，讓店家能做到販售「購物體驗」而非只是「品牌」或「產品」，滿足客戶花錢的心情與需要，並與其他品牌作出明確的市場區隔。

6-2-2　實體融合虛擬通路

　　當行動化腳步跨越通路界線,「虛實整合」的通路型態蔚為趨勢,全通路零售業者透過各種不同的通路,帶動 O2O 循環,與消費者建立關係與互動,達到顧客和品牌接觸的地方,都能提供購買管道。特別是在行動上網普及後,將線上會員與線下會員整合,配合手機的推播、支付、App 等服務,虛擬通路與實體通路都不斷朝上下線之虛實整合,不同互動方式能達到不同的體驗效果,也就是用所有的通路介面包覆顧客,讓消費者無論在何時何地,都可以獲得無差別的服務,只要購物體驗整合完整,也有機會提高銷售的轉換率。

好市多虛實整合通路的成果十分受到歡迎

　　實體店和行動商務的融合正在加速,消費者已掌握了購物的主導權,不再被通路的佈建而限制購買的地點,更何況經營全通路品牌的顧客忠誠度也較高,例如好市多向來是以會員費為後盾,努力追求降低毛利以確保提供消費者最平價商品的做法,而為消費者所津津樂道。目前除了有計畫地逐步優化自家購物網站,也結合實體融合虛擬的整合,讓消費者自由的選擇在線上、線下購物體驗,加上物流服務與大數據分析,同步在線上與線下打造出方便又安心的消費過程,消費者購買時可以依照情況選擇下單和取貨方式,達到一致的客戶體驗。

6-2-3　更優質的客製化服務

　　零售業最大的優勢就是擁有顧客資料,隨著行動購物的逐漸普及,在全通路零售時代,可以經由各種不同的通路與消費者互動、建立關係、提供服務,消費者的購買行為一舉跨越了時間、地理環境的限制,經由即時價格比較,和產品在更多通路可以獲得,使購物過程更加透明化,如果顧客資料能夠結合前述的消費者購買行

為，可以協助零售業針對消費者提供高度客製化的「分眾行銷」，創造與競爭對手的差異化行銷，不但用品牌 App 經營熟客，推出不同產品與服務，動態訂價和個人化訂價等，未來將變得更加可行。讓忠誠度高的熟客感覺真的有所不同，因此客製化服務（Customization）必將成為商家決勝關鍵。

近年零售市場流行強調個人特色，全通路做為一種新的零售模式，零售業者必須做好一點深入與全面整合的準備，所謂「無縫零售」就是以消費者為中心，配合客製化服務與互動體驗，降低消費者的選擇時間，主要優勢在於清楚目標客群的需求，進而提供一對一的整合行銷服務。玩美移動公司推出的美妝 App，透過 AI 自動掃描臉部輪廓，檢測出人臉圖像的關鍵點，協助品牌消費者各項臉部特質，可根據消費者個人的臉部特徵與喜好來建議最適合的妝容與對應的產品，供使用者自由選擇，再與擴增實境（AR）結合，就能用手機鏡頭玩出不凡的美妝效果，同時收集消費者的大數據，包括臉型、膚色、皺紋等，期望透過預測使用者的偏好，建立商品推薦系統，提供符合需求且個人化的美妝消費體驗與專屬的產品建議。

🔺 透過 App 的智慧美妝鏡，素顏可以瞬間改變成神仙顏值

6-3 全通路熱門零售模式

　　新型冠狀病毒（COVID-19）侵襲全球，為企業帶來重大衝擊，危機就是轉機，未來疫情過去，消費行為一定會改變，最重要是線上消費比重要拉更高，對於專注於線上通路的零售業者來說，是一個快速發展的機會，最重要的基礎是能提供創新的商業模式來迎接以消費者，與推動全通路體驗（Omni-Channel Experience）的發展，大幅提高服務力與數位互動的可能，讓零售世界變成一個沒有隔牆的大賣場，去真正滿足消費者的需要，不管是透過線上或線下都能達到最佳購物體驗。接下來我們要為各位介紹目前全通路的熱門零售模式。

6-3-1　O2O 模式

　　O2O 模式就是整合「線上（Online）」與「線下（Offline）」兩種不同平台所進行的一種行銷模式，可以讓顧客透過線上的購買動作，「促進」線下的到店取貨或接受服務，廣義來說聚焦在「將消費者從網路上帶到實體商店」。

　　由於目前的消費者都能「Always Online」，讓線上與線下能快速接軌，一旦連結成功，這是巨大的商業加乘效果，透過改善線上消費流程，直接帶動線下消費，特別適合「異業結盟」與「口碑銷售」，因為 O2O 的好處在於訂單於線上產生，每筆交易可追蹤，也更容易溝通及維護與用戶的關係，如此才能以零距離提升服務價值，包括流暢地連接瀏覽商品到消費流程，打造全通路的 360 度完美體驗。

● EZTABLE 買家於線上付費購買，然後至實體商店取貨

我們以提供消費者 24 小時餐廳訂位服務的訂位網站「EZTABLE 易訂網」為例，易訂網的服務宗旨是希望消費者從訂位開始就是一個很棒的體驗，除了餐廳訂位的主要業務，後來也導入了主動銷售餐券的服務，不僅滿足熟客的需求，成為免費宣傳，也實質帶進訂單，並拓展了全新的營收來源。

6-3-2 反向 O2O 模式

隨著 O2O 迅速發展後，現在也越來越多企業採用反向的 O2O 通路模式（Offline to Online），從實體通路（線下）連回線上，就是將上一節傳統的 O2O 模式做法反過來，消費者可透過在線下實際體驗後，透過 QR code 或是行動終端連結等方式，引導消費者到線上消費，並且在線上平台完成購買並支付，達到充分利用消費者的自助性與節省企業的人工交易成本。

反向 O2O 模式就是回歸了實體零售的本質，儘可能保持或提高消費者在傳統模式時的體驗，將消費者引導到線上，更容易傾聽消費者的反饋，讓再利用行動裝置線上消費，從而為消費者提供具有針對性的產品推薦，引導其進行二次消費，包括餐廳、咖啡館、酒吧、美容院、大賣場或者生活服務產業等都具有這樣的改變趨勢。

反向 O2O 回歸了零售的本質，將重點放在挖掘現有客戶的消費潛力，消費者透過實體的管道接觸商品，並在短時間內吸引實體客戶，如南韓特易購（Tesco）的虛擬商店首次與三星合作，在地鐵內裝置了多面虛擬商店數位牆，當通勤族等車瀏覽架上商品時，透過 QR code 或是行動終端連結等方式，就可以快快樂樂一邊等車、一邊購物，然後等宅配直接送貨到府即可。

🏠 特易購的虛擬商店可以讓顧客一邊等車、一邊購物

6-3-3　ONO 模式

在初期要成功把 O2O 模式做好是相當困難，最好是起步時先能做到線上與線下融合，也就是 ONO 模式。所謂 ONO（Online and Offline）模式，就是將線上網路商店與線下實體店面能夠高度結合的共同經營模式，從而實現線上線下資源互通，雙邊的顧客也能彼此融合的一體化雙店經營模式。

由於大多數消費者對實體購物還是情有獨鍾，網路雖然方便，實體商店還是有電商完全沒有辦法提供的加值服務，除了擁有真人的服務與溫度，包括「即買即用」、「所見既所得」也是實體商店的一大優勢。例如阿里巴巴創辦人馬雲更積極入股實體零售業大潤發，進一步打通線上線下的通路，實現品牌的全通路布局，不但能改善傳統門市的經營效率，更能發展出顛覆實體零售的創新模式。

🏠 阿里巴巴與大潤發聯手全通路零售

> **TIPS** OIO（Online interacts with Offline）模式就是線上線下互動經營模式，近年電商業者陸續建立實體據點與體驗中心，即除了電商提供網購服務之外，並協助實體零售業者在既定的通路基礎上，可以給予消費者與商品面對面接觸，並且為消費者提供交貨或者送貨服務，彌補了電商平台經營服務的不足。

6-3-4　O2M/OMO 模式

　　愈來愈多行動購物族群都是全通路消費者，電商面臨的消費者是一群全天候、全通路無所不在的消費客群，傳統 O2O 手段已無法滿足全通路快速的發展速度，以往電商可能只要關注 PC 端用戶，但是現在更要關注行動端用戶。行動購物的熱潮更朝虛實整合 OMO（Online / Offline to Mobile）體驗發展，包括流暢地連接瀏覽商品到消費流程，線上線下無縫整合的行銷體驗。

　　O2M 是線下（Offline）與線上（Online）和行動端 Mobile）進行互動，或稱為 OMO（Offline Mobile Online），也就是 Online（線上）To Mobile（行動端）和 Offline（線下）To Mobile（行動端）並在行動端完成交易，與 O2O 不同，O2M 更強調的是行動端，線上與線下將隨時相互匯流，打造線上—行動—線下三位一體的全通路模式，形成實體店家、網路商城、與行動終端深入整合行銷，並在線下完成體驗與消費的新型交易模式。

🏮 GOMAJI 經由 O2O 轉型成為吃喝玩樂券的 O2M 平台

行動科技的進步推動了 OMO 模式的發展，從本質上講，O2M 是 O2O 的升級，想要邁向線上線下深度融合的 O2M 階段，兩者相輔相成，大大提升了消費者購物熱情以及用戶體驗。O2M 第一步落實的概念就是行動行銷，唯有透過不斷創新行動端行銷來吸引客戶，才能有效促進實體店面的業績與績效。例如台灣最大的網路書店「博客來」所推出的 App「博客來快找」，可以讓使用者在逛書店時，透過輸入關鍵字搜尋以及快速掃描書上的條碼，然後導引你在博客來網路上購買相同的書，完成交易後，會即時告知取貨時間與門市地點，並享受到更多折扣。

博客來快找還會幫忙搶實體書店客戶的訂單

6-3-5　OSO 模式

行動平台的最大特色就是實現店家和消費者之間接觸點的擴大，特別適合顧客體驗與直接服務串連起來。所謂 OSO（Online Service Offline）模式並不是線上與線下的簡單組合，而是結合 O2O 模式與 B2C 的行動電商模式，把用戶服務納入進來的新型電商運營模式即線上商城 + 直接服務 + 線下體驗。

無印良品貼心提供直接諮詢服務，傾聽顧客對服飾的各種煩惱

如果與 O2O 模式相比，OSO 模式的優勢特別增加了直接服務環節，透過 OSO 模式可以很好把線上與線下有效地聯繫起來，整合現有的資源發展是當前任務重點，並且強調服務的關鍵性和重要性，應該要從「體驗服務」中滲入，服務產生的會是倍增效益，絕對比直接用「促使消費」的方式來得更加吸引客群，線上線下保持價格統一，促銷與服務同步，用戶可以直接提出對於產品需求的諮詢，讓消費者可以更輕鬆購買，真正為消費者提供必要的即時服務。

本章練習

1. 何謂物流（logistics）？

2. 何謂「工業 4.0」？

3. 請簡介離線商務模式（Online To Offline：O2O）與優點。

4. 零售 4.0 與全通路（Omni-Channel）是什麼概念，請簡單說明。

5. 請簡述供應鏈管理（Supply Chain Management, SCM）。

6. 請問全通路零售有哪些特點？

7. 請簡述反向 O2O 模式。

8. 何謂 ONO（Online and Offline）模式？

9. 試說明 OMO（offline-mobile-online）。

07
CHAPTER

邁向成功店家捷徑的 LINE 超級賺錢術

⊙ LINE 行動行銷簡介

⊙ 個人檔案的貼心設定

⊙ 建立你的 LINE 群組

⊙ 認識 LINE 官方帳號

隨著智慧型手機的普及，不少個人和企業藉行動通訊軟體增進工作效率與降低通訊成本，甚至還能作為企業對外宣傳發聲的管道，行動通訊軟體已經迅速取代傳統手機簡訊。在台灣，國人最常用的前十名 App 中，即時通訊類佔了四個，而第一名便是 LINE。隨著 LINE 社群的熱門而蓬勃興起的行動行銷，也能做為一種創新的行銷與服務通道。雖然在資訊傳播上不如 FB 與 IG，但是著重於品牌與人之間的交流，讓加入的用戶能夠在與 LINE 的接觸中感受出品牌與眾不同的特殊魅力！

LINE 的封閉性和資訊接收精準度，帶來了一種全新的商業方式，更提供了多元服務與應用內容，不但創造足夠的眼球與目光，更讓行銷可以不僅限於社群媒體的內容創作，而是屬於共同連結思考的客製化行銷服務，只要一個人、一部手機與朋友圈就可以準備在行動社群網路開賣賺錢了，才是 LINE 社群的真正行銷價值所在。

7-1 LINE 行動行銷簡介

　　LINE 主要是由韓國最大網路集團 NHN 的日本分公司開發設計完成，是一種可在行動裝置上使用的免費通訊 App。它能讓各位在一天 24 小時中，隨時隨地盡情享受免費通訊的樂趣，甚至透過免費的視訊通話和遠地的親朋好友聊天，就好像 Skype 即時通軟體一樣可以利用網路打電話或留訊息。LINE 自從推出以來，快速縮短了人與人之間的距離，讓溝通變得無障礙，不過 LINE 除了一般的通訊功能之外，有別於 FB、IG 等社群媒體的溝通模式，LINE 是由一對一的使用情境而出發延伸，許多店家與品牌都想藉由 LINE 行動精準行銷與消費者建立深度的互動關係。

7-1-1 LINE 行銷的集客風情

　　LINE 是亞洲最大的通訊軟體，全世界有接近三億人口是 LINE 的用戶，而在台灣就有二千多萬的人口使用 LINE 手機通訊軟體來傳遞訊息及圖片。LINE 在台灣就相當積極推動行動行銷策略，LINE 公司推出最新的 LINE@ 生活圈 2.0 版—LINE 官方帳號，類似 FB 的粉絲團，讓 LINE 以「智

😊 LINE 與 LINE 官方帳號圖示並不相同

慧入口」為遠景，打造虛實整合的 Online to Offline（O2O）生態圈，一方面鼓勵商家開設官方帳號，另一方面自己也企圖將社群力轉化為行銷力，形成新的社群行銷平台。

　　LINE 的功能不再只是在朋友圈發發照片，反而快速發展成為了一種新的經營與行銷方式，核心價值在於快速傳遞資訊，包括照片分享、位置服務即時線上傳訊、影片上傳下載、打卡等功能變得更能隨處使用，然後再藉由社群媒體廣泛的擴散效果，透過朋友間的串連、分享、社團、粉絲頁的高速傳遞，使品牌與行銷資訊有機會直接觸及更多的顧客。

　　店家與品牌要做好 LINE 行銷，一定要先善用行動社群媒體的特性，除了抓緊現在行動消費者的「四怕一沒有」：怕被騙、怕等待、怕麻煩、怕買貴以及沒有時間這五大特點，避免服務失敗帶來的負面效應，還要控制好發送的頻率與內容，不要讓粉絲因為加入後收到疲勞轟炸般的訊息，造成閱讀意願低甚至封鎖。

　　LINE 的貼文不但沒有字數限制，還可以在中間插入許多圖片、相片、視頻等多媒體素材，例如標題是否能讓粉絲想點擊的興趣，最關鍵的是圖文是否能引起粉絲共鳴，避免落落長純文字內容，讓大多數潛在消費者主動關注，並有可能轉化成忠誠的客戶，跟臉書不同之處是不著重追求粉絲數量，而是強調一對一的互動交流，所以不像臉書或其他社交平台可以創造熱門話題後引起迴響。

　　從社群行銷的特色來說，臉書與 IG 的傳播廣度雖然驚人，但是朋友間互動與彼此信任的深度卻是遠遠不及 LINE。各位要在手機上下載 LINE 軟體十分簡單，可以直接在安卓手機的「Play 商店」或蘋果手機「App Store」中輸入 LINE 關鍵字，即可安裝或更新 LINE App：

蘋果手機「App Store」中輸入 line 關鍵字就可以安裝或更新 LINE 程式

7-1-2　我們都愛 LINE 貼圖

　　LINE 設計團隊真的很會抓住東方消費者含蓄的個性，例如用貼圖來取代文字，活潑的表情貼圖是 LINE 的很大特色，不僅比文字簡訊更為方便快速，還可以表達出內在情緒的多元性，不但十分療癒人心，還能馬上拉近人與人之間的距離，非常受到亞洲手機族群的喜愛。LINE 貼圖可以讓各位盡情表達內心悲傷與快樂，趣味十足的主題人物如熊大、兔兔、饅頭人與詹姆士等，更是 LINE 的超人氣偶像。

可愛貼圖行銷對於保守的亞洲人有一圖勝萬語的功用

7-1-3 企業貼圖療癒行銷

由於手機文字輸入沒有像桌上型電腦那麼便捷快速，對於聊天時無法用文字表達心情與感受時，圖案式的表情符號就成了最佳的幫手，只要選定圖案後按下「傳送」▶鈕，對方就可以馬上收到，讓聊天更精彩有趣。

貼圖顯示效果

❶ 按此鈕會在下方顯示各種貼圖

❷ 直接點選圖樣即可進行傳送

很多貼圖按下「下載」鈕即可使用

LINE 的免費貼圖，不但使用者喜愛，也早就成了企業的行銷工具，特別是一般的行動行銷工具並不容易接觸到掌握經濟實力的銀髮族，而使用 LINE 幾乎是全民運動，能夠真正將行銷觸角伸入中大齡族群。通常企業為了做推廣，會推出好看、實用的免費貼圖，打開手機裡的 LINE，不定期推出免費的貼圖，吸引不想花錢買貼圖的使用者下載，下載的條件－加入好友就成為企業推廣帳號、產品及促銷的一種重要管道。

越來越多店家和品牌開始在 LINE 上架專屬企業貼圖，為了龐大的潛在傳播者，許多知名企業無不爭相設計形象貼圖，除了可依照自己需求製作，還可以讓企業利用融入品牌效果的貼圖，短時間就能匯集大量粉絲，將有助於品牌形象的提升。例如立榮航空企業貼圖第一天的下載量就達到 233 萬次，千山淨水 LINE 貼圖兩周貼就破 350 萬次下載。根據 LINE 官方資料，企業貼圖的下載率約九成，使用率約八成，而且有三成用戶會記得贊助貼圖的企業。

許多商家會提供貼圖免費下載，增加品牌知名度

只要加入好友就可下載可愛的企業貼圖

7-2 個人檔案的貼心設定

經營 LINE 朋友圈沒有捷徑，必須要做足事前的準備，不夠完整或過時的資訊會顯得品牌不夠專業，店家想要在 LINE 上給大家一個特別的印象，那麼個人檔案的設定就絕對不可輕忽。尤其是當你擁有經營的事業或店面時，只要好友們點選你的大頭貼照時，就可以一窺你的個人檔案或狀態消息，如果沒有加入個人的相片作為憑證，為了預防詐騙集團安全起見，多數人是不會願意把你加為好友。接下來我們針對個人檔案的設定做說明，讓別人看到你特別有印象。LINE 裡面設定或變更個人大頭貼照，請先切換到「主頁」  頁面，點選「設定」 鈕。接著點選「個人檔案設定」鈕即可進入「個人檔案」來進行大頭貼照、背景相片、狀態消息的設定。

設定大頭貼照 —

— 設定背景相片

— 加入背景歌曲

7-2-1　設定大頭貼照

　　經常聽到許多資深小編們提到：「讓消費者建立第
一印象的時間只有短短 3 秒鐘」，因此大頭貼的整體風
格所傳達的訊息就至關重要。大頭貼照主要用來吸引好
友的注意，對方也可以確認你是否是他所認識的人。按
下大頭貼照可以選擇透過「相機」進行拍照，或是從媒
體庫中選取相片或影片，另外也可以選擇虛擬人像。

　　LINE 提供的「相機」功能相當強大，除了一般正常
的拍照外，你還能在拍照前加入各種的貼圖效果，或是
套用各種濾鏡變化處理成美美的藝術相片，一開始就要
緊抓好友的視覺動線，加上運用創意且吸睛的配色，讓
你的特色一眼被認出。如下圖所示是各種類型的貼圖效
果，點選之後可以看到套用後的畫面效果，調整好你的
位置與姿勢就可進行拍照。

套用濾鏡效果

　　你也可以直接選擇照片或影片，勾選「分享至限時動態」的選項，這樣按下「完成」鈕就會將你變更的相片自動張貼到「貼文串」的頁面中，接著各位就可以在個人檔案處看到大頭貼照片已更改。

狀態消息

好友清單上所顯示的圓形大頭貼照

7-2-2 變更背景相片

在背景照片部分，如果你有經營事業或店面，那麼不妨將商品或相關的意念圖像加入進來，因為擁有一個具有亮眼設計感的背景相片，一定能為你的品牌大大加分，按下背景相片可以從手機中的「所有照片」來找尋你要使用的相片。

❶ 按個人封面照片

❷ 按「選擇個人封面」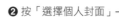

挑選要成為個人封面的照片

你可以進行位置的調整或是旋轉畫面，按「下一步」鈕後還可在背景相片上加入塗鴉線條、輸入文字、可愛插圖、或濾鏡效果，讓你的底圖相片更具有特色

按「完成」鈕
完成背景圖片
的設定

個人封面已
變更成功

7-3 建立你的 LINE 群組

　　LINE 行銷的起手式，無疑就是想方設法加入好友，有了一堆好友後，接下來就是建立群組，然後邀請好友們加入群組。如果你是小店家，想要推廣你的商品，那麼「建立 LINE 群組」的功能不失為簡便的管道，好的群組行銷技巧，絕對不只把品牌當廣告。除了可和自己的親朋好友聯繫感情外，很多的公司行號或商品銷售，也都是透過這樣的方式來傳送優惠訊息給消費者知道。只要將親朋好友依序加入群組中，當有新產品或特惠方案時，就可以透過群組方式放送訊息，讓群組中的所有成員都看得到。有需要的人直接在群組中發聲，進而開啟彼此之間的對話就顯得非常重要。

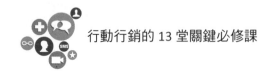

LINE 群組最多可以邀請 500 位好友加入，大多數都是以親友、同事、同學等等在生活上有交集的人所組成，好友加入群組可以進行聊天，群組成員也可以使用相簿和記事本功能來相互分享資訊，即使刪除聊天室仍然可以查看已建立的相簿和記事本喔！

利用群組功能把親友群聚在一起，一次貼文公告大家都看得到

7-3-1　建立新群組

店家要在 LINE 裡面建立新群組是件簡單的事，請切換到「主頁」🏠頁面，由「群組」類別中點選「建立群組」即可開始建立：

接下來開始在已加入的好友清單中進行成員的勾選，你可以一次就把相關的好友名單通通勾選，按「下一步」鈕再輸入群組名稱，最後按下「建立」鈕完成群組的建立。作法如下：

❷ 按「下一步」鈕

❶ 把相關的好友名單通通勾選

❶ 再輸入群組名稱

❷ 按此建立群組圖片

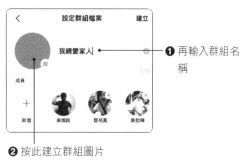

❶ LINE 內建的圖案樣式

❷ 你可以從手機的相簿中進行挑選，也可以進行拍照，此處示範由「相簿」加入現有的群組圖案

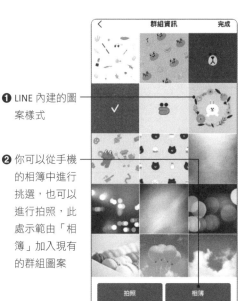

由此可為群組相片加入貼圖、文字、塗鴉、濾鏡等效果

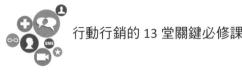
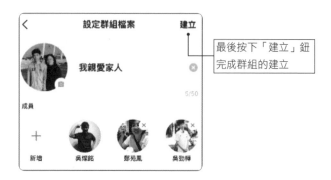

最後按下「建立」鈕
完成群組的建立

7-3-2　聊天設定

當群組建立成功後,「主頁」的群組列表中就可以看到你的群組名稱,點選名稱即可顯示群組頁面。頁面上除了群組圖片、群組名稱外,還會列出所有群組成員的大頭貼,方便你跟特定的成員進行聊天。

按此鈕進入「其他設定」頁面

顯示已經加入的群組成員

變更群組名稱,最多 50 個字

顯示群組成員,以及正在邀請中的名單,也可以進行新成員的邀請

按此進行背景圖設定

7-3-3　邀請新成員

在前面建立新群組時，各位已經順道從 LINE 裡面將已加入的好友中選取要加入群組的成員，這些成員會同時收到邀請，並顯示如左下圖的畫面，被邀請者可以選擇參加或拒絕，也能看到已加入的人數，願意「參加」群組的人就會依序顯示加入的時間，如下圖所示：

 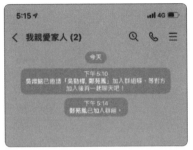

各位也可以在進入群組畫面後，點選右上角的 ☰ 鈕，就會顯示如下的選單，讓你進行邀請、聊天設定、編輯訊息…等各項設定工作，其中的「邀請」指令可以來邀請更多成員的加入。

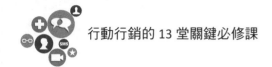

你可選擇行動條碼、邀請網址、電子郵件、SMS 等方式,將 LINE 社群以外的朋友也邀請加入至你的 LINE 群組中。

- **行動條碼**:點選「行動條碼」會出現如左下圖的行動條碼,你可以將它儲存在你的手機相簿中,屆時再傳給對方讓對方進行掃描。

- **邀請網址**:點選「複製邀請網址」鈕,就可以將邀請網址轉貼到布告欄,或其他的通訊軟體上進行傳送。

■ 電子郵件：提供電子郵件方式來傳送邀請，也可以使用連結分享方式，以選定的應用程式來共享檔案。如下所示是透過電子郵件來傳送群組邀請。

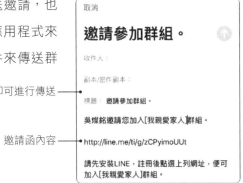

輸入收件者資料即可進行傳送 ——

邀請函內容 ——

■ SMS：會出現「新增訊息」的視窗，只要輸入收件人的電話後，按下訊息內容右側的 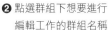「發送」鈕就可以邀請對方加入群組。

如果因為某些因素或言論較不遵守群組成員的共同規範，為避免因為該成員言論而破壞群組成員聊天的心情，如果想要刪除群組中特定成員，也可以輕易辦到，作法如下：

❷ 點選群組下想要進行編輯工作的群組名稱

❶ 切換到「主頁」

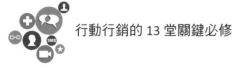

點選群組成員大頭貼旁的數字

接著按「編輯」鈕

於欲刪除的好友大頭貼前按「●」圖示

❶ 按「刪除」鈕

❷ 會出現再次確認視窗，若確定這個動作，再按「刪除」鈕

最後按「完成」鈕就完成將群組某一位成員刪除的工作

該位群組成員已不在群組內了

　　萬一群組內的成員想主動退出群組，和上述作法類似，先切換到「主頁」，再找到想要退出編群的群組名稱。由該群組名稱最右側向左滑動，會出現「退出群組」鈕，按「確定」鈕就可以退出群組。不過有一點要特別提醒，當您退出群組後，群組成員名單及群組聊天記錄將會被刪除，所以進行這項動作前，請務必考慮清楚後再進行較好。

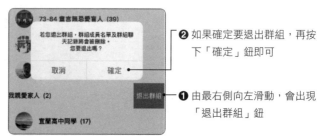

❷ 如果確定要退出群組，再按下「確定」鈕即可

❶ 由最右側向左滑動，會出現「退出群組」鈕

7-4 認識 LINE 官方帳號

由於 LINE 一直是一對一的行動通訊溝通軟體，對於網路行銷推廣上，還是有擴散力不足的疑慮，幾年前 LINE 官方開始鎖定全國實體店家，為了服務中小企業，LINE 開發出了更親民的行銷方案，導入日本的創新行銷工具「LINE@ 生活圈」的核心精神，企圖在廣大用戶使用行動社群平台上，創造出新的行銷缺口。

🏠 LINE 官方帳號是台灣商家提供行動服務的最佳首選

🏠 LINE 個人帳號的群組訊息很容易被洗版

各位剛開始接觸 LINE 官方帳號時，一定有許多困惑，到底 LINE 官方帳號和平常我們所用 LINE 個人帳號有何不同：例如 LINE「群組」可以將潛在客戶集結在一起，然後發送商品相關訊息，不過店家不斷丟廣告給消費者已經不是好的行銷手法，現在消費者根本不會買單，加上群組中的任何成員都可以發送訊息，往往很多有心人

士加入群組然後隨意發送廣告或垃圾訊息。因此所發出的訊息很容易被洗版，每天都要花費心力在封鎖、刪除廣告帳號，成員彼此之間的對話內容也比較不具有隱私性，有些私密問題不適合在群組中公開發問，且 LINE 無法做多人同時管理，造成無法有效管理顧客，而且使用群組也有人數限制，這樣也會造成商家行銷的觸及率也會受限。

加入商家為好友，可不定期看到好康訊息

全新 LINE 官方帳號擁有「無好友上限」的優點，以往 LINE@ 生活圈好友數量八萬的限制，在官方帳號沒有人數限制，還包括許多 LINE 個人帳號沒有的功能，例如：群發訊息、分眾行銷、自動訊息回覆、多元的訊息格式、集點卡、優惠券、問卷調查、數據分析、多人管理…等功能，不僅如此，LINE 官方帳號也允許多人管理，店家也可以針對顧客群發訊息，而顧客的回應訊息只有商家可以看到。

我們還可以在後台設定多位管理者，來為商家管理階層分層負責各項行銷工作，有效改善店家的管理效率，以利提高的商業利益。這樣的整合無非是企圖將社群力轉化為行銷力，形成新的行動行銷平台，以便協助企業主達成「增加好友」、「分眾行銷」、「品牌互動溝通」等目的，讓實體零售商家能靈活運用官方帳號和其

透過 LINE 官方帳號玩行動行銷，可培養忠實粉絲

延伸的周邊服務，真正和顧客建立長期的溝通管道。因應行動行銷的時代來臨，LINE 官方帳號的後台管理除了電腦版外，也提供行動裝置版的「LINE Offical Account」的 App，可以讓店家以行動裝置進行後台管理與商家行銷，更加提高行動行銷的執行效益與方便性。

7-4-1　LINE 官方帳號功能總覽

LINE 官方帳號是一種全新的溝通方式，類似於 FB 的粉絲團，讓店家可以透過 LINE 帳號推播即時活動訊息給其他企業、店家、甚至是個人，還可以同步打造「行動官網」，任何 LINE 用戶只要搜尋 ID、掃描 QR Code 或是搖一搖手機，就可以加入喜愛店家的官方帳號，在顧客還沒有到店前傳達訊息，並直接回應客戶的需求。商家只要簡單的操作，就可以輕鬆傳送訊息給所有客戶。由於朋友圈中的人們彼此會分享資訊，相互交流間接產生了依賴與歸屬感，除了可以透過聊天方式就可以輕鬆做生意外，甚至包括各種回應顧客訊息的方式及各種商業行銷的曝光管道及機制可以幫忙店家提高業績，還可以結合多種圖文影音的多元訊息推播方式，來提升商家與顧客間的互動行為。

資料來源：https://tw.linebiz.com/service/account-solutions/line-official-account/

7-4-2 聊天也能蹭出好業績

現代人已經無時無刻都藉由行動裝置緊密連結在一起，LINE 官方帳號的主要特性就是允許各位以最熟悉的聊天方式透過 LINE 輕鬆做行銷，以簡單及熟悉的方式來管理您的生意。透過官方帳號 App 可以將私人朋友與顧客的聯絡資料區隔出來，可以讓您以最方便、輕鬆的方式管理顧客的資料，重點是與顧客

的關係聯繫可以完全藉助各位最熟悉的聊天方式，LINE 官方帳號也可以私密的一對一對話方式即時回應顧客的需求，用來拉近消費者距離，其他群組中的好友是不會看到發出的訊息，可以提高顧客與商家交易資訊的隱私性。

說實話，沒有人喜歡不被回應、已讀不回，優質的 LINE 行銷一定要掌握雙向溝通的原則，在非營業時間內，也可以將真人聊天切換為自動回應訊息，只要在自動回應中，將常見問題設定為關鍵字，自動回應功能就如同客服機器人可以幫忙真人回答顧客特定的資訊，不但能降低客服回覆成本，同時也讓用戶能更輕易的找到相關資訊，24 小時不中斷提供最即時的服務。

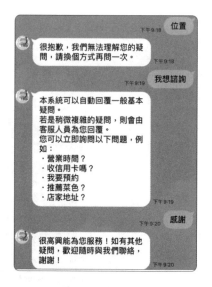

7-4-3 業績翻倍的行銷工具

正所謂「顧客在哪、行銷工具就在哪」，對於 LINE 官方帳號來說，行銷工具相當多，例如商家可以隨意無限制的發送貼文串（類似 FB 的動態消息），不定期地分享商家最新動態及商品最新資訊或活動訊息給客戶，好友們可以在你的投稿內容底下進行留言、按讚或分享。如果投稿的內容被好友按讚，就會將該貼文分享至好友的貼文串上，那麼好友的朋友圈也有機會看到，增加商家的曝光機會。

LINE 官方帳號方便商家行動管理

更具吸引力的地方，除了訊息的回應方式外，LINE 官方帳號提供更多元的互動方式，這其中包括了：電子優惠券、集點卡、分眾群發訊息、圖文選單⋯等。其中電子優惠經常可以吸引廣大客戶的注意力，尤其是折扣越大買氣也越盛，對業績的提升有相當大的助益。

電子優惠券對業績提升很有幫助

「LINE 集點卡」也是 LINE 官方帳號提供的一項免費服務，除了可以利用 QR Code 或另外產生網址在線上操作集點卡，透過此功能商家可以輕鬆延攬新的客戶或好友，運用集點卡創造更多的顧客回頭率，還能快速累積你的官方帳號好友，增加銷售業績。集點卡提供的設定項目除了款式外，還包括所需收集的點數、集滿點數優惠、有效期限、取卡回饋點數、防止不當使用設定、使用說明、點數贈送畫面設定⋯等。

LINE 集點卡創造更多的顧客回頭率

使用 LINE 官方帳號可以快速群發訊息給好友，讓店家迅速累積粉絲，也能直接銷售或服務顧客，在群發訊息中，可以透過性別、年齡、地區進行篩選，精準地將訊息發送給一群屬性相似的顧客，這樣好康的行銷工具當然不容錯過。

為了大力行銷企業品牌或店家的優惠行銷活動，使用 LINE 官方帳號也能設計圖文選單內容，引導顧客進行各項功能的選擇，更讓人稱羨的是我們可以將所設計的圖文選單行銷內容以永久置底的方式，將其放在最佳的曝光版位。

7-4-4　多元商家曝光方式

經營 LINE 官方帳號沒有捷徑，當然必須要有做足事前的準備，不夠完整或過時的資訊會顯得品牌不夠專業，在商家資訊的提供方面，盡可能在行動官網刊載店家的營業時間、地址、商品等相關資訊，假設你開設的是實體商店，並希望增加在地化搜尋機會，那麼填寫地址、當地營業時間是非常重要的。讓這些資訊得以在網路上公開搜尋得到，增加商店曝光的機會。

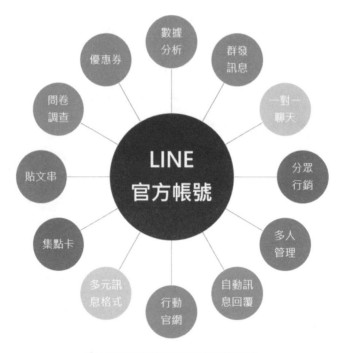

🏠 LINE 官方帳號擁有許多的優點

　　任何 LINE 用戶只要搜尋「官方帳號 ID」、「官方帳號網址」、「官方帳號行動條碼」、「官方帳號連結鈕」等方式，就可以加入喜愛店家的 LINE 官方帳號，在顧客還沒有到店前傳達訊息，並直接回應客戶的需求，像是預約訂位或活動諮詢等，實體店家也可以利用定位服務（LBS）鎖定生活圈 5 公里的潛在顧客進行廣告行銷，顧客只要加入指定活動店家的帳號，即可收到店家推播的專屬優惠。所以如果你擁有實體的店面的商家，更適合申請 LINE 官方帳號，讓商家免費為自己的商品做行銷。

7-4-5　申請一般帳號

　　前面提到過一般官方帳號是任何人都可以申請和擁有的帳號，不但步驟簡單，更無須進行繁複的審核流程，唯一的限制只有「申請者必須具備 LINE 帳號」這個條件而已，只要拿到帳號，立馬就可給每一位有使用 LINE 的好友。接下來就來示範如

何以建立新帳號的方式申請 LINE 官方帳號。首先如果您要在網頁上申請 LINE 官方帳號，請開啟瀏覽器連上「LINE for Business」官網的首頁（https://tw.linebiz.com/），操作步驟如下：

於此按「免費開設帳號」鈕

在「LINE 官方帳號」頁面的下方按「免費開設帳號」鈕

LINE 官方帳號登入方式有兩種，一種是「使用 LINE 帳號登入」，另一種是「使用商用帳號登入」，請按下「建立帳號」

為了可以和 LINE 個人帳號有所區別，建議準備另一組電子郵件與密碼，再選按「使用電子郵件帳號註冊」

❶ 輸入電子郵件帳號

❷ 按「傳送註冊用連結」

❶ 開啟各位的電子郵件信箱收信，會看到主
旨為 [LINE 商用 ID] 註冊用連結

❷ 請按「前往註冊畫面」鈕

❶ 輸入官方帳號姓名，這是用來顯示給其他用戶看的

❷ 輸入登入密碼，必須為 6~120 個半形字母、數字或符號

❸ 核選「我不是機器人」

❹ 按「註冊」鈕

出現此畫面，再按「完成」鈕

出現「註冊完成」畫面，最後按下「前往服務」鈕

請依本畫面指示輸入建立 LINE 官方帳號的基本資訊

輸入完畢後按下「確認」鈕

 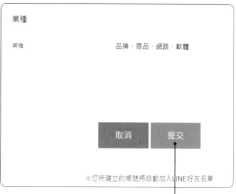

接著進入「確認輸入內容」頁面，如果帳號的基本
資訊沒問題，最後按「提交」鈕

— 出現此畫面表示官方帳號已建立完成，請點按「前
往 LINE Official Account Manager」鈕

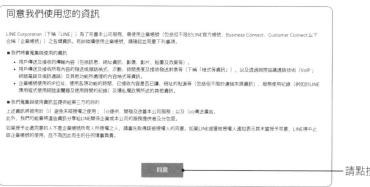

— 請點按「同意」鈕

接著會進入官方帳號管理畫面,並會在畫面中間出現如圖的歡迎畫面,請直接按下「略過」鈕

在官方帳號管理畫面的上方就可以看到各位所申請的官方帳號的名稱與系統隨機產生的一組 ID

7-4-6 大頭貼與封面照片

完成帳號建立後,下一步就是設定帳號的基本資訊,當我們在 LINE 裡面點選某一帳號時,首先跳出的小畫面,或是按下「主頁」鈕所看到的畫面就是「主頁封面」。「主頁封面」照片關係到店家的品牌形象,假如不做設定,好友看到的只是一張藍灰色的底,這樣就無法凸顯出店家想表現的特色。主頁封面或大頭貼照,主要是讓用戶對你的品牌或形象產生影響和聯結,主頁封面是佔據官方帳號版面最大版面的圖片,所以在加入好友之前,一定要先設定好主頁封面照片,一開始就要努力緊抓粉絲的視覺動線,這樣才能凸顯帳號的特色。

主頁封面照片 ← 　 → 主頁封面照片

　　從設計上來看，各位最好嘗試整合大頭照與封面照，例如在大頭貼部分，我們將選擇上傳店家的 Logo 或專屬商標，主頁封面則是展現出店內的特色景觀，加上運用創意且吸睛的配色，讓你的品牌被一眼認出。由 LINE 官方帳號進行「大頭貼」及「封面照片」的設定時，請切換到「首頁」並選按「設定」鈕，於「帳號設定 / 基本設定」的「基本檔案圖片」右側的「編輯」鈕可以設定大頭貼，目前基本檔案圖片的圖片規格需求如下：

檔案格式：JPG、JPEG、PNG

檔案容量：3MB 以下

建議圖片尺寸：640px × 640px

在電腦後台管理頁面按下「設定」鈕

按下在「帳號設定 / 基本設定」底下的「基本檔案圖片」右側的「編輯」鈕

直接將圖片檔案拖放至此
或按「+」鈕選擇檔案

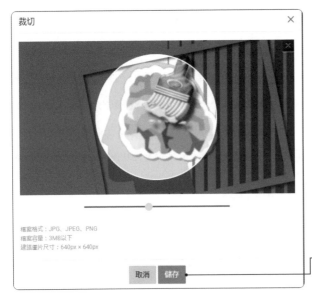

選取檔案後適當裁切圖片的範圍，最後按下「儲存」鈕

接著會出現此提醒視窗告知變更後 1 小時內無法再次變更基本檔案圖片，如果確定要變更圖片，請再按下「儲存」鈕

接下來請於「封面照片」右側的「編輯」鈕可以加入官方建議的封面照片的尺寸大小，各位可以選擇現有的照片或直接使用相機進行拍攝，目前基本檔案圖片的圖片規格需求如下：

> 檔案格式：JPG、JPEG、PNG
>
> 檔案容量：3MB 以下
>
> 建議圖片尺寸：1080px × 878px

　　如果需裁切範圍請自行按下「裁切範圍」鈕進行設定，裁切好想要的圖片範圍後，就可以按下「套用」鈕。

　　接著會出現如下圖的詢問視窗，如果要將新的封面照片張貼至貼文串，則請按下「貼文」鈕。

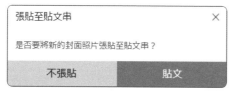

本章練習 | GO

1. 請簡介 LINE 提供的三種加好友方式？

2. 請簡述如何加入「LINE@ 生活圈」帳號。

3. 請簡介 LINE@ 生活圈的功能。

4. 請問如何將 LINE 訊息一次傳給多人？

5. 請說明網路電話（IP Phone）的原理。

6. LINE@ 電腦管理後台有哪些手機所沒有的功能？

7. 什麼是 LINE 的最大特色？

8. 在決定創作 LINE 貼圖時，首要工作是什麼？如何做？

9. 當各位店家在註冊一般帳號並進入 LINE@ 手機管理介面後，可以看到哪幾個標籤？

10. 請問「狀態消息」的位置與功用。

11. 客戶的資料加入到 LINE@ 好友有幾種方式？

08
CHAPTER

指尖下的大數據
淘金術與智慧行銷

- ⊙ 大數據的應用
- ⊙ 大數據行銷優點簡介
- ⊙ 大數據相關技術—Hadoop 與 Spark
- ⊙ 人工智慧與智能行銷

大數據時代的到來，徹底翻轉了現代人們的生活方式，繼雲端運算（Cloud Computing）之後，儼然成為現代科技業中最熱門的顯學，近年來由於社群網站和行動裝置風行，加上萬物互聯的時代無時無刻產生大量的數據，使用者瘋狂透過手機、平板電腦、電腦等，在社交網站上大量分享各種資訊，許多熱門網站擁有的資料量都上看數 TB（Tera Bytes，兆位元組），甚至上看 PB（Peta Bytes，千兆位元組）或 EB（Exabytes，百萬兆位元組）的等級，自從 2010 年開始全球資料量已進入 ZB（zettabyte）時代，並且每年以 60%~70% 的速度向上攀升，面對不斷擴張的巨大資料量，正以驚人速度不斷被創造出來的大數據，為各種產業的營運模式帶來新契機。

　　特別是在行動裝置蓬勃發展、全球用戶使用行動裝置的人口數已經開始超越桌機，一支智慧型手機的背後就代表著一份獨一無二的個人數據！大數據應用已經不知不覺在我們生活周遭發生與流行，例如透過即時蒐集用戶的位置和速度，經過大數據分析，Google Map 就能快速又準確地提供用戶即時交通資訊。

　　行動化時代，讓消費者間的互動行為更加頻繁，當消費者資訊接收行為轉變，行銷就不能一成不變！特別是大數據徹徹底底改變了行銷的玩法。由於消費者在網路及社群上累積的使用者行為及口碑，都能夠被量化，

⊕透過大數據分析就能提供用戶最佳路線建議

生活上最顯著的應用莫過於 Facebook 上的個人化推薦商品和廣告推播了，為了記錄每一位好友的資料、動態消息、按讚、打卡、分享、狀態及新增圖片，必須藉助大數據的技術，接著 Facebook 才能分析每個人的喜好，再投放他感興趣的廣告或行銷訊息。

TIPS 為了讓各位實際了解大數據資料量到底有多大，我們整理了大數據資料單位如下表，提供給各位作為參考：

- 1 Terabyte=1000 Gigabytes=1000^9Kilobytes
- 1 Petabyte=1000 Terabytes=1000^{12}Kilobytes
- 1 Exabyte=1000 Petabytes=1000^{15}Kilobytes
- 1 Zettabyte=1000 Exabytes=1000^{18}Kilobytes

Facebook 廣告背後包含了最新大數據技術

8-1 大數據的應用

阿里巴巴創辦人馬雲在德國 CeBIT 開幕式上如此宣告：「未來的世界，將不再由石油驅動，而是由數據來驅動！」在國內外許多擁有大量顧客資料的企業，例如 Facebook、Google、Twitter、Yahoo 等科技龍頭企業，都紛紛感受到這股如海嘯般來襲的大數據浪潮。大數據應用相當廣泛，我們的生活中也有許多重要的事需要利用大數據來解決。

就以醫療應用為例，能夠在幾分鐘內就可以解碼整個 DNA，並且讓我們制定出最新的治療方案，為了避免醫生的疏失，美國醫療機構與 IBM 推出 IBM Watson 醫生診斷輔助系統，會從大數據分析的角度，幫助醫生列出更多的病癥選項，大幅提升疾病診癒率，甚至能幫助衛星導航系統建構完備即時的交通資料庫。即便是目前喊得震天價響的全通路零售，真正核心價值還是建立在大數據資料驅動決策上。

 IBM Waston 透過大數據實踐了精準醫療的成果

不僅如此,大數據還能與數位行銷領域相結合,當作終端的精準廣告投放,只要有能力整合這些資料並做分析,在大數據的幫助下,消費者輪廓將變得更加全面和立體,包括使用行為、地理位置、商品傾向、消費習慣都能記錄分析,就可以更清楚地描繪出客戶樣貌,更可以協助擬定最源頭的行銷策略,進而更精準的找到潛在消費者。

台灣大車隊利用大數據提供更貼心叫車服務

這些大數據中遍地是黃金,每一個足跡都可以追蹤,更是一場從管理到行銷的全面行動化革命,不少知名企業更是從中嗅到了商機,各種品牌紛紛大舉跨足行動行銷的範疇。由於大數據是智慧零售不可忽視的需求,當大數據結合了行動行銷,將成為最具革命性的行銷大趨勢,顧客變成了現代真正的主人,企業主導市場的時光已經一去不復返了,行銷人員可以藉由大數據分析,將網友意見化為改善產品或設計行銷活動的參考,深化品牌忠誠,甚至挖掘潛在需求。

例如台灣大車隊是全台規模最大的小黃車隊，透過 GPS 衛星定位與智慧載客平台全天候掌握車輛狀況，並充分利用大數據技術，將即時的乘車需求提供給司機，讓司機更能掌握乘車需求，將有助降低空車率且提高成交率，並運用雲端資料庫，透過分析當天的天氣時空情境和外部事件，精準推薦司機優先去哪個區域載客，優化與洞察出乘客最真正迫切的需求，也讓乘客叫車更加便捷，提供最適當的產品和服務。

8-1-1　大數據的特性

由於數據的來源有非常多的途徑，大數據的格式也將會越來越複雜，大數據解決了商業智慧無法處理的非結構化與半結構化資料，優化了組織決策的過程。事實上，將數據應用延伸至實體場域最早是前世紀在 90 年代初，全球零售業的巨頭沃爾瑪（Walmart）超市就選擇把店內的尿布跟啤酒擺在一起，透過帳單分析，找出尿片與啤酒產品間的關聯性，尿布賣得好的店櫃位，附近啤酒也意外賣得很好，進而調整櫃位擺設及推出啤酒和尿布共同銷售的促銷手段，成功帶動相關營收成長，開啟了數據資料分析的序幕。

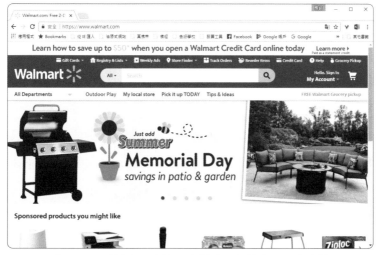

沃爾瑪啤酒和尿布的研究開啟了大數據分析的序幕

TIPS 「結構化資料」（Structured data）是指目標明確，有一定規則可循，每筆資料都有固定的欄位與格式，偏向一些日常且有重複性的工作，例如薪資會計作業、員工出勤記錄、進出貨倉管記錄等。非結構化資料（Unstructured Data）是指那些目標不明確，不能數量化或定型化的非固定性工作與讓人無從打理起的資料格式，例如社交網路的互動資料、網際網路上的文件、影音圖片、網路搜尋索引、Cookie 記錄、醫學記錄等資料。

大數據涵蓋的範圍太廣泛，許多專家對大數據的解釋又各自不同，在維基百科的定義，大數據是指無法使用一般常用軟體在可容忍時間內進行擷取、管理及分析的大量資料，我們可以這麼簡單解釋：大數據其實是巨大資料庫加上處理方法的一個總稱，是一套有助於企業組織大量蒐集、分析各種數據資料的解決方案，並包含以下四種基本特性：

- **大量性**（Volume）：現代社會每分每秒都正在生成龐大的數據量，堪稱是以過去的技術無法管理的巨大資料量，資料量的單位可從 TB（terabyte，一兆位元組）到 PB（petabyte，千兆位元組）。

- **速度性**（Velocity）：隨著使用者每秒都在產生大量的數據回饋，更新速度也非常快，資料的時效性也是另一個重要的課題，反應這些資料的速度也成為他們最大的挑戰。大數據產業應用成功的關鍵在於速度，往往取得資料時，必須在最短時間內反應，許多資料要能即時得到結果才能發揮最大的價值，否則將會錯失商機。

- **多樣性**（Variety）：大數據技術徹底解決了企業無法處理的非結構化資料，例如存於網頁的文字、影像、網站使用者動態與網路行為、客服中心的通話記錄，資料來源多元及種類繁多。通常我們在分析資料時，不會單獨去看一種資料，大數據課題真正困難的問題在於分析多樣化的資料，彼此間能進行交互分析與尋找關聯性，包括企業的銷售、庫存資料、網站的使用者動態、客服中心的通話記錄；社交媒體上的文字影像等。

- **真實性（Veracity）**：企業在今日變動快速又充滿競爭的經營環境中，取得正確的資料是相當重要的，因為要用大數據創造價值，所謂「垃圾進，垃圾出」（GIGO），這些資料本身是否可靠是一大疑問，不得不注意數據的真實性。大數據資料收集的時候必須分析並過濾資料有偏差、偽造、異常的部分，資料的真實性是數據分析的基礎，防止這些錯誤資料損害到資料系統的完整跟正確性，就成為一大挑戰。

● 大數據的四項特性

8-2 大數據行銷優點簡介

隨著行銷網路化趨勢的到來，在網路與行動裝置的加持下，根據 BrightEdge 最新數據顯示，現在超過半數（57％）的 Google 搜尋流量來自行動用戶，今日數據為王時代，立足於消費者「自我揭露」的資料革命。行銷人就像是網路的心理學家永遠要對你的客戶行為保持好奇，大數據中浮現的各種行動行為相關性，可以幫我們篩選出較正確的消費者洞察和預測分析方向。在新的行動行銷世界裡，最重要的心態就是要放下專業的執著與傲慢，當任何數據都可以輕易被追蹤的時候，結合大數據進行全方位行銷，讓行動生活真正有感，創造出全新的超倍速行銷方式。以下我們將介紹大數據行銷的三大優點。

● 大數據協助 New Balance 精確掌握顧客行為

8-2-1　精準的個人化行銷

在大數據的幫助下，現在可以透過多種跨螢裝置等科技產品，把消費者的消費模式、瀏覽記錄、個人資料、商品銷售統計、庫存與購買行為網路使用行為、購物習性、商品好壞等，統統都能一手掌握，並且運用在「顧客關係管理」（CRM）上，進行綜合分析將可使其從以往管理顧客關係層次，進一步提升到服務顧客的個人化行銷，行銷人員將可以更加全面的認識消費者，從傳統亂槍打鳥式的行銷手法進入精準化個人行銷，洞察出消費者最真正迫切的需求，深入了解顧客，以及顧客真正想要什麼。

美國最大的線上影音出租服務的網站 NETFLIX 長期對節目的進行分析，透過觀眾收看習慣的了解，對客戶的行動裝置行為做大數據分析，透過大數據分析的推薦引擎，不需要把影片內容先放出去後才知道觀眾喜好程度，結果證明使用者有 70% 以上的機率會選擇 NETFLIX 曾經推薦的影片，可以使 NETFLIX 節省不少行銷成本。

🔹 NETFLIX 借助大數據技術成功推薦影給消費者喜歡的影片

目前相當火的「英雄聯盟」（LOL）這款遊戲，是一款免費多人線上遊戲，遊戲開發商 Riot Games 非常重視大數據分析，目標是希望成為世界上最了解玩家的遊戲公司，背後靠的正是收集以玩家喜好為核心的大數據，掌握了全世界各地區所設置的伺服器裏超過 5000 億筆以上的各式玩家資料，透過連線對於全球所有比賽的玩家進行的每一筆搜尋、動作、交易，或者敲打鍵盤、點擊滑鼠的每一個步驟，可以即時監測所有玩家的動作與產出大數據資料分析，並了解玩家最喜歡的英雄，再從已建構的大數據資料庫中把這些資訊整理起來分析排行。

🏆 英雄聯盟的遊戲畫面

　　遊戲市場的特點就是飢渴的玩家和激烈的割喉競爭，數據的解讀特別是電競戰中非常重要的一環，電競產業內的設計人員正努力擴增大數據的使用範圍，數字就不僅是數字，這些「英雄」設定分別都有一些不同的數據屬性，玩家偏好各有不同，你必須了解玩家心中的優先順序，只要發現某一個英雄出現太強或太弱的情況，就能即時調整相關數據的遊戲平衡性，用數據來擊殺玩家的心，進一步提高玩家參與的程度。

不同的英雄會搭配各種數據平衡，研發人員希望讓每場遊戲盡可能地接近公平，因此根據玩家所認定英雄的重要程度來排序，創造雙方勢均力敵的競賽環境，然後再集中精力去設計最受歡迎的英雄角色，找到那些沒有滿足玩家需求的英雄種類，是創造新英雄的第一步，這樣做法真正提供了遊戲基本公平又精彩的比賽條件。Riot Games 懂得利用大數據來隨時調整遊戲情境與平衡度，確實創造出能滿足大部分玩家需要的英雄們，這也是英雄聯盟能成為目前最受歡迎遊戲的重要因素。

8-2-2 找出最有價值的顧客

資料經濟時代到來，大數據成為企業在市場上競爭的重要關鍵，數位行銷與大數據結合大概是消費者擁有過變化最徹底的行銷體驗，過去行銷人員僅能以誰是花錢最多的顧客，來判斷顧客的價值，但長期忠誠度卻不一定是最高的一群人。當透過大數據掌握了更多消費者的資訊時，行銷人員除了會參考上述的單一指標，任何一位顧客的價值，都不僅止於他買過的東西而已，還必須考慮他的忠誠度與未來帶來更多客戶的潛在能力，例如參考平均購買量、「顧客終身價值」（Customer's Lifetime value, CLV）、顧客的取得成本、顧客滿意度、每一個櫃位停留的時間與頻率等指標。

> **TIPS** 「顧客終身價值」（Customer's Lifetime value, CLV）是指每一位顧客未來可能為企業帶來的所有利潤預估值，也就是透過購買行為，企業會從一個顧客身上獲得多少營收。

由於忠誠顧客並不是一般消費者，而是因為真心喜愛你的產品而支持到底的一群人，從策略面鎖定這些顧客的「情感動機」找出未來最有價值的顧客，實現品牌的最大潛在價值，甚至還能增加價值，為了讓顧客使用頻率增加，並維繫顧客忠誠度，因此企業開始對於忠誠顧客給予不同服務，進行顧客分級化經營，藉此培養忠誠顧客逐漸成為行動行銷操作新趨勢。

全球連鎖咖啡星巴克在美國乃至全世界有數千個接觸點，早已將大數據應用到營運的各個環節，包括從新店選址、換季菜單、產品組合到提供限量特殊品項的依據，都可見到大數據的分析痕跡。星巴克對任何行動體驗的耕耘很深，深知唯有與顧客良好的互動，才是成功的關鍵。例如推出手機 App 蒐集顧客行的購買數據，運用長年累積的用戶數據瞭解消費者，甚至於透過會員的消費記錄星巴克完全清楚顧客的喜好、消費品項、地點等，就能省去輸入一長串的點單過程，加上配合貼心驚喜活動創造附加價值感，從中找到最有價值的潛在客戶，終極目標是希望每兩杯咖啡，就有一杯是來自熟客所購買，這項目標成功的背後靠的就是收集以會員為核心的行動大數據。

星巴克咖啡利用大數據找出最忠誠的顧客

8-2-3 提升消費者購物體驗

面對消費市場的競爭日益激烈，品牌種類越來越多，大數據資料分析是企業成功迎向零售 4.0 的關鍵，行動思維轉移意味著行動裝置現在成了消費體驗的中心，大數據分析已經不只是對數據進行分析，而是要從資訊中找出企業未來行動行銷的契機，這些大量且多樣性的數據，一旦經過分析，運用在客戶關係管理上，針對顧客需要的意見，來全面提升消費者購物體驗。

TIPS 零售業 4.0 時代是專注於成為全管道、全天候、全頻道的消費年代，關鍵在於「縮短服務提供者與消費者的距離」，使得消費者無論透過桌機、智慧型手機或平板電腦，都能隨時輕鬆上網購物，朝向行動裝置等多元銷售、支付和服務通路，透過各種平台加強和客戶的溝通，不僅讓零售商的營運效率大幅提升，更為消費者提供高品質的購物感受，打造精緻個人化服務。

大數據對汽車產業將是不可或缺的要素，未來在物聯網的支援下，也順應了精準維修的潮流，例如應用大數據資料分析協助預防性維修，以後我們每半年車子就得進廠維修的規定，每台車可以依據車主的使用狀況，預先預測潛在的故障，並另可偵測保固維修時點，提供專屬適合的進廠維修時間，大大提升了顧客的使用者經驗。

汽車業利用大數據來進行預先維修的服務

行動化時代讓消費者與店家間的互動行為更加頻繁，同時也讓消費者購物過程中愈來愈沒耐性，為了提供更優質的個人化購物體驗，Amazon 對於消費者使用行為的追蹤更是不遺餘力，並且透過友善易操作的使用介面，發展出無縫且智慧的方法來與客戶連結，利用超過 20 億用戶的大數據，盡可能地追蹤消費者在網站以及 App 上的一切行為，藉著分析大數據推薦給消費者他們真正想要買的商品，用以確保對顧客做個人化的推薦、價格的優化與鎖定目標客群等。

如果各位曾經有在 Amazon 購物的經驗，一開始就會看到一些沒來由的推薦名單，因為 Amazon 商城會根據客戶瀏覽的商品，從已建構的大數據庫中整理出曾經瀏覽該商品的所有人，然後會給這位新客戶一份建議清單，建議清單中會列出曾瀏覽這項商品的人也會同時瀏覽過哪些商品？由這份建議清單，新客戶可以快速作出購買的決定，讓他們與顧客之間的關係更加緊密，而這種大數據技術也確實為 Amazon 商城帶來更大量的商機與利潤。

Amazon 應用大數據提供更優質購物體驗

🏠 Prime 會員享有大數據的快速到貨成果

圖片來源：https://kitastw.com/amazon-japan-what-is-prime-membership/

Amazon 甚至於推出了所謂 Prime 的 VIP 訂閱服務，讓採購和交貨體驗流暢無阻，不但加入 Prime 後即可享有亞馬遜會員專屬的好處，最直接且有感的就屬免費快速到貨（境內），讓 Prime 的 VIP 用戶都可以在兩天內收到在網路上下訂的貨品（美國境內），靠著大數據與 AI，事先分析出各州用戶在平台上購物的喜好與頻率，當在你網路下單後，立即就在你附近的倉庫出貨到你家，因為在大數據時代為個別用戶帶來最大價值，可能才是 AI 時代最重要的顛覆力量。

8-3　大數據相關技術—Hadoop 與 Spark

大數據是目前相當具有研究價值的未來議題，也是一國競爭力的象徵。大數據資料涉及的技術層面很廣，它所談的重點不僅限於資料的分析，還必須包括資料的儲存與備份，與將取得的資料進行有效的處理，否則就無法利用這些資料進行社群網路行為作分析，也無法提供廠商作為客戶分析。身處大數據時代，隨著資料不斷增長，使企業對資料分析和存儲能力的需求必然大幅上升，這些知名網路技術公司

紛紛投入大數據技術,使得大數據成為頂尖技術的指標,洞見未來趨勢浪潮,獲取源源不斷的大數據創新養分,瞬間成了搶手的當紅炸子雞。

8-3-1 Hadoop

隨著分析技術不斷的進步,許多行動行銷業、零售業、半導體產業也開始使用大數據分析工具,現在只要提到大數據就絕對不能漏掉關鍵技術 Hadoop 技術,主要因為傳統的檔案系統無法負荷網際網路快速爆炸成長的大量數據。Hadoop 是源自 Apache 軟體基金會(Apache Software Foundation)底下的開放原始碼計畫(Open source project),為了因應雲端運算與大數據發展所開發出來的技術,是一款處理平行化應用程式的軟體,它以 MapReduce 模型與分散式檔案系統為基礎。Hadoop 使用 Java 撰寫並免費開放原始碼,用來儲存、處理、分析大數據的技術,兼具低成本、靈活擴展性、程式部署快速和容錯能力等特點,讓企業可以

⬤ Hadoop 技術的官方網頁

快速儲存大量結構化或非結構化資料的資料,遠遠大於今日關聯式資料庫管理系統(RDBMS)所能處理的量,具有高可用性、高擴充性、高效率、高容錯性等優點。基於 Hadoop 處理大數據資料的種種優勢,例如 Facebook、Google、Twitter、Yahoo 等科技龍頭企業,都選擇 Hadoop 技術來處理自家內部大量資料的分析,連全球最大連鎖超市業者 Wal-Mart 與跨國性拍賣網站 eBay 都是採用 Hadoop 來分析顧客搜尋商品的行為,並發掘出更多的商機。

8-3-2　Spark

最近快速竄紅的 Apache Spark，是由加州大學柏克萊分校的 AMPLab 所開發，是目前大數據領域最受矚目的開放原始碼（BSD 授權條款）計畫，Spark 相當容易上手使用，可以快速建置演算法及大數據資料模型，目前許多企業也轉而採用 Spark 做為更進階的分析工具，也是目前相當看好的新一代大數據串流運算平台。由於 Spark 是一套和 Hadoop 相容的解決方案，繼承了 Hadoop MapReduce 的優點，但是 Spark 提供的功能更為完整，可以更有效地支持多種類型的計算。IBM 將 Spark 視為未來主流大數據分析技術，不但因為 Spark 會比 MapReduce 快上很多，更提供了彈性「分佈式文件管理系統」（resilient distributed datasets, RDDs），可以駐留在記憶體中，然後直接讀取記憶體中的數據。

● Spark 官網提供軟體下載及許多相關資源

Spark 擁有相當豐富的 API，提供 Hadoop Storage API，可以支援 Hadoop 的 HDFS 儲存系統，更支援了 Hadoop（包括 HDFS）所包括的儲存系統，使用的語言是 Scala，並支持 Java、Python 和 Spark SQL。

● 8-4　人工智慧與智能行銷

在這個什麼產業都在講『數據力』的時代，「資料科學」（Data Science）的狂潮不斷地推動著這個世界，加上大數據給了人工智慧（Artificial Intelligence, AI）的發展提供了前所未有的機遇與養分，人工智慧儼然是未來科技發展的主流趨勢，更是零售業優化客戶體驗的最佳神器。隨著行動網路與社群媒體的快速崛起，不僅讓消費者趨於分眾化，消費行為也呈現碎片化發展，連帶使得行動行銷變得十分複雜，借助人工智慧在智能行銷方面的應用層面越來越廣，也容易取得更為人性化的分析。

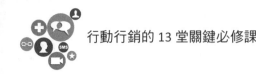

TIPS 「資料科學」（Data Science）就是為企業組織解析大數據當中所蘊含的規律，是研究從大量的結構性與非結構性資料中，透過資料科學分析其行為模式與關鍵影響因素，也就是在模擬決策模型，進而發掘隱藏在大數據資料背後的商機。

AI 的應用領域不僅展現在機器人、物聯網、自駕車、智能服務等，更與行銷產業息息相關。根據美國最新研究機構的報告，2025 年人工智慧將會在行銷和銷售自動化方面，取得更人性化的表現，有 50％的消費者希望在日常生活中使用 AI 和語音技術。隨著物聯網在日常生活越來越普遍，人類每天消費活動的大數據正不斷被收集，其他還包括蘋果手機的 Siri、LINE 聊天機器人、垃圾信件自動分類、指紋辨識、自動翻譯、機場出入境的人臉辨識、機器人、智能醫生、健康監控、自動駕駛、自動控制等，都是屬於 AI 與日常生活的經典案例。

⊕ 指紋辨識系統已經相當普遍

事實上，數位行銷領域老早就是 AI 密集使用的行業，AI 被大量應用在分析大數據、優化行銷系統、精準描繪消費者輪廓等領域，AI 的作用就是消除資料孤島，主動吸取並把它轉換為結構化資料，從而提高經營效率，AI 能讓行銷人員掌握更多創造性要素，將會為品牌業者與消費者，帶來新的對話契機，也就是讓品牌過去的「商品經營」理念，轉向「顧客服務」邏輯，能夠對目標客群的個人偏好與需求，帶來更深入的分析與洞察。

8-4-1　人工智慧簡介

如果要真正充分發揮資料價值，不能只光談大數據，人工智慧是絕對不能忽略的相關領域，我們可以很明顯地說，人工智慧、機器學習（Machine Learning, ML）與深度學習（Deep Learning, DL）是大數據的下一步。人工智慧的概念最早是由美國科學家 John McCarthy 於 1955 年提出，目標為使電腦具有類似人類學習解決複雜問題與展現思考等能力，舉凡模擬人類的聽、說、讀、寫、看、動作等的電腦技術，都被歸類為人工智慧的可能範圍。簡單地說，人工智慧就是由電腦所模擬或執行，概念是希望讓電腦能像人類一樣的學習、解決複雜問題、抽象思考、展現創意等，具有類似人類智慧或思考的行為，例如推理、規劃、問題解決及學習等能力。

人工智慧為現代產業帶來全新的革命

圖片來源：中時電子報

微軟亞洲研究院曾經指出：「未來的電腦必須能夠看、聽、學，並能使用自然語言與人類進行交流。」人工智慧的原理是認定智慧源自於人類理性反應的過程而非結果，即是來自於以經驗為基礎的推理步驟，那麼可以把經驗當作電腦執行推理的規則或事實，並使用電腦可以接受與處理的型式來表達，這樣電腦也可以發展與進行一些近似人類思考模式的推理流程。

8-4-2　人工智慧的種類

人工智慧可以形容是電腦科學、生物學、心理學、語言學、數學、工程學為基礎的科學，由於記憶容量與高速運算能力的發展，人工智慧未來一定會發展出來各種不可思議的能力，不過各位首先必須理解 AI 本身之間也有程度強弱之別，美國哲學家 John Searle 便提出了「強人工智慧」（Strong A.I.）和「弱人工智慧」（Weak A.I.）的分類，主張兩種應區別開來。

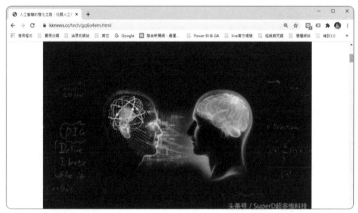

🏠「強人工智慧」與「弱人工智慧」代表機器不同的智慧層次

圖片來源：https://kknews.cc/tech/gq6o4em.html

🚲 弱人工智慧（Weak AI）

弱人工智慧是只能模仿人類處理特定問題的模式，不能深度進行思考或推理的人工智慧，乍看下似乎有重現人類言行的智慧，但還是與人類智慧同樣機能的強 AI 相差很遠，因為只可以模擬人類的行為做出判斷和決策，是以機器來模擬人類部分的「智能」活動，並不具意識、也不理解動作本身的意義，所以嚴格說起來並不能被視為真的「智慧」。

毫無疑問，今天各位平日所看到的絕大部分 AI 應用，都是弱人工智慧，不過在不斷改良後，還是能有效解決某些人類的問題，例如先進的工商業機械人、語音

識別、圖像識別、人臉辨識或專家系統等，弱人工智慧仍會是短期內普遍發展的重點，包括近年來出現的 IBM 的 Watson 和谷歌的 AlphaGo，這些擅長於單個方面的人工智慧都屬於程度較低的弱 AI 範圍。

銀行的迎賓機器人是屬於一種弱 AI

強人工智慧（Strong AI）

所謂強人工智慧（Strong AI）或通用人工智慧（Artificial General Intelligence）是具備與人類同等智慧或超越人類的 AI，以往電影的描繪使人慣於想像擁有自我意識的人工智慧，能夠像人類大腦一樣思考推理與得到結論，更多了情感、個性、社交、自我意識，自主行動等等，也能思考、計畫、解決問題快速學習和從經驗中學習等操作，並且和人類一樣得心應手，不過目前主要出現在科幻作品中，還沒有成為科學現實。事實上，從弱人工智慧時代邁入強人工智慧時代還需要時間，但絕對是一種無法抗拒的趨勢，人工智慧未來肯定會發展出來各種人類無法想像的能力，雖然現在人類僅僅在弱人工智慧領域有了出色的表現，不過我們相信未來肯定還是會逐步往強人工智慧的領域邁進。

🏠 科幻小說中活靈活現、有情有義的機器人就屬於一種強 AI

8-4-3　GPU 發展的轉變

　　近幾年人工智慧的應用領域愈來愈廣泛，主要原因之一就是圖形處理器（Graphics Processing Unit, GPU）與雲端運算等關鍵技術愈趨成熟與普及，使得平行運算的速度更快與成本更低廉，我們也因人工智慧而享用許多個人化的服務、生活變得也更為便利。GPU 可説是近年來科學計算領域的最大變革，是指以圖形處理單元（GPU）搭配 CPU 的微處理器，GPU 則含有數千個小型且更高效率的 CPU，不但能有效處理「平行處理」（Parallel Processing），還可以達到「高效能運算」（High Performance Computing, HPC）能力，藉以加速科學、分析、遊戲、消費和人工智慧應用。

> **TIPS**
>
> 「平行處理」（Parallel Processing）技術是同時使用多個處理器來執行單一程式，藉以縮短運算時間，其過程會將資料以各種方式交給每一顆處理器，為了實現在多核心處理器上程式性能的提升，還必須將應用程式分成多個執行緒來執行。
>
> 「高效能運算」（High Performance Computing, HPC）能力則是透過應用程式平行化機制，在短時間內完成複雜、大量運算工作，專門用來解決耗用大量運算資源的問題。

我們可以預期未來人工智慧力量定將大幅改寫行銷產業，例如聊天機器人（chatbot）漸漸成為廣泛運用的新科技，利用聊天機器人不僅能夠節省人力資源，還能進一步實現規模化的個人服務，依照消費者的需要來客製化服務，開啟了未來 1 對 1 持續行銷的可能性，極有可能會是改變未來銷售及客服模式的利器。

⬤ TaxiGo 利用聊天機器人提供計程車秒回服務

TaxiGo 就是一種全新的行動叫車服務，產品設計跟 Uber 其實是截然不同，運用最新的聊天機器人技術，透過 AI 模擬真人與使用者互動對話，不用下載 App，也不須註冊資料，直接用戶利用聊天機器人就能夠和計程車司機傳訊息，只要打開 LINE 或 Facebook Messenger 就可以輕鬆直接地預約叫車。TaxiGo 官方這樣形容：「如果 Uber 是行動時代產物，還需要下載 App；TaxiGo 則是 AI 時代產物，直接透過通訊軟體即可叫車。」

由於消費者行為的改變，行銷產業正面臨前所未見的重大變革，行銷自動化的快速進步已逐漸走向人工智慧的趨勢，人工智慧正在迅速滲透到今天的幾乎每個行業，以人工智慧取代傳統人力進行各項業務已成趨勢，決定這些 AI 服務能不能獲

得更好發揮的關鍵，除了得靠目前最熱門的機器學習（Machine Learning, ML）的研究，甚至得借助深度學習（Deep Learning, DL）的類神經演算法，才能更容易透過人工智慧解決行銷策略方面的問題與更卓越的表現。

8-4-4　機器學習

我們知道 AI 最大的優勢在於「化繁為簡」，將複雜的大數據加以解析，AI 改變產業的能力已經是相當清楚，而且可以應用的範圍相當廣泛。機器學習（Machine Learning, ML）是大數據與 AI 發展相當重要的一環，是大數據分析的一種方法，透過演算法給予電腦大量的「訓練資料（Training Data）」，在大數據中找到規則，機器學習是大數據發展的下一個進程，可以發掘多資料元變動因素之間的關聯性，進而自動學習並且做出預測，意即機器模仿人的行為，特性很適合將大量資料輸入後，讓電腦自行嘗試演算法找出其中的規律性，對機器學習的模型來說，用戶越頻繁使用，資料的量越大越有幫助，機器就可以學習的愈快，進而達到預測效果不斷提升的過程。

人臉辨識系統就是機器學習的常見應用

🔘 機器也能一連串模仿人類學習過程

🔘 DQN 是會學習打電玩遊戲的 AI

　　過去人工智慧發展面臨的最大問題─AI 是由人類撰寫出來，當人類無法回答問題時，AI 同樣也不能解決人類無法回答的問題，直到機器學習的出現，完成解決了這種困境。近年來於 Google 旗下的 Deep Mind 公司所發明的 Deep Q learning（DQN）演算法，甚至都能讓機器學習如何打電玩，包括 AI 玩家如何探索環境，並透過與環境互動得到的回饋。機器學習的應用範圍相當廣泛，從健康監控、自動駕駛、自動控制、自然語言、醫療成像診斷工具、電腦視覺、工廠控制系統、機器人到網路行銷領域。隨著行動行銷而來的是各式各樣的大數據資料，這些資料不僅精確，更是相當多元，如此龐雜與多維的資料，最適合利用機器學習解決這類問題。

　　各位應該都有在 YouTube 觀看影片的經驗，YouTube致力於提供使用者個人化的服務體驗，包括改善電腦及行動網頁的內容，近年來更導入了 TensorFlow 機器學習技術，來打造 YouTube 影片推薦系統，特別是 YouTube平台加入了不少個人化變項，過濾出觀賞者可能感興趣的影片，並顯示在「推薦影片」中。

🔘 YouTube 透過 TensorFlow 技術過濾出受眾感興趣的影片

　　YouTube 上每分鐘超過數以百萬小時影片上傳，無論是想找樂子或學習新技能，AI 演算法的主要工作就是幫用戶在海量內容中找到他們內心期待想看的影片，事

實證明全球 YouTube 超過 7 成用戶會觀看來自自動推薦的影片,為了能推薦精準影片,用戶顯性與隱性的使用回饋,不論是喜歡以及不喜歡的影音檔案都要納入機器學習的訓練資料。

當用戶觀看的影片數量越多,YouTube 越容易從過去的瀏覽影片歷史、搜尋軌跡、觀看時間、地理位置、關鍵詞搜尋記錄、當地語言、影片風格、使用裝置以及相關的用戶統計訊息,將 YouTube 的影音資料庫中的數百萬個影音資料篩選出數百個以上和使用者相關的影音系列,然後以權重評分找出和使用者有關的訊號,並基於這些訊號來加以對幾百個候選影片進行排序,最後根據記錄這些使用者觀看經驗,產生數十個以上影片推薦給使用者,希望能列出更符合觀眾喜好的影片。

YouTube 廣告效益相當驚人!方框區塊都是可用的廣告區

🌐 YouTube 廣告透過機器學習達到精準投放的效果

目前 YouTube 平均每日向使用者推薦 2 億支影片,涵蓋 80 種不同語言,隨著使用者行為的改變,近年來越來越多品牌選擇和 YouTube 合作,因為 YouTube 以內部數據為基礎洞察用戶行為,能夠根據消費者在 YouTube 的多元使用習慣擬定合適的媒體和品牌創新廣告投放方案,讓品牌從流量與內容分進合擊,精準制定行銷策略與有效觸及潛在的目標消費族群,讓品牌從流量與內容分進合擊,透過機器學習不斷優化,再追蹤評估廣告效益進行再行銷,進而達成廣告投放的目標來觸及觀眾,更能將「轉換率」(Conversion Rate)成效極大化。

TIPS TensorFlow 是 Google 於 2015 年由 Google Brain 團隊所發展的開放原始碼機器學習函式庫，可以讓許多矩陣運算達到最好的效能，並且支持不少針對行動端訓練和優化好的模型，無論是 Android 和 iOS 平台的開發者都可以使用，例如 Gmail、Google 相簿、Google 翻譯等都有 TensorFlow 的影子。

TensorFlow 官網

透過電腦視覺技術來找出數位看板廣告最佳組合

　　從數位行銷的策略面來看，最容易應用機器學習的領域之一就是電腦視覺（Computer Version, CV），CV 是一種研究如何使機器「看」的系統，讓機器具備與人類相同的視覺，以做為產品差異化與大幅提升系統智慧的手段。例如國外許多大都市的街頭紛紛出現了一種具備 AI 功能的數位電子看板，會追蹤路過行人的舉動來與看板中的數位廣告產生互動效果，透過人臉辨識來偵測眾人臉上的表情，由 AI 來動態修正調整看板廣告所呈現的內容，即時把最能吸引大眾的廣告模式呈現給觀眾，並展現更有說服力的行銷創意效果。

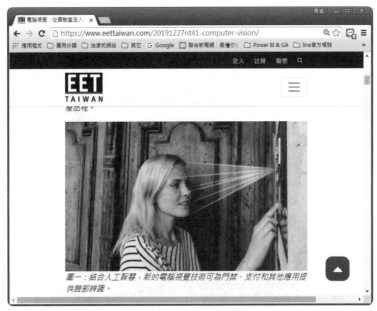

圖一：結合人工智慧，新的電腦視覺技術可為門禁、支付和其他應用提供臉部辨識。

　　電腦視覺技術也可為門禁管制提供臉部辨識功能

圖片來源：https://www.eettaiwan.com/20191227nt41-computer-vision/

　　數位行銷業者如果及時引進機器學習（ML），將可更準確預測個別用戶偏好，機器會從數據中自主且重複地學習，分析每個消費者在電腦、平板與手機上的使用行為，也可以從過去的資料或經驗當中，由機器學習（machine learning）的模型搜尋所有商品之後，提供買家最相關的購物選項，當作我們數位行銷時參考的基準。

傳統零售未來勢必將面臨改革與智慧轉型，機器學習必須與零售商會員體系結合，要做到即時智能決策，代表的是必須對客戶行為有高程度的理解，都是為了打造新的購物環境體驗。例如機器學習的應用也可以透過賣場中具備主動推播特性的 Beacon 裝置，商家只要在店內部署多個 Beacon 裝置，利用機器學習技術來對消費者進行觀察，賣場不只是提供產品，更應該領先與消費者互動，一旦顧客進入訊號區域時，就能夠透過手機上 App，對不同顧客進行精準的「個人化習慣」分眾行銷，提供「最適性」服務的體驗。

例如在偵測顧客的網路消費軌跡後，進而分析其商品偏好，並針對過去購買與瀏覽網頁的相關記錄，即時運算出最適合的商品組合與優惠促銷專案，發送簡訊到其行動裝置，甚至還可對於賣場配置、設計與存貨提供

● 台中大遠百裝置 Beacon，提供消費者優惠推播

更精緻與個人化管理，不但能優化門市銷售，還可以提供更貼身的低成本行銷服務。

8-4-5　深度學習

隨著科技和行動網路的發達，其中所產生的龐大、複雜資訊，已非人力所能分析，由於 AI 改變了數位行銷的遊戲規則，讓店家藉此接觸更多潛在消費者與市場，深度學習（Deep Learning, DL）算是 AI 的一個分支，也可以看成是具有層次性的機器學習法，更將 AI 推向類似人類學習模式的優異發展。深度學習並不是研究者們

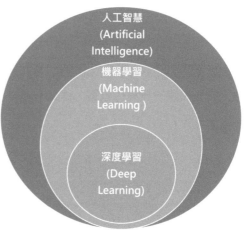

● 深度學習也屬於機器學習的一種

憑空創造出來的運算技術,而是源自於「類神經網路」(Artificial Neural Network)模型,並且結合了神經網路架構與大量的運算資源,目的在於讓機器建立與模擬人腦進行學習的神經網路,以解釋大數據中圖像、聲音和文字等多元資料,例如可以代替人們進行一些日常的選擇和採買,或者在茫茫網路海中,獨立找出分眾消費的數據,甚至於可望協助病理學家迅速辨識癌細胞,乃至挖掘出可能導致疾病的遺傳因子,未來也將有更多深度學習的應用。

● 深度學習源自於類神經網路

我們知道人腦是由約一千億個腦神經元組合而成,它可以說是身體中最神祕的一個器官,蘊藏著靈敏而奇妙的運作機制,神經系統間的傳導就是靠著神經元之間的訊息交流所引發。神經元會長出兩種觸手狀的組織,稱為「軸突」(axons)與樹突(dendrites)。「軸突」是負責將訊息傳遞出去,「樹突」負責將訊息帶回細胞,而神經系統間的傳導就是靠著神經元之間的訊息交流所引發。當我們開始學習新的事物時,數以萬計的神經元就會自動組成一組經驗拼圖,當神經元發出與過去經驗拼圖類似的訊號時,就出現了記憶與學習模式。

類神經網路就是模仿生物神經網路的數學模式,取材於人類大腦結構,使用大量簡單而相連的人工神經元(Neuron)來模擬生物神經細胞受特定程度刺激來反應刺激架構為基礎的研究,這些神經元將基於預先被賦予的權重,各自執行不同任務,只要訓練的歷程愈紮實,這個被電腦系所預測的最終結果,接近事實真相的機率就會愈大。

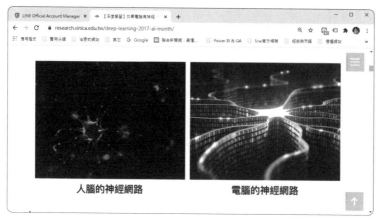

人腦的神經網路　　　　電腦的神經網路

🏠 深度學習可以說是模仿大腦，具有多層次的機器學習法

圖片來源：https://research.sinica.edu.tw/deep-learning-2017-ai-month/

　　由於類神經網路具有高速運算、記憶、學習與容錯等能力，可以利用一組範例，透過神經網路模型建立出系統模型，讓類神經網路反覆學習，經過一段時間的經驗值，便可以推估、預測、決策、診斷的相關應用。最為人津津樂道的深度學習應用，當屬 Google Deepmind 開發的 AI 圍棋程式 AlphaGo 接連大敗歐洲和南韓圍棋棋王，AlphaGo 的設計是大量的棋譜資料輸入，還有精巧的深度神經網路設計，透過深度學習掌握更抽象的概念，讓 AlphaGo 學習下圍棋的方法，接著就能判斷棋盤上的各種狀況，後來創下連勝 60 局的佳績，並且不斷反覆跟自己比賽來調整神經網路。

🏠 AlphaGo 接連大敗歐洲和南韓圍棋棋王

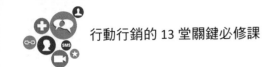

　　透過深度學習的訓練，機器正在變得越來越聰明，不但會學習也會進行獨立思考，人工智慧的運用也更加廣泛，深度學習包括建立和訓練一個大型的人工神經網路，人類要做的事情就是給予規則跟大數據的學習資料，相較於機器學習，深度學習在數位行銷方面的應用，不但能解讀消費者及群體行為的歷史資料與動態改變，更可能預測消費者的潛在欲望與突發情況，能應對未知的情況，設法激發消費者的購物潛能，進而提供高相關度的未來購物種類可能推薦與更好的用戶體驗。

本章練習 GO

1. 請簡述大數據（又稱大資料、大數據、海量資料 , big data）及其特性。

2. 請簡介 Hadoop。

3. 請簡介 Spark。

4. 為什麼 Spark 處理及分析資料的速度能比 Hadoop 快上 10 到 100 倍？

5. 請簡介「分佈式文件管理系統」（resilient distributed datasets, RDDs）？

6. 請問大數據行銷有哪些優點？

7. 請簡介 Beacon 與在社群行銷的應用。

8. 什麼是類神經網路（Artificial Neural Network）？

9. 什麼是電腦視覺？

10. 何謂資料科學（Data Science）？

11. 請簡述平行處理（Parallel Processing）與高效能運算（High Performance Computing, HPC）。

12. AlphaGo 如何學會圍棋對弈？

13. 請介紹深度學習與類神經網路（Artificial Neural Network）間的關係。

09
CHAPTER

買氣紅不讓的行動
影音與抖音行銷攻略

在這個講究視覺體驗的年代，影音行銷是近十年來才開始成為網路消費導流的重要方式，每個行銷人都知道影音行銷的重要性，比起文字與圖片，透過影片的傳播，更能完整傳遞商品資訊，消費者漸漸也習慣喜歡在影音平台上尋求商業建議，甚至於「現在很多好的廣告影片，比著名電影還好看！」好的廣告就如同演講家，說到心坎處，自然能引人入勝，只要影片夠吸引人，就能在短時間內衝出超高的點閱率，進而造成轟動與話題。影片還能夠建立企業與消費者間的信任，影音的動態視覺傳達可以在第一秒抓住眼球。

● 優酷網是中國最大的影音網站

隨著 YouTube、Facebook、Instagram、優酷網等行動影音社群效應發揮與智慧型手機普及後，「看影片」變得如同吃飯、喝水一般簡單平常，我們知道 YouTube 最原始的理念就是分享，相對於過去著重「分享」的本質，現在的 YouTube 更像是用來「行銷」的工具，一般在 YouTube 上面較受歡迎的影片類型如電玩遊戲、搞笑耍廢、知識與旅遊、開箱影片、探險、烹飪和美容實境教學，都可以針對品牌的優點與特性來經營，任何視訊影片皆可上傳至社群上與他人分享在時間允許下，能給消費者帶來最好的觀看體驗。

● ESPRIT 透過 IG 發佈時尚影片，引起廣大迴響

　　根據 Yohoo! 的最新調查顯示，平均每月有 84% 的網友瀏覽線上影音、70% 的網友表示期待看到專業製作的線上影音。在 YouTube 上有超過 13.2 億的使用者，每天的影片瀏覽量高達 49.5 億，使用者可透過網站、行動裝置、網誌、臉書和電子郵件來觀看分享各種五花八門的影片，全球使用者每日觀看影片總時數超過上億小時，更可以讓使用者上傳、觀看及分享影片。在這波行動裝置熱潮所推波助瀾的影片行銷需求，目前全球幾乎有一半以上 YouTube 使用者是在行動裝置上觀賞影片，已經成為現代人生活中不可或缺的重心。

　　YouTube 是分享影音的平台，任何人只要擁有 Google 帳戶，都可以在此網站上傳與分享個人錄製的影音內容，各位可曾想過 YouTube 也可以是店家影音行銷的利器嗎？當企業想要在網路上銷售產品時，還不如讓影片以三百六十度方式來呈現產品規格，從去年的微電影到今年的病毒影片，YouTube 商業模式已經明顯進入了網路行銷市場卡位戰。

　　YouTube 可以作為企業或店家傳播品牌訊息的通道，透過用戶數據分析，顯示客製化的推薦影片，使用戶能夠花更多時間停留在 YouTube，順便提供消費者實用資訊，更可以拿來投放廣告，因此許多企業開始使用 YouTube 影片放送付費廣告活動，這樣不但能更有效鎖定目標對象，還可以快速找到有興趣的潛在消費者。使用 YouTube 影片放送付費廣告活動，如果各位想要有更多店家或品牌曝光的形式及管道，利用 YouTube 做影音行銷可說是一大趨勢。想要進入 YouTube 網站，除了輸入它的網址外（https://www.youtube.com/），如果你有登入 Google 帳戶，可以從 ⦙⦙⦙ 鈕下拉，直接進入個人的 YouTube。

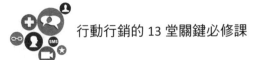

❷ 選擇 YouTube 應用程式　　　　　　❶ 按此鈕

登入個人 Google 帳戶

9-1　建置我的品牌頻道

在社群時代來臨之後，越來越多的品牌與素人走上影音社群平台，虛擬網紅社交圈更快速取代傳統銷售模式，這與行動網路的高速發展密不可分，也為各式產品創造龐大的銷售網絡。「人氣能夠創造收益」稱得上是經營 YouTube 頻道的不敗天條，YouTube 每天都會有數十億以上的瀏覽量，絕大多數的 YouTube 影片無論在開頭、中間或結尾都帶有廣告，只要有人看到這些廣告，上傳影片的創作者幾乎都會有收益，這即是 YouTube 推行的「分潤機制」。

分潤方式不是依據影片的觀看次數，而是閱覽影片開頭或是中間插入的廣告，通常廣告出現 5 秒後便可以跳過，但觀眾一定要看滿 30 秒，YouTube 會向廣告主收費後，才會分潤給創作者。所謂 Youtuber，就是指以 YouTube 為主要據點的網路紅

人，不管你是學生、家庭主婦或者是有空的上班族，都紛紛以成為 Youtuber 為新興時代的賺錢職業，因為現在看 YouTube 比看電視還要頻繁。

🏠 27 歲中韓混血青年 Youtuber Evan Fong 年收入就高達 5 億台幣

YouTube 絕對有潛力為品牌或個人帶來龐大的流量，也是行動影音行銷非常重要的一個環節，人氣大的 YouTube 頻道，不但是粉絲多，影響力也大。各位想要成為一位 Youtuber，首先就是要在 YouTube 擁有自己的頻道，不但讓你方便的整理所有的影片，也才能上傳自己的影片、發表留言、或是建立播放清單。首先請各位在 Google 瀏覽器上登入 Google 帳戶後，瀏覽器右上角會顯示你的名稱，由「Google 應用程式」 鈕下拉選擇「YouTube」圖示，就能進入個人的 YouTube 帳戶。

行動行銷的 13 堂關鍵必修課

STEP 1

❶ 登入 Google 帳戶

❸ 點選「YouTube」圖示　　　　　❷ 按「Google 應用程式」鈕

STEP 2

進入個人 YouTube 帳戶後，按此鈕，再下拉選擇「您的頻道」指令

STEP **3**

首頁顯示你最近所上傳的影片

　　以往許多品牌運用影片行銷的時候，只能獨立上傳影片，無法建立自己的一個影片頻道，將影片進行分類展示和管理。現在在個人 YouTube 帳戶下，你可以透過品牌帳戶來建立頻道，讓品牌擁有各自的帳戶名稱與圖片，這樣可以和個人帳戶區隔開來。

　　對於行銷人員來說，通常按照影片內容主題來定位不同頻道是對的，也可以同時經營與管理多個頻道而不會互相影響，更能讓潛在的客戶有系統獲得企業希望傳達的相關影片。一個品牌帳戶會有一個主要擁有者，他可以管控整個品牌帳戶的擁有者和管理者，讓多人一起管控這個帳戶，而管理者可在 Google 相簿上共享相片，或是在 YouTube 上發佈影片。如果你有自己的商家或品牌，就可以透過以下的方式來建立品牌帳戶：

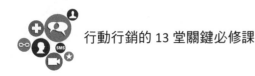
STEP 1

❶ 按此鈕

❷ 下拉選擇「設定」指令

STEP 2

點選「新增或管理您的頻道」指令

STEP **3**

按下「建立新頻道」鈕

STEP **4**

❶ 輸入品牌帳戶名稱　　❷ 按下「建立」鈕

STEP **5**

顯示新建立品牌的首頁

由此可以上傳品牌的相關影片

9-1-1　頻道圖示的亮點

　　頻道圖示主要用來呈現品牌的形象，各位千萬不要小看它，圖示比其他所有 YouTube 的元素都來的重要，由於觀眾不確定哪一部影片的內容比較好，只能從圖示初步判斷，圖示能決定你的頻道的成敗，甚至比標題更能吸引人們點擊你的影片。縮圖解析度愈大愈好，讓瀏覽者一看到圖示就可以馬上聯想到品牌，因為觀眾在瀏覽你的影片或頻道時，都會看到頻道圖示。通常圖示比標題更能吸引人們點擊你的影片，請確保它們與主題內容的一致性，所以在選擇圖片時，盡可能選擇辨識力高的圖案。

以油漆刷子和速讀、回溯、刺激等旋轉輪來呈現品牌形象

　　製作頻道圖示有一定的規範，例如不能上傳含有公眾人物、裸露、藝術作品、或版權的圖像，建議上傳 800×800 像素的圖片大小，上傳後會顯示成 98×98 的圓形，JPG、PNG、GIF、BMP 等格式都可以被接受。要注意的是，無法從行動裝置上編輯頻道圖示，必須在電腦上進行變更。

STEP 1

在品牌帳戶裡按下大頭貼圖示鈕

STEP 2

按下「編輯」鈕

STEP 3

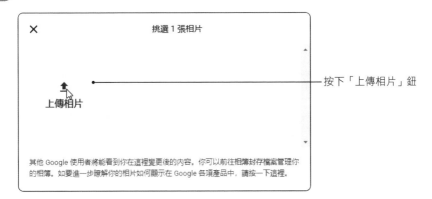

按下「上傳相片」鈕

STEP 4

❶ 點選要上傳的圖片

❷ 按下「開啟」鈕

STEP 5

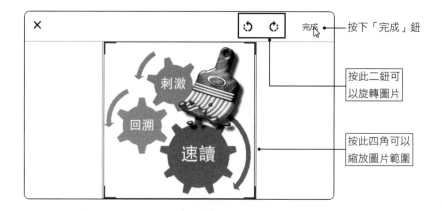

按下「完成」鈕

按此二鈕可以旋轉圖片

按此四角可以縮放圖片範圍

STEP 6

顯示相片資料已更新,這裡的變更會和你建立和分享的內容一起顯現

完成如上的動作後，只要在 YouTube 平台上切換到品牌帳戶，就能看到變更後的圖示了！

9-1-2 新增頻道圖片

頻道圖片顯示在頻道首頁的頂端，此圖片在電腦、行動裝置、電視上所呈現的方式略有不同，根據 YouTube 的統計指出，90% 熱門影片所使用的圖片都是創作者自行製作，為確保頻道圖片在各裝置上呈現最佳的效果，建議使用 2560×1440 像素的圖片為佳。建立頻道圖片的方式如下：

STEP 1

在品牌頻道中按下「自訂頻道」鈕

STEP 2

再按下「新增頻道圖片」鈕

STEP 3

按此鈕從電腦中選取圖片

STEP 4

❶ 點選圖片

❷ 按下「開啟」鈕

STEP 5

這是在電腦、電視、行動裝置上所呈現的效果

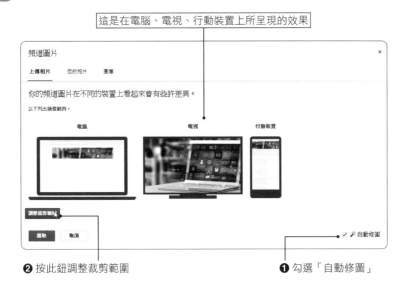

❷ 按此鈕調整裁剪範圍　　　　　　　　　　　❶ 勾選「自動修圖」

STEP 6

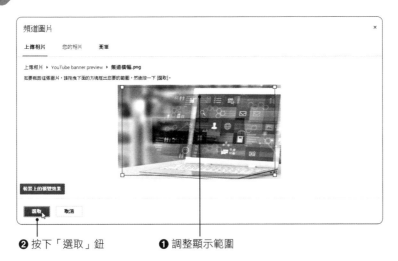

❷ 按下「選取」鈕　　　　　　❶ 調整顯示範圍

STEP 7

完成頻道圖片的設置

9-1-3 品牌頻道 ID

　　當你建立品牌頻道，同時頻道中已有上傳的影片，那麼你的頻道就會有專屬的 ID，透過這個 ID 可以讓其他人在瀏覽器上找到你的品牌頻道。想要知道自家品牌頻道的 ID，請由品牌的大頭貼照下拉選擇「設定」指令，接著在如下視窗左側點選「進階設定」，就能看到品牌帳戶的頻道 ID 了。

❶ 按此鈕下拉選擇「設定」指令

❷ 點選「進階設定」　　❸ 頻道 ID 顯示於此，按下「複製」鈕可複製該 ID

各位只要將此 ID 貼到瀏覽器的網址列上，就能立即找到你在 YouTube 上的品牌帳戶囉！所以善用這個 ID 可以讓更多人看到你的頻道內容。

輸入品牌 ID，就可找到 YouTube 上的品牌帳戶

9-1-4 活用結束畫面

各位在觀看 YouTube 影片時，有時會在影片的最後看到如下的結束畫面，如果你想要讓觀眾連結到另一個影片或是讓人訂閱你的頻道，那麼結束畫面是一個非常有用的工具，透過這樣的畫面可以方便觀賞者繼續點閱相同題材的影片內容。

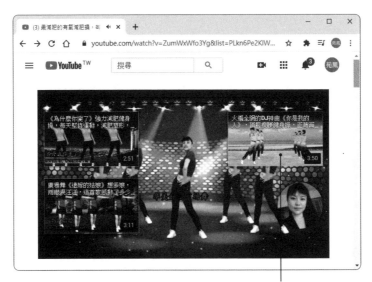

影片結束前，直接點選影片圖示，就可繼續觀看同品牌的影片

當你擁有品牌帳戶與頻道後，在你上傳宣傳影片時，可以在如下的步驟中點選「新增結束畫面」的功能來做出如上頁的版面編排效果。

新上傳的影片，可在此處加入影片的結束畫面

「新增結束畫面」是 YouTube 新推出的功能，對於商家或品牌行銷來說是一大利多。除了新上傳的影片可以加入影片結束畫面外，以前所上傳的影片也可以事後再進行加入。如果你想為已經在頻道中的影片加入結束畫面，可以透過以下的技巧來處理。

STEP 1

❶ 按此鈕下拉選擇「您的頻道」，使顯現如圖畫面

❷ 點選要加入結束畫面的影片縮圖

STEP **2**

在影片下方按下「編輯影片」鈕，使進入「影片詳細資料」的畫面

STEP **3**

在右下方點選「結束畫面」的按鈕

STEP 4

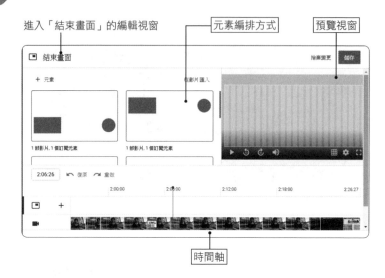

進入「結束畫面」的編輯視窗　　　元素編排方式　　　預覽視窗

時間軸

各位可以看到，左上角提供各種的元素編排版面可以快速選擇，下方是時間軸，也就是影片播放的順序和時間，你可以指定元素要在何時出現，而右上方則是預覽畫面，可以觀看放置的位置與元素大小。

9-2 微電影爆紅行銷

許多人利用零碎時間手機上網看影片，影音分享服務早已躍升為網友們最喜愛的熱門應用之一，在影音平台內容推陳出新下，更創新出許多新興服務模式，特別是在現代的日常生活中，人們的視線已經逐漸從電視螢幕轉移到智慧型手機上，伴隨著這一行動趨勢，行動端廣告影片迅速發展，影片所營造的臨場感及真實性確實更勝於文字與圖片，靜態廣告轉化為動態的影音行銷就成為勢不可擋的時代趨勢。

一部好的微電影行銷能夠真正溫暖顧客的心

9-2-1 微電影的魅力

　　在一個講求效率的行動時代，誰有興趣在手機上去看數十分鐘甚至一小時以上的影片，影片必須要在幾秒內就能吸睛，最好是長度不宜過長（60~120 秒為佳），只要影片夠吸引人，就可能在短時間內衝出高點閱率，因此也孕育出一種近幾年很流行的行銷方式，就是「微電影」。「微電影」（Micro Film）是指在一個較短時間且較低預算內，把故事情節或角色/場景，以影片新媒體傳達其意念或品牌，適合在短暫的休閒時刻或移動的情況下觀賞，尤其是近幾年智慧型手機與平板電腦的普及，微電影具備病毒式傳播特性下，更強化了微電影行銷的蓬勃發展。

新加坡旅遊局所拍的微電影廣告

　　微電影不僅可以是一部小而美的優質電影，更可以融入企業與產品宣傳，網友總愛說：「有圖有真相。」，只要影片夠吸引人，就可能在短時間內衝出高點閱率，進而造成轟動或是新聞話題。很多企業也紛紛趕搭微電影行銷的列車，期望在網路與行動傳播媒體之中，提升自家產品或品牌的知名度。

　　現在講行銷，不打出情感牌，大家都會笑你外行，越來越多的品牌熱衷於「帶感情講故事」，特別是當把影片以述說一個故事手法來呈現時，相較於一般的企業宣傳片，微電影的劇情內容更容易讓人接受，能大幅提升自家產品或品牌的知名度，相較於一般的企業宣傳片，微電影的劇情內容更容易讓人接受，這時影片不再是產品用來說故事的機器，而是消費者參與其中自行創作故事的工具，消費者參與使產品訊息更為真實可信，很自然地在消費者的心中淡化企業品牌或產品的商業色彩。

　　例如大眾銀行推出的微電影—母親的勇氣，描述一位完全不會英文的台灣鄉下母親，排除萬難獨自飛行三天，千里迢迢搭機到半個地球以外的委內瑞拉，只為了照顧坐月子的女兒，讓許多人看到熱淚盈眶，也成功打響了大眾銀行是關心市井小人物的不平凡的平凡大眾的品牌形象，這也是微電影行銷小兵立大功的最好實例。

　「母親的勇氣」微電影廣告帶來超高的點擊率

9-2-2 微電影製作不求人

微電影行銷成功祕訣包括兩點，宣傳平台與內容製作。微電影不需要高額製作傳播費用及具病毒式傳播效益下，一般多選擇在免費的網路平台播出，各位如果想要利用微電影來達到訴求目的與宣傳效果，那麼內容規劃與傳達對象就得規劃清楚，好讓觀看者可以運用零碎的時間來觀看。另外焦點的引導與整體氛圍的安排也必須投入更多的心力，這樣才可能在眾多的影片當中脫穎而出。

相較於一般的企業宣傳影片，微電影的內容更容易讓閱聽者接受，目前微電影內容與觀眾溝通的方式不外乎二種：一種是以情感故事作為訴求，透過一系列的劇情來打動觀賞者的認同感，串聯起品牌行銷的故事，進而能與觀眾產生共鳴的內容更具傳播力。微電影本質上就是另類呈現的廣告模式，娛樂仍是吸引觀眾主要的接受型式，我們知道一份影音廣告行銷要能夠吸引人，除了視覺表現之外，愈是搞笑、趣味或感動人的情節，就愈容易吸引網友轉寄或分享，創造話題性及新聞價值，才能加深網友黏著度，最好就是要能夠説一個精彩故事，靠的正是故事性與網友的情感共鳴。

🔹 榮欽科技製作的油漆式速記法微電影短片

另外一種方式則是透過主題式的情節來完整闡述所要表現的目的和想法，透過置入性的行銷來達到推廣其商品或服務的目的，讓原本廣告模式既可以說說想說的話題，又能夠達到產品的呈現。接下來我們將以「油漆式速記多國語言雲端學習系統」為主題，透過微電影製作模式，把「用手機玩單字，走到哪玩到哪」的主題理念傳達出去，讓學生或上班族都可以透過智慧型手機，隨時隨地都能增加自己英文單字的能力。

🚲 產品簡介

油漆式速記多國語言雲端學習平台（https://pmm.zct.com.tw/zct_add/）：是一套結合速讀和速記訓練，加上多感官刺激，並強調「大量、全腦、多層次」的學習精神，真正利用右腦圖像直覺聯想，與結合左腦理解思考練習，達到全腦學習的真正效果，目前推出的版本包括英文、日文、韓文、德文、法文、俄文、西班牙文、義大利文、泰文、越南文、印尼文、馬來文。

🚲 訴求重點

用手機玩單字，走到哪玩到哪：手機板 App，讓學生或上班族隨時隨地可以透過智慧型手機，利用短時間來速記大量英文單字，讓單調乏味的背單字過程在不知不覺中轉為長期記憶。

🚲 腳本說明

以一位小學生和上班族作為主角人物，號稱「單字二人組」。單字二人組不管是在麥當勞的速食店、文化中心的草坪，或是在捷運站、公車站…等交通場所等車，都可以利用短暫的時間來速記單字。因此一系列的生活影片，將分別在餐飲店、休憩場所、交通站等地作拍攝。只要透過行動裝置就可以讓油漆式速記法來幫你速記不同語言的單字。期望透過這樣平凡的生活情節，讓小市民與學生也能產生共鳴，這樣才能加深網友黏著度，只要平常利用零碎的時間也能輕鬆記下大量單字，學好各種語言。

行銷手法

由於油漆式速記系統是一套兼具速讀、速記、測驗、趣味遊戲的軟體，為了讓目標族群可以在短時間內看到影片訴求的重點，我們將在影片中穿插字幕，讓觀賞者知道影片的重點是「用手機玩單字」，影片區分出「單字二人組」、「走到哪玩到哪」等主題。另外會在系列影片後方加入「油漆式介面導覽」的畫面，讓目標族群可以快速了解軟體所提供重要功能，期望這樣的情節安排與規劃，可以引起學生和上班族的共鳴，進而群起效仿，達到善用短暫時間來增強個人的單字量。

當目標族群認同這樣的理念，就能讓「油漆式速記法」在消費者的心中建立好感，進而促進購買的欲望與行為，如此就可以增加油漆式速記系列產品的銷售，間接提升產品的品牌知名度。藉由這種新媒體的運用，就能快速分享到各社群網站，如果能和各社群平台合作，靠廣告植入或是點擊收費，也可帶來不少的獲利。

拍攝與製作工具

為了方便觀眾可以支配零碎的時間，每個影片的長度不可過長，故事短片最好在 1~2 分鐘內完成，而廣告影片的時間可更短些，因為影片過長，在瀏覽與傳播的效果上會受影響，也會增加拍攝的成本。這裡選定小五學生與上班族作為主角，以數位攝影機拍攝「單字二人組」在不同場所下，利用手機進行速讀速記的情景。而軟體介面的導覽則是從智慧型手機將介面擷取後，再以動畫軟體串接而成的影片片段。完成如下的三段影片後，再以視訊剪輯軟體（建議威力導演或會聲會影都是不錯的選擇）做視訊的串接與輸出。

以數位攝影機拍攝的影片片段

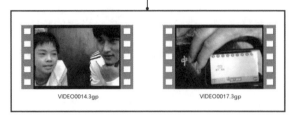

VIDEO0014.3gp　　　　VIDEO0017.3gp

油漆式介面導覽.wmv

以動畫軟體串接而成的影片片段

9-3　直播搶錢影音工作術

　　人類一直以來聯繫的最大障礙，無非就是受到時間與地域的限制，透過行動裝置開始打破和消費者之間的溝通藩籬，特別是 Facebook 開放直播功能後，手機成為直播最主要工具；不同以往的廣告行銷手法，影音直播更能抓住消費者的注意力，依照臉書官方的說法，觸及率最高的第一個就是直播功能，因此直播行銷將是下一波行動行銷的熱門話題。

　　目前全球玩直播正夯，許多企業開始將直播作為行銷手法，消費觀眾透過行動裝置，特別是 35 歲以下的年輕族群觀看影音直播的頻率最為明顯，利用直播的互動與真實性吸引網友目光，從個人販售產品透過直播跟粉絲互動，延伸到電商品牌透過直播行銷，也能代替網路研討會（Webinar）與產品說明會，讓現場直播可以更真實的對話。例如小米直播用電鑽鑽手機，證明手機依然毫髮無損，就是活生生把產品發表會做成一場直播秀，這些都是其他行銷方式無法比擬的優勢，也將顛覆傳統網路行銷領域。

> **TIPS**
>
> 在數位行動時代裡，我們經常聽到 Webinar 這個術語，Webinar 一字來自 seminar，是指透過網路舉行的專題討論或演講，稱為「網路線上研討會」（Web Seminar 或 Online Seminar），通常專業性或主題性較強，許多廠商都利用這種型式來做為產品發表、教育訓練、行銷推廣等用途。

平時廣大用戶除了觀賞精彩的直播影片，例如電競遊戲實況、現場音樂表演、運動賽事轉播、線上教學課程和即時新聞等，更可以利用直播影片來推銷商品，並透過連結引流到自己的網路商店，直接在網路上賣東西賺錢，不同以往的廣告行銷手法，每個人幾乎都可以成為一個獨立的購物頻道，讓參與的粉絲擁有親臨現場的體驗，也可以帶來瞬間的高流量。

　　特別是在這段新冠疫情時期讓很多人開始嘗試在社群上看直播，許多店家或品牌開始將直播作為行銷手法，直播帶貨也成為品牌非常喜歡的行銷模式之一，消費觀眾透過行動裝置，利用直播的互動與真實性吸引網友目光。影片廣告是直播主的主要收入來源，遊戲直播主是目前在 YouTube 平台上最賺錢的操作模式之一，例如電競賽事不只是專業賽事，同時也被視為是種很受歡迎的娛樂節目，許多玩家利用遊戲實況直播分享自己的打怪心得。許多年收入超過億元台幣的世界級遊戲直播主都是靠這個起家。來自美國 26 歲的網紅遊戲實況主 Tyler Blevins，綽號叫「忍者（Ninja）」，他以遊戲《要塞英雄》（Fortnite）闖出名號，YouTube 頻道上有超過 1 千萬個追蹤者，他的影響力甚至讓許多國際知名大廠都找他合作。

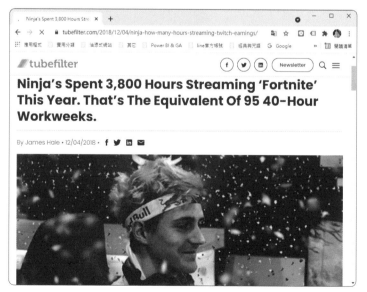

　忍者也是遊戲直播平台 Twitch 上收入最高的 Youtuber

TIPS Twitch 遊戲社群最大特色就是直播自己打怪給別人欣賞,因此在全球遊戲類的流量在各種直播中拔得頭籌,Twitch 非常重視玩家的參與感,功能包括提供平台供遊戲玩家進行個人直播及供電競賽事的直播,每個月全球有超過 1 億名社群成員使用該平台,有許多剛推出的新款遊戲,遊戲開發廠都會指定在 Twitch 上開直播,也提供聊天室讓觀眾們可以同步進行互動。

Twitch 堪稱是遊戲素人直播的最佳擂台

9-3-1 臉書直播不求人

「人氣能夠創造收益」稱得上是經營直播頻道的不敗天條,直播成功的關鍵在於創造真實的內容與口碑,有些很不錯的直播內容都是環繞著特定的產品或是事件,將產品體驗開箱拉到實況平台上,可以更真實的呈現產品與服務的狀況。每個人幾乎都可以成為一個獨立的電視新頻道,讓參與的粉絲擁有親臨現場的感覺,也可以帶來瞬間的高流量。直播除了可以和粉絲分享生活心得與樂趣外,儼然成為商品銷售的素民行銷平台,不僅能拉近品牌和觀眾的距離,這樣的即時互動還能建立觀眾對品牌的信任。

　　當各位要規劃一個成功的直播行銷，一定得先了解你粉絲特性、然後規劃好主題、內容和直播時間，在整個直播過程中，你必須讓粉絲不斷保持著「what is next?」的新鮮感，讓他們去期待後續的結果，才有機會抓住最多粉絲的眼球，進而達到翻轉行銷的能力。多數店家會大多以玉石、寶物或玩具的銷售為主，現今投入的商家越來越多，不管是 3C 產品、冷凍海鮮、生鮮蔬果、漁貨、衣服…等通通都搬上桌，直接在直播平台上吆喝叫賣。

🔵 臉書直播是商品買賣的新藍海

　　越來越多銷售是透過直播進行，因為最能強化觀眾的共鳴，粉絲喜歡即時分享的互動性，也由於競爭越來越激烈且白熱化，目前最常被使用的方法為辦抽獎，有些商家為了拼出點閱率，拉抬臉書直播的參與度，還會祭出贈品或現金等方式來拉抬人氣，只要進來觀看的人數越多，就可以抽更多的獎金，也讓圍觀的粉絲更有臨場感，並在直播快結束時抽出幸運得主。

　　臉書直播功能是一個非常強大的功能，更成為行動行銷的新戰場，主要是因為臉書鍾愛影片類型的貼文，不單單只是素人與品牌直播而已，還有直播拍賣搶便宜

貨，讓你的品牌觸及率大大提升。直播主只要用戶從手機上下一個鈕，就能立即分享當下實況，臉書上的其他好友也會同時收到通知。腦筋動得快的業者就直接利用臉書直播來賣東西，甚至延攬知名藝人和網紅來拍賣商品。直播拍賣只要名氣響亮，觀看的人數眾多，主播者和網友之間有良好的互動，進而加深粉絲的好感與黏著度，記得對粉絲好一點，粉絲自然會跟你互動，就可以在臉書直播的平台上衝高收視率，帶來龐大無比的額外業績。

臉書直播的即時性能吸引粉絲目光，而且沒有技術門檻，不用被動式的等客戶上門，也不受天氣或場地的限制，只要有網路或行動裝置在手，任何地方都能變成拍賣場，開啟麥克風後，再按下臉書的「直播」鈕，就可以向臉書上的朋友販售商品。

🔘 iPhone 手機和 Android 手機都是按「直播」鈕

在店家直播的過程中，臉書上的朋友可以留言、喊價或提問，也可以按下各種的表情符號讓主播知道觀眾的感受，適時地詢問粉絲意見、開放提問、轉述粉絲留言、回應粉絲等可以讓粉絲有參與感，完全點燃粉絲的熱情，為網路和實體商品建立更深厚的顧客關係。

當拍賣者概略介紹商品後便喊出起標價，然後讓臉友們開始競標，臉友們也紛紛留言下標，搶購成一團，造成熱絡的買氣。如果觀看人數尚未有起色，也會送出一些小獎品來哄抬人氣，按分享的臉友也能到獎金獎品，透過分享的功能就可以讓更多人看到此銷售的直播畫面。

臉友的留言也會直接顯示在直播畫面上

直播過程中，瀏覽者可隨時留言、分享或按下表情的各種符號

　　在結束直播拍賣後，通常業者會將直播視訊放置在臉書中，方便其他的網友點閱瀏覽，甚至寫出下次直播的時間與贈品，以便臉友預留時間收看，預告下次競標的項目，吸引潛在客戶的興趣，或是純分享直播者可獲得的獎勵，讓直播影片的擴散力最大化，這樣的臉書功能不但再次拉抬和宣傳直播的時間，也達到再次行銷的效果與目的。

9-3-2　最霸氣的 Instagram 直播行銷

　　Instagram 和 Facebook 一樣，也有提供直播的功能，它可以在下方留言或加愛心圖示，也會顯示有多少人看過，但是 Instagram 的直播內容並不會變成影片，而且會完全的消失。當各位按 IG 下方中間的 ⊕ 鈕，功能底端選用「直播」，只要按下「直播」鈕，Instagram 就會通知你的一些粉絲，以免他們錯過你的直播內容。

當你的追蹤對象分享直播時，可以從他們的大頭貼照看到彩色的圓框以及 Live 或開播的字眼，按點大頭貼照就可以看到直播視訊。

你的追蹤對象如有開直播，可從他的大頭貼看到彩虹圓框，若在限時動態中分享直播視訊會顯示播放按鈕

很多廠商經常將舉辦的商品活動和商品使用技巧等直播方式，來活絡商品與粉絲的關係。粉絲觀看直播視訊時，可在下方的「傳送訊息」欄中輸入訊息，也可以按下愛心鈕對影片說讚。

直播影片時，用戶留言都會在此顯現

顯示按讚的情況

觀賞者可在「傳送訊息」欄上輸入訊息或加入表情符號

9-4　YouTube 直播搶錢行銷

　　YouTube 平台上直播是與受眾即時互動的最有效率方式，從個人 Youtuber 販售產品，並透過直播跟粉絲互動，延伸到電商品牌透過直播行銷。各位要在 YouTube 上進行直播，基本上有三種方式：「行動裝置」、「網路攝影機」、「編碼器」。其中以行動裝置最適合初學者來使用，因為不需要太多的設定就可以立即進行直播，而進階使用者則可以透過編碼器來建立自訂的直播內容。

　　各位可以依照個別帳戶的狀況來選擇適合的其中一種直播方式，雖然這是一個能夠讓你不用花太多時間剪輯，就可以創造出影音內容的方式，不過不代表你可以隨意擺放鏡頭就開拍，最好在事前想清楚節目腳本，特別要記得長久經營自己的品牌，呈現出來的作品創意是必須的，然後透過不公開或私人直播的方式預先測試音效和影像，這樣可以讓你在直播時更有信心，當然在直播前，最好預先讓粉絲們知道你何時要開始直播。如果你是第一次進行直播，那麼在頻道直播功能開啟前，必須先前往 **youtube.com/verify** 進行驗證。這個驗證程序只需要簡單的電話驗證，然後再啟用頻道的直播功能即可。驗證方式如下：

STEP 1

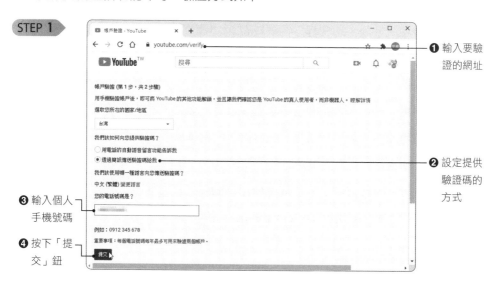

❶ 輸入要驗證的網址

❷ 設定提供驗證碼的方式

❸ 輸入個人手機號碼

❹ 按下「提交」鈕

STEP 2

❶ 從你的手機中將簡訊傳送過來的 6 位數驗證碼輸入

❷ 按下「提交」鈕

STEP 3

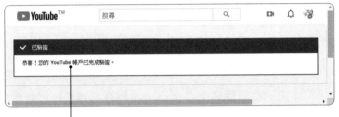

顯示 YouTube 帳戶已完成驗證

完成驗證程序後，只要登入 youtube.com，並在右上角的「建立」鈕下拉選擇「進行直播」即可。如果這是你第一次直播，畫面會出現提示，說明 YouTube 將驗證帳戶的直播功能權限，這個程序需要花費 24 小時的等待時間，等 24 小時之後就能選擇偏好的直播方式。特別注意的是，直播內容必須符合 YouTube 社群規範與服務條款，如果不符合要求，就可能被移除影片，或是被限制直播功能的使用。如果直播功能遭停用，帳戶會收到警告，並且 3 個月內無法再進行直播。由於行動裝置攜帶方便，隨時隨地都可進行直播，記錄關鍵時刻或瞬間的精彩鏡頭是最好不過的了。不過以行動裝置進行直播，頻道至少要有 1000 人以上的訂閱者，且訂閱人數達標後，還需要等待一段時間，才能取得使用行動裝置直播權限。另外，你的頻道需要經過驗證，且手機必須使用 iOS 8 以上的版本才可使用。

　　各位要在 YouTube 進行直播，請於頻道右上角按下 鈕，出現左下圖的視窗時，點選「允許存取」鈕。

❶ 按下此鈕

❷ 點選「允許存取」鈕

　　由於是第一次使用直播功能，所以用戶必須允許 YouTube 存取裝置上的相片、媒體和檔案，也要允許 YouTube 有拍照、錄影、錄音的功能。

　　當各位允許 YouTube 進行如上的動作後，會看到「錄影」和「直播」兩項功能鈕，如下圖所示。

點選「直播」鈕後，還要允許應用程式存取「相機」、「麥克風」、「定位服務」等功能，才能進行現場直播，萬一你的頻道不符合新版的行動裝置直播資格規定，它會顯示視窗來提醒你，你還是可以透過網路設定或直播軟體來進行直播。

9-5 我的抖音行銷

抖音（TikTok）短影音平台是近年來相當流行的風潮，看準了年輕人「愛秀成癮」的「短」、「快」、「即時」行動影音傳播趨勢，讓許多人直接透過手機輕鬆拍攝短視頻影片，可以錄製 15 秒至 1 分鐘、3 分鐘或者更長的影片，再搭配耳熟能詳的旋律，不斷進行內容創意的延展，將個人的創意和想法表現在影片當中，就能讓內容輕鬆吸引全球觀眾的目光，更可能因為影片的火紅讓他快速成為網紅，品牌若能與網紅合作，運用抖音行銷，將能吸引廣大年輕族群點閱，快速累積大量的粉絲。

Adidas 很會運用抖音行銷產品

行銷活動第一步當然就是高曝光流量！如果你想透過簡單的操作模式來表現店家或品牌的特色，那麼透過抖音行銷提供了品牌更豐厚的商機。抖音和 TikTok 都是

由中國字節跳動（ByteDance）公司所設計的兩款類似，但不相通的 App，抖音是在中國下載的版本，而「TikTok」則是針對中國以外的地區的「國際版」抖音，例如我們在台灣就是使用 TikTok 版本。對於商家來說，TikTok 身為全球下載量最高的短影音 App，是繼 YouTube 和 Instagram 之後，成為行銷人員開疆闢土，推廣商品的新管道，形成了「高活躍、強互動」的社群特色，並打通了品牌行銷與消費者連結的整合策略。這是因為 TikTok 的主要用戶群為十幾歲到二十多歲的青少年，這些用戶群都是未來的消費族群，和他們建立良好的聯繫管道，就等同行銷商品的知名度，而且使用 TikTok 建立影片時，並不需要專業的攝影技能，只要有創意，用手機就可以快速完成。

9-5-1　安裝與註冊 TikTok

各位想要透過 TikTok 來進行創作，首先就是安裝 TikTok App 並註冊成為會員。iPhone 用戶請到「App Store」搜尋「TitTok」的關鍵字，而 Android 系統的用戶則點選「Play 商店」搜尋「TitTok」，找到 TitTok 的應用程式，按下「安裝」鈕進行安裝，稍後片刻，「安裝」鈕會變成「開啟」鈕，按下「開啟」鈕就會進入註冊階段。

註冊 TitTok 時，可以選擇使用電話或電子郵件，也可以使用各位已經有的社群帳號來註冊，像是 Facebook 帳號、Google 帳號、LINE 帳號…等都可以被接受。使用現有的社群帳號直接進入 TitTok，就不用記一大堆的帳號密碼，這裡筆者選擇「使用 Facebook 繼續」，接著會看到「選擇您的興趣」的頁面，你可以根據自己的喜好勾選喜歡的主題，這樣 TitTok 會自動推薦你所喜歡的影片類型讓你觀看。

點選你的興趣類別後，按「下一步」鈕接著按下「開始觀看」鈕就可以透過手指上下滑動來觀看更多的內容。

❺ 以手指上下滑動就可以觀看影片

在安裝與註冊完 TitTok 之後，下回只要在手機桌面上按下 🎵 鈕，就能直接進入該平台進行瀏覽或創作。

9-5-2　TitTok 操作介面

接著要來認識 TitTok 操作介面，了解各種功能的所在位置，操作起來才能順心無障礙。

追蹤
愛心
評論
分享
音樂
五個主要頁面

TitTok 主要分為五大頁面，從左而右依序為「首頁」、「發現」、「新增」、「收件匣」、「我」，直接透過手機螢幕下方的五個按鈕就能進行切換。

「首頁」頁面

「首頁」顯示你所關注的對象或是 TitTok 為你推薦的對象，預設是顯示在「為您推薦」的頁面，也就是每次你進入 TitTok App 時所自動播放的內容，而切換到「關注中」則有熱門的創作者，只要你對某個帳號有興趣，就可以直接按下紅色的「關注」鈕進行關注，這樣就能查看到該帳號最新發表的影片。

各位可別小看「首頁」的內容，因為你可以針對有興趣的主題或對象進行追蹤，像是你的競爭對象或同業 / 同行，關注它們的影片可以了解對方的各項資訊或行銷方式，所謂知己知彼，百戰百勝，新手若能從中學習對手的優點，依據對方的缺點進行行銷策略的擬定，就能讓自己立於不敗之地。

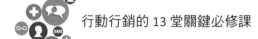
顯示「為您推薦」的畫面

按此鈕可追蹤特定人物或競爭對手

顯示「關注中」的畫面

按「關閉」鈕可查看下一個熱門創

按「關注」鈕可關注該熱門創作者的最新影片

　　如果你是第一次使用 TitTok，那麼切換到「關注中」的畫面，它會顯示「熱門創作者」讓你參考，如右上圖所示。按下影片右上角的「X」鈕可查看下一個熱門的創作者，當你對於某個影片有興趣時，不妨先按下影片中間的圓形按鈕，這樣會直接連結到該帳號，你可以看到該帳號曾經發佈過的影片，也可以了解他的粉絲數目與評價，確認喜歡後再按「關注」鈕成為他的粉絲。

該用戶的粉絲與獲得的「讚」數

此帳戶所發佈過的影片

🚲 「發現」頁面

「發現」頁面顯示一系列熱門的影片，並透過主題標籤「#」分門別類的顯示，像是：翻手舞、蹦蹦舞、螃蟹舞、變身漫畫…等，只要在主題標籤下方以手指左右滑動，點選影片縮圖就能立即欣賞影片，而移到最右側時按下「點按查看更多內容」就能看到更多同類型的影片。

由此可輸入關鍵字詞進行搜尋

❶ 按此鈕查看更多同主題標籤的影片

以手指左右滑動可看到同類型的主題

點按查看更多內容

❷ 顯示與此標籤有關的所有影片

🚲 「新增」頁面

按下「新增」 ➕ 鈕會立即進入如下圖的頁面，用戶可以從「圖庫」選取影片，或是直接透過手機上的鏡頭進行 15 秒或 60 秒的影片拍攝，只要你有構想和創意，利用「新增」按鈕即可進行影片的創作。

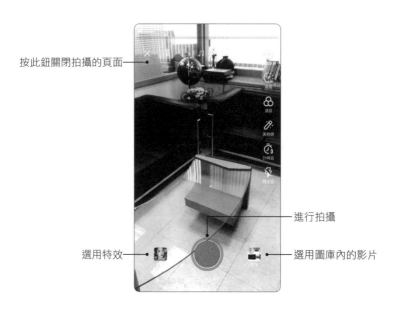

按此鈕關閉拍攝的頁面

進行拍攝

選用特效

選用圖庫內的影片

「收件匣」頁面

當用戶切換到「收件匣」的頁面，它會將所有活動訊息顯示在此頁面中，這些活動訊息包括了其他用戶對你的影片所按的「讚」、評論你的影片、提及到你，或是當你受到粉絲關注時，就會在此頁面顯示這些活動的通知。如果你只想針對某個活動進行了解，可按下拉鈕進行切換。如下圖所示：

由此下拉所看到活動的分類

有人對你的影片按讚，你會收到按讚的通知

有人評論你的影片，你會收到評論的通知

有人提及你的時候，你會收到提及的通知

當有人關注你時，你會看到粉絲的通知

來自 TikTok 的訊息

🚲「我」頁面

這是個人頁面，也就是其他人連結到你的頁面時所看到的資訊。如果你是商家或是名人，就要好好的編輯你的個人資訊，讓更多的搜尋者或是有機會成為你的粉絲者可以更了解你。

新手可按此鈕編輯個人資料 →

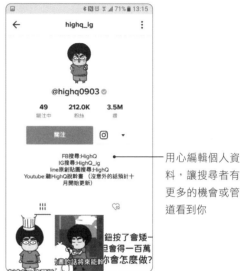

← 用心編輯個人資料，讓搜尋者有更多的機會或管道看到你

9-5-3　個人檔案建立要領

接下來將針對個人檔案建立的要領進行說明，店家或個人想要經營的 TikTok，當然留給新朋友的第一印象是非常的重要，各位請在「我」的頁面按下「編輯個人資料」鈕，就可以進入「編輯個人資料」的頁面進行大頭貼、使用者名稱、個人簡介等資訊的編寫，也可以將你的 Instagram、YouTube、Twitter 等社群網站加入到個人的資料中。如左下圖所示：

🚲 更換個人照片

對於新手來説，想要更換個人的大頭貼照，按下左上方的圓形相機鈕，會顯示右上圖的畫面，用戶可以選擇直接以相機進行「拍照」，或是從現有的手機「圖庫中選取」相片。

- 拍照：選用「拍照」指令將開啟手機中的相機功能，你可以翻轉鏡頭方向，以便自拍或是拍攝前景畫面。確認拍照的畫面後還可進行裁切，以便確定相片的顯示範圍與效果。

- 從圖庫中選取：如果你是商家，不妨使用商家的標誌（LOGO）圖案來作為代表，利用「從圖庫中選取」的功能將商家的特色圖案呈現出來，這樣品牌形象就能夠一眼被認出，讓用戶與你的品牌形象產生連結。如果是名人、明星、特殊才藝或專長者，也可以透過創意且吸睛的設計造型來博取大家的注意力。

❶ 從圖庫中勾選圖案後，會讓你檢視圖片，按「確定」鈕將顯示成右圖

❷ 滑動拇指和食指，調整畫面顯示的區域範圍

❸ 按「儲存」鈕儲存畫面，完成大頭貼的變更

依上述要領進行裁切與儲存相片，就能看到大頭貼照的更新囉！

🚲 設定使用者名稱

在 TitTok 社群裡，每個用戶都有一個獨一無二的「使用者名稱」，這個名稱只能包含字母、數字、底線和英文句點。當你變更使用者名稱時，它會一併變更連結使連結到你的個人資料。如果在設定使用者名稱時，所輸入的名稱已經有他人使用，就無法進行儲存的動作，一直要等到出現綠色的勾勾，才表示可以使用。

出現紅字，表示所輸入的使用者名稱已經有人用了

出現綠勾勾，表示無其他人使用這個名稱

特別注意的是,用戶每隔 30 天才能變更一次使用者名稱,所以新加入的用戶是無資格進行變更。另外,取一個與你的商品有關的好名稱,且命名時最好要能夠讓其他人用直覺就能搜尋到,或是使用者名稱能夠配合你的簡介內容是最好不過的了!

加入個人簡介

「個人簡介」是其他用戶認識你的最快速方法,尤其當你尚未有任何的名氣時,簡潔有力地描述你的專業或特點,可以加深他人對你的印象。如果你是以銷售為主的商家,不妨在此加入你的商城或聯絡資訊。

個人簡介務求簡潔、專業,在有限的文字描述中表達個人的特點

文字的輸入以 80 格字元為限

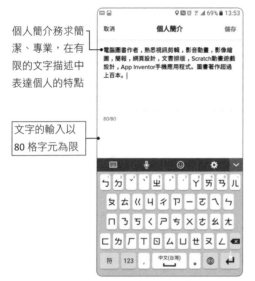

其他用戶所看到的資訊呈現

社群平台的連結

TitTok 提供三個社群平台的連接,包括 Insagram、YouTube、Twitter 等。如果你有這三個社群,不妨將這些社群都新增到你的個人資料之中。如此一來,搜尋者若有機會搜尋到你的頁面,就可以直接連結到你的社群平台去觀看你的作品。

TikTok 提供此三個社群平台的連結

有將社群加入到你的個人資料時，按下此鈕就可以看到連結

以 Insagram 為例，在左上圖中按下「Insagram」後會顯示 Insagram 的登入畫面，輸入個人的 IG 帳號與密碼，按下「登入」鈕後，TikTok 會存取你的個人檔案資料，經「授權」後就可以完成連結的設定。

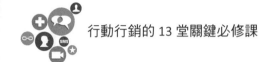
同樣地，即使你在 YouTube 平台上擁有多個品牌帳戶，也可以輕鬆指定，接著允許 TikTok 存取你的 Google 帳戶，就能將 YouTube 帳號新增到 TikTok 的個人資料中。

9-6 第一支短視頻開麥拉

對於 TikTok 的操作介面與個人檔案建立要領有了深一層的認識後，在此章節中我們要來介紹抖音的短影片拍攝。尤其是在這個講究視覺體驗的年代，影片更是容易吸引用戶的目光。大家都喜歡看逗趣好笑的影片，讓煩悶的生活增添樂趣，而且動態視訊的呈現比起文字或圖片更有說服力，特別是年輕族群，越是酷炫、搞怪、無俚頭的影片更是吸睛的要點。

TikTok 提供的拍攝功能相當完善，包括鏡頭切換、速度調整、濾鏡、特效、音樂…等，各位只要先熟悉 TikTok 所提供的拍攝功能並加以善用，再加上個人的巧思與創意，也能讓短視頻在短時間內贏得眾人的目光，觸及率翻倍成長。

進入 TikTok 後，按此功能鈕進入影片拍攝

9-6-1 拍攝基本功

各位從手機進入 TikTok App 後，點按下方的 **+** 按鈕會進入拍攝流程。首先看的是最基本的拍攝技巧。

❶ 按此鈕可切換自拍或拍攝場景

❷ 按此紅色圓鈕開始影片拍攝

預設是拍 15 秒

抖音的用戶可以拍攝和上傳 15 秒或 60 秒的短片，預設值是「拍 15 秒」，只要按下紅色圓形按鈕就可以進行影片的拍攝。

在拍攝之前，你可以是先選擇要自拍或是拍攝場景，只要透過右上方的「切換鏡頭」鈕來進行切換即可。當你按下紅色的圓鈕開始拍攝時，將會進入左下圖的畫面，此時你有 15 秒的時間可以拍攝。你可以一口氣拍完 15 秒，也可以分段拍攝，只要按一下底端的 鈕就可以「暫停」和「繼續」。一旦 15 秒時間一到，TikTok 將自動停止錄影，此時會顯示右下圖的畫面，讓你觀看影片效果，而按「下一步」鈕就可以進行發佈的設定。

錄製過程中,你可以隨時按此鈕暫停錄影,再按一下就可以繼續錄製

預覽影片時,可由此增加影片效果

預覽影片時,也可以由此增加效果

按「下一步」鈕進入發佈階段

在預覽影片效果時,你可以透過右側或下方的功能鈕來讓影片更豐富有趣,這些功能鈕我們稍後再做說明。如果影片拍攝完成,按「下一步」鈕就可以進入發佈的階段。此時寫上你的影片內容,設定影片是否公開,再按下紅色的「發佈」鈕,就可以將影片發佈出去。

9-6-2　工具應用集錦

影片拍攝除了剛剛介紹的基本拍攝技巧外,事實上 TikTok 還提供各種的工具鈕,可以讓你的影片變得豐富有趣。你可以在拍攝之前先行設定,也可以在預覽影片時再加入各種效果。這些工具鈕的類別相當多,包括速度的設定、美顏開、特效、濾鏡、音樂、文字、貼圖、變聲…等,讓你的創意可以無限的擴展。這個小節就針對 TikTok 所內建的工具鈕來做說明。

拍攝速度

進行影片拍攝前,我們可以透過右側的「速度」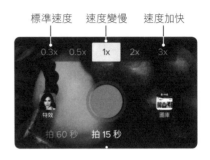鈕來調整影片的速率。點選該鈕後,紅色的錄製鈕上方會看到如圖的數字,你可以根據需求來進行調整,數值越大顯示的影片動作就越快,反之則變慢速。

透過這樣的功能,對於具有運動速度、潑水、噴灑…之類的動態畫面,就能呈現更吸睛、強調的視覺效果。

美顏開

當你按下「美顏開」工具鈕,你可針對拍照的人物進行光滑、瘦臉、眼睛的調整,讓人像變得皮膚光滑、臉蛋清瘦、眼睛變大變明亮。如下二圖所示,右圖就是透過「瘦臉」功能調整的結果,可以明顯感受到下巴和脖子變細。不想讓自己看起來變得肥胖臃腫,這招就挺管用的!

「瘦臉」功能的使用前和使用後的差別

加入濾鏡效果

TikTok 的「濾鏡」功能提供「肖像照片」、「風景」、「美食」、「氣氛」等類別的濾鏡效果。運用這些強大的濾鏡功能可以輕鬆為圖像增色，或是製作出特別的風格和品味，讓畫面瞬間變成具有藝術氣息。

使用方式很簡單，只要在錄製影片前先點選「濾鏡」，當下方出現面板時，點選想要套用的類型與圓形圖樣，就能立即看到套用後的效果。

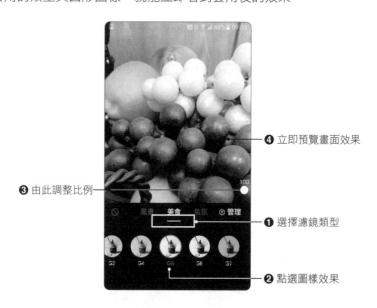

❹ 立即預覽畫面效果

❸ 由此調整比例

❶ 選擇濾鏡類型

❷ 點選圖樣效果

> **TIPS** 在「濾鏡」類型的最右側有一個「管理」鈕，點選該鈕後可將一些你不喜歡的濾鏡效果取消勾選，這樣可以讓你在選擇濾鏡效果時更快速些。

加入特效

TikTok 的「特效」功能提供熱門、新鮮、節日、遊戲、裝飾、搞笑、AR、動物、妝容、互動等類型的效果，選定你要的類型及圖樣，按下紅色圓鈕就可以讓影片加入特效。

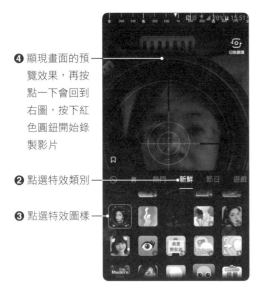
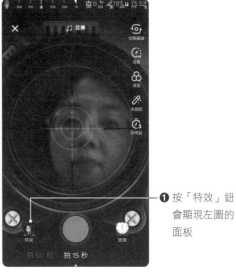

❹ 顯現畫面的預覽效果，再按點一下會回到右圖，按下紅色圓鈕開始錄製影片

❷ 點選特效類別

❸ 點選特效圖樣

❶ 按「特效」鈕會顯現左圖的面板

當各位選定一種類別和圖樣後，如果你不喜歡而想要再選用其他的效果時，可以先按下 ◻ 鈕取消套用後，再選擇新的圖樣。

按此鈕取消套用

1. 請簡介影音行銷。

2. 如何從 YouTube 網站上直接上傳視訊影片?

3. 如何在 YouTube 有更精確的搜尋結果?試簡述之。

4. 請簡述 YouTube 上要讓影片爆紅的幾種原因?

5. 試簡介「微電影」。

6. 試說明目前微電影與觀眾溝通的方式有哪兩種?

7. 直播行銷的好處是什麼?

8. 請簡介抖音短影音平台。

10
CHAPTER

打造美好行動體驗
的響應式網頁設計
（RWD）

隨著行動交易方式機制的進步，全球行動裝置的數量將在短期內超過全球現有人口，在行動裝置興盛的情況下，24 小時隨時隨地購物似乎已經是一件輕鬆平常的消費方式，客戶可能會使用手機、平板等裝置來瀏覽你的網站，消費者上網習慣的改變也造成企業行動行銷的巨大變革，如何讓網站可以跨不同裝置與螢幕尺寸順利完美的呈現，就成了網頁設計師面對的一個大難題。

 相同網站資訊在不同裝置必需顯示不同介面，以符合使用者需求

電商網站的設計當然會影響到行動行銷業務能否成功的關鍵，一個好的網站不只是侷限於有動人的內容、網站設計方式、編排和載入速度、廣告版面和表達形態都是影響訪客抉擇的關鍵因素。因此如何針對行動裝置的響應式網頁設計（Responsive Web Design, RWD），或稱「自適應網頁設計」，讓網站提高行動上網的友善介面就顯得特別重要，因為當行動用戶進入你的網站時，必須能讓用戶順利瀏覽、增加停留時間，也方便的使用任何跨平台裝置瀏覽網頁，簡單來說，有了響應式網站就是增加行動用戶訂單的機會。

10-1 響應式網頁設計簡介

在關注使用者體驗的同時，網站必須針對不同媒介進行視覺設計，隨著跨裝置購買行為的蔚為風潮，除了網頁版之外，應考量到手機和平板等不同的裝置，有不同的設計。響應式網頁設計（Responsive Web Design）開發技術已成了新一代的電商

網站設計趨勢，因為 RWD 被公認為是能夠對行動裝置用戶提供最佳的視覺體驗，可以讓網頁中的文字以及圖片甚至是網站的特殊效果，自動適應使用者正在瀏覽的螢幕大小。由於傳統的網頁設計無法滿足所有的網頁瀏覽裝置，因為每種裝置的限制或系統規範都不相同，當裝置越小時網頁就顯示的越小，此時容易發生難以閱讀的問題。所以在桌上型電腦或平板電腦上所瀏覽的版面，若以智慧型手機瀏覽時，就必須要隨裝置畫面的寬度進行調整。如下圖所示：

以電腦 / 平板電腦瀏覽網頁：網頁的圖文配置是圖片在左，文字在右

以智慧型手機瀏覽網頁：圖文配置必須變更為圖片在上，文字在下

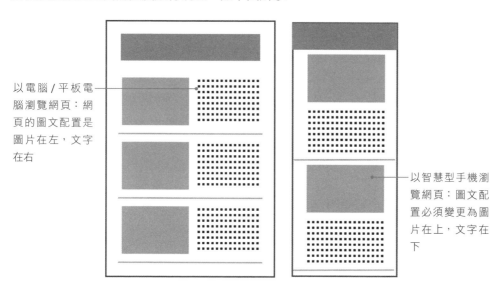

10-1-1 響應式網頁設計原理

傳統的網頁設計方式已無法滿足所有的網頁瀏覽裝置，由於各種裝置限制與系統規範都不同，響應式網頁的好處是只要做一個網站的費用，就可以跨平台使用，解決多種裝置的瀏覽問題，響應式網站設計最早是由 A List Apart 的 Ethan Marcotte 所定義，因為 RWD 被公認為是能夠對行動裝置用戶提供最佳的視覺體驗，原理是使用 CSS3 以百分比的方式來進行網頁畫面的設計，在不同解析度下能自動去套用不同的 CSS 設定。簡單來說，就是透過 CSS，可以使得網站透過不同大小的螢幕視窗來改變排版的方式，讓不同裝置（桌機、筆電、平板、手機）等不同尺寸螢幕瀏覽網頁

時，整個網頁頁面會對應不同的解析度，不僅手機版本，就連平板電腦如 iPad 等的平台也都能以最適合閱讀的網頁格式瀏覽同一網站。

TIPS CSS 的全名是 Cascading Style Sheets，一般稱之為串聯式樣式表，其作用主要是為了加強網頁上的排版效果（圖層也是 CSS 的應用之一），可以用來定義 HTML 網頁上物件的大小、顏色、位置與間距，甚至是為文字、圖片加上陰影等等功能。具體來說，CSS 不但可以大幅簡化在網頁設計時對於頁面格式的語法文字，更提供了比 HTML 更為多樣化的語法效果。

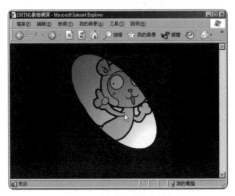

● 網頁上的探照燈效果

● 網頁上的轉場效果

過去當我們使用手機瀏覽固定寬度（例如：960px）的網頁時，會看到整個網頁顯示在小小的螢幕上，想看清楚網頁上的文字必須不斷地用手指在頁面滑動才能拉近（zoom in）順利閱讀，相當不方便。

由於響應式設計的網頁能順應不同的螢幕尺寸重新安排網頁內容，完美的符合任何尺寸的螢幕，並且能看到適合該尺寸的文字，不用一直忙著縮小放大拖曳，不但給使用者最佳瀏覽畫面，還能增加訪客停留時間，當然也增加下單機率。

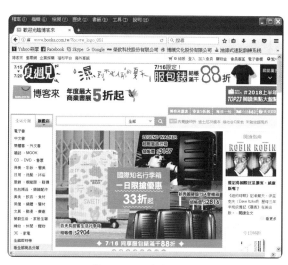

🌐 RWD 設計的電腦版與手機版都是使用同一個網頁

10-2 響應式網頁設計技巧

　　建立響應式網頁會需要懂 HTML5 及 CSS，有時會需要一點點簡單的 JavaScript 語法，就可以達成，當然響應式網站的初始規劃工作會比建立固定寬度的網站多一些，卻能讓不同尺寸的裝置都能得到良好的瀏覽體驗。

> **TIPS**
>
> 　　JavaScript 是一種解譯式（Interpret）的描述語言，是在客戶端（瀏覽器）解譯程式碼，內嵌在 HTML 語法中，當瀏覽器解析 HTML 文件時就會直譯 JavaScript 語法並執行，JavaScript 不只能讓我們隨心所欲控制網頁的介面，也能夠與其他技術搭配做更多的應用。由於是將執行結果呈現在瀏覽器上，所以不會增加伺服器的負擔，輕輕鬆鬆就能製作出許多精采的動態網頁效果。近幾年「物聯網」被炒的火熱，程式設計師能搭配 JavaScript 語法控制物聯網的裝置，除了用在瀏覽器之外，也被用在許多其他領域，讓 JavaScript 逐漸受到重視，成為最近相當熱門的語言。

響應式網頁設計的目的就是要幫助您的網站達到行動裝置最佳化，讓網站可以在各種智慧型手機、平板電腦、桌上型電腦上調整外觀、尺寸、位置、樣式，不論各位從哪種行動裝置來開啟網頁，都可以得到完美呈現的效果。以下我們將簡單介紹建立響應式網頁的相關技巧，不過請各位留意，由於 RWD 是建立在 CSS3（Cascading Style Sheets Level 3）的基礎之下，因此要支援 RWD 也必須要支援 CSS3 的瀏覽器才行：響應式網頁設計有三個很重要的概念：流動布局（fluid grids）、媒體查詢（media query）以及百分比縮放圖片（scalable images）。請看以下的說明。

10-2-1　流動布局

早期網頁設計大多利用表格（Table）加上絕對尺寸（px、pt）來規劃網頁布局，無法彈性變化，而且修改困難，RWD 網頁已不再採用 table 來做規劃，而是採用流動布局的概念。所謂「流動布局」（Fluid Grid）就是把網頁劃分成一格一格的區塊，以區塊概念來排版，因為在設計上會需要以區塊狀設計為主軸，才會方便不同解析度移動區塊重新排版，各個區塊的位置都是浮動的，不是固定不變，設計出來的網頁就可隨螢幕大小改變版型布局，將網頁元素以比例設定方式，使用 div、百分比和簡單的數學計算來建立，讓頁面元素相對於視域尺寸予以縮放，使其能依瀏覽器大小呈現適當樣式，因為 RWD 的網頁設計要考量流動式的布局，通常會走比較簡約時尚的作法，所以在設計上不要有過多材質或是特殊造型設計，以免產生不自然的銜接或破壞圖，例如有些大型入口網站、線上遊戲網站等，需要閱讀大量文字或設計的頁面，就無法適用響應式網頁設計。

以下的網頁頁面等分成 12 欄，您可以依據需求來劃分欄位，但是一列的總和必須等於 12 欄，如右圖所示：

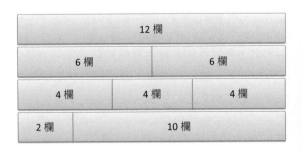

　　雖然 CSS3 提供 Grid 和 Flexbox 模式可以設定流動布局，不過相關的屬性與值太多了，要上手並不容易，還好有一些好用的工具套件可以來協助製作，像是 Bootstrap 套件就是相當知名的 RWD 前端框架（Framework），它整合了 HTML、CSS 及 JavaScript 語法，不但開發快速，製作出來的網頁符合 RWD，無論版型或是外觀都相當專業。

TIPS

　　Bootstrap 套件是近來紅透半邊天的響應式網頁套件，也是被廣泛應用以行動為優先的網頁前端框架之一，包含 HTML5、CSS 以及 jQuery 外掛，採用了模組化設計，可以相容所有現代瀏覽器，提供網頁常用的各種元件，像是字體、表單、按鈕以及 JavaScript 擴充套件。Bootstrap 本身提供 Grid System（網格系統）做排版，特色就是讓你不寫 CSS，只需要配置恰當的 HTML 架構並加上幾個 Bootstrap class，輕鬆就能做到流動布局，簡易到只要懂得如何套用，不但開發快速，製作出來的網頁不但符合響應式網頁，而且無論版型或是外觀都相當專業，不管是大螢幕或是小螢幕（手機、平板）都能展現出最佳畫面。Bootstrap 套件與 jQuery 一樣使用前必須先引入 HTML 文件內，同樣必須先下載套件。Bootstrap 本身有非常完善的教學文件，官網網址如下：http://getbootstrap.com/。

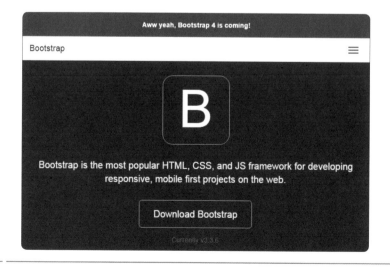

如此一來，網頁的布局就能隨裝置畫面的寬度來做彈性變換，例如下圖是桌上型電腦的瀏覽器所呈現的網頁，圖片放置在左方；文字呈列於右邊。

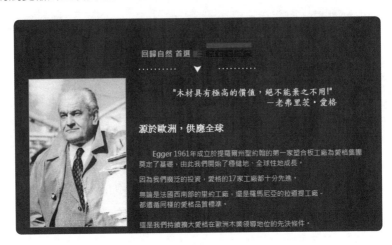

當在行動裝置瀏覽時，右邊的文字自動調整於下方，圖片與文字都可以很清楚的呈現。

TIPS jQuery 是一套開放原始碼的 JavaScript 函式庫（Library），可以說是目前最受歡迎的 JS 函式庫，不但簡化了 HTML 與 JavaScript 之間與 DOM 文件的操作，讓我們輕鬆選取物件，並以簡潔的程式完成想做的事情，也可以透過 jQuery 指定 CSS 屬性值，達到想要的特效與動畫效果。

雖然網頁編排已不再使用 table 標記，但難免還是會有以表單呈現資料的需求，這時候還是要透過 table 標記來呈現，為了讓網頁表格也能具有響應式效果，Bootstrap 也可以輕鬆製作響應式表格，目前最常使用的方法有兩種，一個是在網頁表格外圍的 <div> 標記添加了 .table-responsive 樣式，當螢幕寬度小於 768px 時表格就會自動顯示水平捲軸，如下圖：

2016年第一學期成績表

學生姓名	國文	英文	數學	地理	歷史	公民	體育
張三鳳	80	56	88	59	83	93	50
李小白	70	90	55	65	80	95	50
陳小凌	95	92	80	68	86	98	59

◉ 原表格樣式

2016年第一學期成績表

學生姓名	國文	英文	數學	地理
張三鳳	80	56	88	59
李小白	70	90	55	65
陳小凌	95	92	80	68

◉ 加了水平捲軸的表格

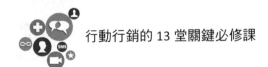

另一種方式是讓表格採用流動布局的概念，以條列式的方式來呈現。

學號	姓名	數學	英文	國文
A001	陳小凌	100	100	100
A002	胡大宇	85	90	80
A003	林小風	75	65	86
A004	黃小金	72	86	62

☝ 原表格樣式

學號	A001
姓名	陳小凌
數學	100
英文	100
國文	100
學號	A002
姓名	胡大宇
數學	85
英文	90
國文	80
學號	A003
姓名	林小風
數學	75
英文	65
國文	86

☝ 採用流動布局的表格

10-2-2　媒體查詢

媒體查詢（Media Query）是 RWD 設計理念中最重要的核心技術，讓我們使用百分比寬度來做版面配置，可以針對不同的媒體類型定義不同的樣式，屬於 CSS3 技術的一種，各位可能會好奇為什麼叫做響應式？就是因為這種設計會因應不同的解

析度「回應」出不同的內容，也就是幫助我們提供符合瀏覽裝置大小的 CSS 樣式，當偵測到不同尺寸的裝置時，給予對應的 CSS 設定，如此一來確保網站的寬高度呈現能正確的顯示出來。

各位可以依據不同視埠尺寸載入適當的 CSS 檔，或者直接在 CSS 語法用 @media 規則（@media rule）來定義，其中的內容也必須使用相對比例來排版，這樣不只網站整體結構可以依照裝置大小做調整，其中的網站內容也能一同做出正確縮放。以下是簡單的媒體查詢範例：

1. 依據不同裝置尺寸載入適當的 CSS 檔，語法意思是如果視埠寬度不小於 768px，就載入 sample.css 寫法如下：

```
<link rel="stylesheet" media="screen and (min-width:768px)"
href="sample.css" />
```

2. 直接在 CSS 語法用 @media 規則來定義，以下程式碼表示如果視埠寬度不小於 768px，<body> 就採用黃色背景顏色，@media{} 大括號之內的 CSS 語法就如同平常撰寫的 CSS 語法一樣，只是這些 CSS 只會套用在符合 media 所設定的特徵。寫法如下：

```
@media only screen and (min-width: 768px) {
    .wrapper {
        width: 768px;
        margin: 0px auto;
            background-color: yellow;
    }
    #menu_nav li {
        display: inline-block; /* 區塊方式呈現並於同一行顯示 */
    }
}
```

例如當透過電腦的瀏覽器開啟時，會看到如下圖的執行結果：

最上面的主選單是在同一行顯示，而改用手機等行動裝置瀏覽時會呈現如下圖的執行結果，由於我們在 @media 指定視埠寬度不小於 768px 時背景使用黃色並且主選單在同一行顯示，由於行動裝置的視埠寬度小於 768px，因此背景仍維持白色，而且主選單會往下排列顯示，如此一來，不管甚麼樣的瀏覽器都能顯示最佳結果。

TIPS　各位想要讓網頁能視裝置不同而變換最佳瀏覽比例，還有一個很重要的 HTML 語法 <meta> 標記的 viewport 屬性，viewport 是指瀏覽器視窗扣除選單、工具列、狀態列以及捲軸之後的區域，透過 viewport 屬性的設定可以告訴瀏覽器，網頁應該被展示成甚麼尺寸，主要是用來告訴瀏覽器現在的裝置有多寬、多高，讓瀏覽器在縮放網頁時有個基準。語法如下：

```
<meta name="viewport" content="width=device-width, initial-scale=1">
```

10-2-3　百分比縮放圖片

由於 RWD 的設計需要符合各種不同瀏覽裝置的解析度，網頁會根據螢幕寬度調整布局，所以不能使用絕對寬度的布局，所以大部分是用百分比來設計 CSS，百分比縮放的圖片（scalable images），也就是圖片的寬度及高度值改用百分比（%）取代數字（px、pt），這樣就能讓圖片大小自動縮放而不用擔心因為螢幕尺寸大小不符合圖片比例，而造成圖片沒有完整顯示出來，所使用技巧包含縮放、剪裁、依條件載入等。

例如左圖插入圖片的寬度是指定為「768px」，當瀏覽器寬度變小時，圖片就無法完整呈現，而右圖圖片的寬度是指定為「100%」，不管瀏覽器寬度如何變化，圖片都可以完整呈現。

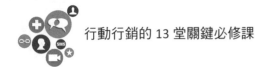

對於響應式圖片的製作方式，利用 Bootstrap 套件就更簡單了，只要一個 .img-responsive 樣式就可以搞定，底下來看看 .img-responsive 樣式的用法：

```
<img src="flower.jpg" class="img-responsive">
```

執行結果將如下圖，當螢幕寬度變更時，圖片也會跟著縮放。

.img-responsive 樣式其實就是套用如下的 CSS 語法，因此可以產生很好的響應式效果。

```
img{max-width:100%;height:auto;display:block;}
```

10-3 RWD 在行動行銷的優點

隨著行動設備裝置以及上網人口的激增，經常有許多潛在的行動客戶，一看到老舊網頁的顯示不符合新裝置時，就會立即關閉頁面走人因此任何網站在行動裝置瀏覽的便利性都是每個品牌的重要課題，越來越多店家與品牌注意到響應式設計的重要性。行動網路使用率及行動裝置持有率，一直不斷的成長，網站就是企業形象

的一部分，直接影響顧客的觀感，許多注重「轉換率」（Conversion Rate, CR）的購物網站希望透過 RWD 來提升網店搜尋排名以及增加轉換率，響應式網站已成為一項最新趨勢，以下我們將為各位説明 RWD 在行動行銷應用的四種優點。

> **TIPS**
>
> Conversion Rate（轉換率）就是網路流量轉換成實際訂單的比率，訂單成交次數除以同個時間範圍內帶來訂單的廣告點擊總數。

10-3-1　適用所有裝置

響應式網頁設計的最大目的，就是網站能跨各種平台使用，能讓不同裝置的用戶，無論使用者是使用哪種裝置，響應式網站都會自動縮排圖片及調整文字的大小來符合螢幕，讓網頁適應不同大小的解析度。以下的網站採用響應式設計，當在大尺寸的桌上型顯示器瀏覽時會看到上方一排的導覽列及三欄式的圖片介紹（如圖 1），而在手機瀏覽時導覽列自動變成下拉式，圖片介紹也由原本的三欄自動換成了一欄（如圖 2），不管螢幕解析度尺寸如何改變，網站都可以很靈活的呈現，如此一來，就算是使用較小螢幕的手機瀏覽者也能得到很好的操作體驗。

圖 1

圖 2

10-3-2 節省設計與維護成本

　　響應式網頁設計相較於手機 App 的最大優勢，網站一律使用相同的網址和網頁程式碼，同一個網站適用於各種裝置，當然不需要針對不同版本設計不同視覺效果，簡單來說，只要做一個網站的費用，就可以跨平台使用，解決多種裝置的瀏覽的問題。App 必須根據不同手機系統（iOS、Android）分別開發，而且設計者一定要先從應用程式商店下載安裝才有辦法使用，加上 App 完成之後要不定期需針對新版本測試，才能讓 App 在新出廠的手機上能運作順暢。此外，未來只需要維護及更新一個網站內容，不需要為了不同的裝置設備，再花時間找人編寫網站內容，每次連上網頁都會是最新版本，代表著我們的管理成本也同步節省。

🏠 RWD 能節省網站設計與維護成本

10-3-3 符合消費者者行動習慣

隨著消費者瀏覽網站的閱讀習慣改變，顯示跨裝置多螢幕時代已經來臨，也因為同樣的網站在不同裝置上，要根據不同版面大小來進行設計與編排，將多種裝置的流量匯集到同一個網站，其中最重要的原因就是為了改善使用者經驗（User Experience）與符合消費者習慣。

傳統網站在行動裝置上瀏覽非常不便利，如果你是一名準備購物的消費者，卻發現網頁必須試著放大、縮小才能看清楚內容，在這樣難以操作的環境下，你還會有意願想要立即購買嗎？響應式網頁設計可以使網站在不同的裝置下，都能為使用者提供最佳的閱讀版面，呈現最適合閱讀的瀏覽動線，更容易接觸到跨平台的消費者，提升網友分享與增加可能下單機率。

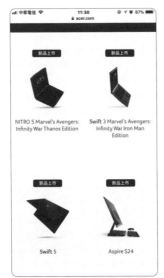

🏠 響應式網頁設計能提供最符合消費者習慣的網頁呈現模式

10-3-4 有利於 SEO 排名

我們知道更好的搜尋排名，也代表著會為你的網路商店帶進更多的瀏覽量，而更多瀏覽量就能為你帶來更多的銷售機會。Google 就明白表示未來搜尋結果在行動裝置與桌機會有不同的結果，搜尋結果將依照網站對行動裝置的「友善度」排序，對於未提供行動版的網站，排名將逐漸下滑，以確保行動搜尋的用戶獲得精準的搜尋結果。簡單來說，Google 搜尋服務的運作機制，其中一項就是「讓網站適合透過行動裝置瀏覽」，各位網站建立好之後，可以透過 Google 的「行動裝置相容性測試」，檢測看看網站是否符合 Google SEO 標準。列出 Google 的「行動裝置相容性測試」網址供您參考：https://search.google.com/test/mobile-friendly。只要輸入要測試的網址，按下「執行測試」鈕，就會開始檢測。

❶ 輸入網址

❷ 按此鈕

檢測完成之後就會顯示測試結果。

　　如何讓品牌出現在搜尋結果的第一位，是每個電商品牌必須努力的首要目標，網站的 SEO 做得越好，越能讓你的商店排名出現在更前面，有了響應式網站不論使用者是從電腦還是手機連入網站，都能計算流量、提高排名，更能大幅增加行動用戶訂單的機會。

本章練習

1. 請簡介響應式網頁設計（Responsive Web Design）。

2. 試簡述 CSS 的特色。

3. JavaScript 有什麼優點？

4. 請簡述 HTML5 的特色。

5. 什麼是 jQuery？

6. 響應式網頁設計的目的為何？

7. 響應式網頁設計有哪三個很重要的概念？

8. 請簡介流動布局（Fluid Grid）。

9. Bootstrap 套件的功用為何？

10. 請說明 viewport 屬性的功用。

11. 請簡述 RWD 在行動行銷應用的四種優點。

11
CHAPTER

集客瘋潮的
Mobile SEO 與語音
搜尋贏家祕笈

⊙ 搜尋引擎最佳化（SEO）簡介
⊙ 關鍵字優化行銷
⊙ 網站 SEO 的實戰技巧
⊙ Mobile SEO 火力加強祕技

行銷當然不可能一蹴可幾,任何行銷活動都有目的與價值存在,網站流量一直是數位行銷中相當重視的指標之一,如果我們花費大量金錢與時間來從事數位行銷,最重要當然希望提高網站的流量。誰有流量誰就是贏家,無論行銷模式如何變,關鍵永遠都是流量,來店家網站逛逛的人多了,成交的機會相對就較大。「搜尋引擎最佳化」(Search Engine Optimization, SEO)就是其中一種能夠相當有效增加流量的方法,根據統計調查,Google 搜尋結果第一頁的流量佔據了 90% 以上,第二頁則驟降至 5% 以下,畢竟當你的產品能先被看到和搜尋到,產品本身和競品間商機的差異化自然會有所不同!

11-1 搜尋引擎最佳化(SEO)簡介

「搜尋引擎最佳化」(SEO)也稱作搜尋引擎優化,是近年來相當熱門的數位行銷方式,就是一種讓網站在搜尋引擎中取得 SERP 排名優先方式,終極目標就是要讓網站的 SERP 排名能夠到達第一。簡單來說,做 SEO 就是運用一系列的方法,利用網站結構調整配合內容操作,讓搜尋引擎認同你的網站內容,同時對你的網站有好評價,就會提高網站在 SERP 內的排名。店家或品牌導入 SEO 不僅僅是為了提高在搜尋引擎的排名,主要是用來調整網站體質與內容,整體優化效果所帶來的流量提高及獲得商機,其重要性要比排名順序高上許多。

在此輸入速記法，會發現榮欽科技出品的油漆式速記法排名在第一位

🔍 SEO 優化後的搜尋排名

> **TIPS**
>
> SERP（Search Engine Results Page, SERP）就是經過搜尋引擎根據內部網頁資料庫查詢後，所呈現給用戶的自然搜尋結果的清單頁面，SERP 的排名當然是越前面越好，終極目標就是要讓網站的 SERP 排名能夠到達第一。

11-1-1　行動友善度（Mobile-Friendliness）

全球行動裝置的數量將在短期內超過全球現有人口，在行動行銷越趨興盛的情況下，為您的網站建立行動版本也愈來愈重要，Google 也特別在 2015 年 4 月 21 日宣布修改搜尋引擎演算法，針對網頁是否有針對行動裝置優化做為一項重要的指標，2016 年 11 月時宣布行動裝置優先索引（Mobile first indexing），明白表示未來搜尋結果在行動裝置與桌機會有不同的結果，讓用戶在行動端也盡可能多地使用 Google 搜尋，以確保行動搜尋的用戶獲得精準的搜尋結果。

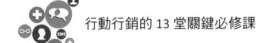

桌機與手機上的 SERP 顯示結果有很大不同

　　由於行動裝置的普及化正在改變用戶的習慣，SERP 的顯示畫面在桌機上和手機上是有不同格式，隨著 Google 演算法的調整和更新，過去 Google 在建立索引時，主要是以電腦版的網頁內容來評估和查詢者的關聯性，未來則主要會以行動版內容來索引（Indexing）和排名（Ranking）網站，因此網站提高行動友善度（Mobile-Friendliness）更是我們必須持續網站 SEO 優化的最重要一環。

> **TIPS**　行動友善度（Mobile-Friendliness）就是讓行動裝置操作環境能夠盡可能簡單化與提供使用者最佳化行動瀏覽體驗，包括閱讀時的舒適程度，介面排版簡潔、流暢的行動體驗、點選處是否有足夠空間、字體大小、橫向滾動需求、外掛程式是否相容等等。

11-1-2　認識搜尋引擎演算法

網路上知名的三大搜尋引擎 Google、Yahoo、Bing，每一個搜尋引擎都有各自的演算法（algorithm）與不同功能，網友只要利用網路來獲得資訊，大家所得到的資訊就會更加平等，搜尋引擎經常進行演算法更新，都是為了讓使用者在進行關鍵字搜尋時，搜尋結果能夠更符合使用者目的。

🌐 Bing 微軟推出的新一代搜索引擎

例如 Bing 是一款微軟公司推出的用以取代 Live Search 的搜索引擎，市場目標是與 Google 競爭，最大特色在於將搜尋結果依照使用者習慣進行系統化分類，而且在搜尋結果的左側，列出與搜尋結果串連的分類。尤其對於多媒體圖片或視訊的查詢，也有其貼心獨到之處，只要使用者將滑鼠移到圖片上，圖片就會向前凸出並放大，還會顯示類似圖片的相關連結功能，而把滑鼠移到影片的畫面時，立刻會跳出影片的預告，如果喜歡再點選，轉到較大畫面播放。

Google 搜尋引擎平時最主要的工作就是在 Web 上爬行並且索引數千萬字的網站文件、網頁、檔案、影片、視訊與各式媒體，分別是爬行網站（crawling）與建立網

站索引（index）兩大工作項目。例如 Google 的 Spider 程式與爬蟲（web crawler），會主動經由網站上的超連結爬行到另一個網站，並收集該網站上的資訊，最後將這些網頁的資料傳回 Google 伺服器。請注意！當開始搜尋時主要是搜尋之前建立與收集的「索引頁面」（Index Page），不是真的搜尋網站中所有內容的資料庫，而是根據頁面關鍵字與網站相關性判斷。一般來說會由上而下列出，如果資料筆數過多，則會分數頁擺放。接下來就是網頁內容做關鍵字的分類，再分析網頁的排名權重，所以當我們打入關鍵字時，就會看到針對該關鍵字所做的相關 SERP 頁面的排名。

Search Console 能幫網頁檢查是否符合 Google 的演算法

然而為了避免許多網站 SEO 過度優化，搜尋演算機制一直在不斷改進升級，Google 有非常完整演算法來偵測作弊行為，千萬不要妄想投機取巧。Google 的目的就是為了全面打擊惡意操弄 SEO 搜尋結果的作弊手法在市場上持續作怪，所以每次搜尋引擎排名規則的改變都會在網站之中引起不小的騷動。

各位想做好 SEO，就必須先認識 Google 演算法，並深入了解 Google 搜尋引擎的運作原理。對於數位行銷來說，SEO 就是透過利用搜索引擎的搜索規則與演算法來提高網站在 SERP 的排名順序。

雖然搜尋引擎的演算法不斷改變，SEO 優化仍能提供相當大的網站流量，關於 Google 演算法，所有行銷人都是又愛又恨，加上近期的演算法更新頻率越來越高，不過 Google 演算法的修改還是源自於三個最核心的動物演算法：熊貓、企鵝、蜂鳥，透過了解搜尋引擎演算法、優化網站內容與使用者體驗，自然就越有機會獲得較高的流量。以下是三種演算法的簡介：

熊貓演算法（Google Panda）

熊貓演算法主要是一種確認優良內容品質的演算法，負責從搜索結果中刪除內容整體品質較差的網站，目的是減少內容農場或劣質網站的存在，例如有複製、抄襲、重複或內容不良的網站，特別是避免用目標關鍵字填充頁面或使用不正常的關鍵字用語，這些將會是熊貓演算法首要打擊的對象，只要是原創品質好又經常更新內容的網站，一定會獲得 Google 的青睞。

企鵝演算法（Google Penguin）

我們知道連結是 Google SEO 的重要考量因素之一，企鵝演算法主要是為了避免垃圾連結與垃圾郵件的不當操縱，並確認優良連結品質的演算法，Google 希望網站的管理者應以產生優質的外部連結為目的，垃圾郵件或是操縱任何鏈接都不會帶給網站額外的價值，不要只是為了提高網站流量、排名，刻意製造相關性不高或虛假低品質的外部連結。

蜂鳥演算法（Google Hummingbird）與大腦演算法（RankBrain）

蜂鳥演算法與以前的熊貓演算法和企鵝演算法演算模式不同，主要是加入了「自然語言處理」（Natural Language Processing, NLP）的方式，讓 Google 使用者的查詢，與搜尋結果更精準且快速，還能打擊過度關鍵字填充，為大幅改善 Google 資料庫的準確性，針對用戶的搜尋意圖進行更精準的理解，去判讀使用者的意圖，期望是給用戶快速精確的答案，而不再只是一大堆的相關資料。

● BERT 演算法能幫助 Google 從網路上更精準理解查詢的內容

> **TIPS** 所謂自然語言處理（Natural Language Processing, NLP）就是讓電腦擁有理解人類語言的能力，也就是一種藉由大量的文字資料搭配音訊數據，並透過複雜的數學聲學模型（Acoustic model）及演算法來讓機器去認知、理解、分類並運用人類日常語言的技術。

11-1-3　SEO 的分類

對消費者而言，SEO 是搜尋引擎的自然搜尋結果，SEO 可以自己做，不用花錢去買，與關鍵字廣告不同，使網站排名出現在自然搜尋結果的前面，SEO 操作無法保證可以在短期內提升網站流量，必須持續長期進行，坦白說，SEO 沒有捷徑，只有不斷經營。通常點閱率與信任度也比關鍵字廣告來得高，進而讓網站的自然搜尋流量增加與增加銷售的機會。通常我們會將 SEO 分類為以下三種不同模式：

白帽 SEO（White hat SEO）

做好 SEO 可以省下許多行銷費用，但是這不是一兩天功夫就能看出成果的工作，所謂「白帽 SEO」（White hat SEO），就是腳踏實地來經營 SEO，也就是以正當方式優化 SEO，核心精神是只要對用戶有實質幫助的內容，排名往前的機會就能提高，例如加速網站開啟速度、選擇適合的關鍵字、優化使用者體驗、定期更新貼文、行動網站優先、使用較短的 URL 連結等，藉此幫助網站提升排名，盡力滿足搜尋引擎要替用戶帶來優質體驗的目標。

黑帽 SEO（Black hat SEO）

「黑帽」一詞與「白帽」是相對比較的說法，所謂「黑帽 SEO」（Black hat SEO）：是指有些手段較為激進的 SEO 做法，希望透過欺騙或隱瞞搜尋引擎演算法的方式，獲得排名與免費流量，常用的手法包括在建立無效關鍵字的網頁、隱藏關鍵字、關鍵字填充、購買舊網域、不相關垃圾網站建立連結或付費購買連結等。不過利用黑帽 SEO 技術，雖然有可能在短時間內提升排名，對於 Google 來可說是天條，只要讓 Google 發現，輕則排名會急速下降外，重則可能被完全刪除排名，也就是再也搜尋不到。

灰帽 SEO（Gray hat SEO）

所謂「灰帽 SEO」（Gray hat SEO）：白話來說，就是一種介於黑帽 SEO 跟白帽 SEO 之間的優化模式，簡單來說，就是會有一點投機取巧，卻又不會太嚴重犯規，用險招讓網站承擔較小風險，遊走於規則的「灰色地帶」，因為這樣可以利用某些技巧來提升網站排名，同時又不會被搜尋引擎懲罰到，例如一些連結建置、交換連結、適當反覆使用關鍵字（盡量不違反 Google 原則）等及改寫別人文章，不過仍保有一定可讀性，也是目前很多 SEO 團隊比較偏好的優化方式。

11-2 關鍵字優化行銷

　　許多網站流量的來源有一部分是來自於搜尋引擎關鍵字搜尋，現代消費者在購物決策流程中，十個有十一個都會利用搜尋引擎搜尋產品相關資訊，因為每一個關鍵字的背後可能都代表一個購買動機。各位想要做好 SEO，最重要的概念就是「關鍵字」，因為 SEO 就是透過自然排序的方式讓你提升關鍵字排名，不花費廣告預算，對的關鍵字會因為許多人再搜尋，一直導入正確人潮流量，在搜尋引擎上達到數位行銷的機會。

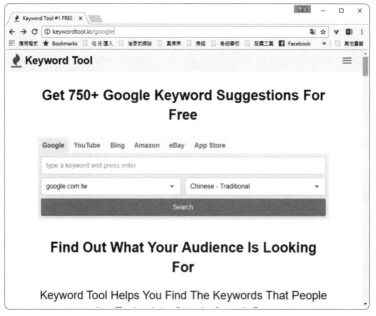

🏠 Keyword Tool 工具軟體會替店家找出常用關鍵字

11-2-1 關鍵字簡介

　　所謂「關鍵字」（Keyword），就是與店家網站內容相關的重要名詞或片語，通常關鍵字可以反應出消費者的搜尋意圖，也是反映人群需求的一種數據，例如企業名

稱、網址、商品名稱、專門技術、活動名稱等。關鍵字優化行銷不但能在搜尋引擎取得免費或付費的曝光機會，還可藉此宣傳企業的產品與品牌，也就是針對使用者的消費習慣而產生的行銷策略。

店家在開始建置網站時，進行關鍵字搜尋是非常重要的步驟，因為當你的網站在消費者輸入關鍵字後，能夠出現在前面的搜尋結果，就像是讓你把商店開在最精華的蛋黃區地段，消費者只要透過關鍵字就能找到店家，也就代表著有很高的機會被消費者注意與點擊。一般來說，網站的產品或服務內容都會隨著關鍵字展開，最好是也要能在你的網站上經常被提及，關鍵字可以大致區分為「目標關鍵字」（Target Keyword）與「長尾關鍵字」（Long Tail Keyword）兩種。

目標關鍵字就是網站的主打關鍵字，也就是店家希望在搜尋引擎中獲得排名的關鍵字，選對目標關鍵字，當然是非常重要的一件事情，通常關鍵字的長度與搜尋量呈現反比，越短的字組搜尋量越大，如果是沒有流量的關鍵字，即使排在第一也是沒有意義。

🔺 目標關鍵字可能佔了網站 30% 左右的流量

通常店家在決定關鍵字最常見的疏忽之一，也就是忽略了 Google 和用戶對長尾關鍵字偏好。各位仔細觀察與研究你的網站流量，可能會發現目標關鍵字可能只佔了網站 30% 左右的流量，剩下搜尋進來的關鍵字，大多是不太引人注目的一些「長尾關鍵字」。所謂「長尾關鍵字」（Long Tail Keyword），就是網頁上相對不熱門，但接近目標關鍵字的字詞，通常都是片語或短句，也就是一般不會最先直接想到的字詞，但描述卻更精準的短句，這些長尾字詞通常競爭度較低，不過也可以帶來部分搜索流量，雖然個別來流量較少，但總流量相加總後，卻是有可能高於目標關鍵字，當然對目標關鍵字也會有推動的作用。例如對一家專賣瘦身相關的商品。很明顯的，「瘦身」是目標關鍵字，而「如何可以有效瘦身」、「有效瘦身方法推薦」、「專家推薦的有效瘦身方法」等，就是屬於長尾關鍵字。

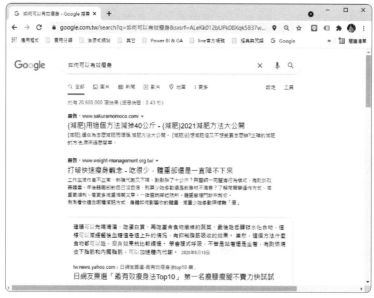

🔵 長尾關鍵字總流量相加有可能高於目標關鍵字

11-3 網站 SEO 的實戰技巧

由於大多數消費者只會注意搜尋引擎最前面幾個（2~3 頁）搜尋結果，例如當各位在 Google 搜尋引擎中輸入關鍵字後，經過 SEO 優化的網頁可以在搜尋引擎中獲得較佳的名次，曝光度也就越大。SEO 的核心價值就是讓使用者上網的體驗最優化，隨著搜尋引擎的演算法不斷改變，SEO 操作也必須因應調整，掌握 SEO 優化，説穿了就是運用一系列方法讓搜尋引擎更了解你的網站內容，這些方法包括常用關鍵字、網站頁面內（on-page）優化、頁面外（off-page）優化、相關連結優化、圖片優化、網站結構等。接下來我們為各位整理出一般網站 SEO 六種有效的關鍵技巧。

🏠 Search Console 能幫網頁檢查是否符合 Google 搜尋引擎的演算法

11-3-1 經營有價值的網站內容

數位行銷手段與趨勢不管如何變化發展，內容絕對都會是其中最為關鍵的重中之重，隨著 Google 語意分析技術的快速發展，現在能夠判斷一篇網站的內容是否值得被排名到前面，正所謂「內容者為王」（Content is King），SEO 必須搭配高品質內

容呈現,才有辦法創造真正有效的流量,如果各位想快速得到搜尋引擎的青睞,第一步就必須懂得如何充實網站內容。

我們知道任何再高明的行銷技巧都無法幫助銷售爛產品一樣,如果網站內容很差勁,SEO 能起到的作用是非常有限,只要內容對使用者有價值,自然就會被排序到好的排名。例如許多網站建構後很多內容都一成不變,完全沒有更新資訊,這些都會導致網頁相似度太高。一般來說網頁頁面太長也不好,對於一個主題而言,如果分開成兩三個較短頁面會比一整個長頁面獲得到更好的評價,而且網站內盡量避免網頁內容重複,因為這樣反而會有扣分的效果,都會讓搜尋引擎覺得網站不夠專業,甚於降低 SEO 的排名順序。

由於搜尋引擎對於原創性內容也會給予更高權重,其他像是網站內容的相關性也是非常重要的,持續增加新內容對網站有益,或者讓消費者多多在網站上留言,發布在社群媒體報導中發燒的主題或時事,當然最重要是持續更新文章內容,讓內容永不過時。事實上,各行各業都有其專業內容,不妨站在使用者的角度寫出可以「搶排名」的內容,讓網頁內容能夠符合企業期待的需求,透過優化網站內容最能符合搜尋引擎排名演算法規則。

> **TIPS**
>
> 資料螢光筆(Data Highlighter)是一種 Google 網站管理員工具,讓各位以點選方式進行操作,只需透過滑鼠就可以讓資料螢光筆標記網站上的重要資料欄位(如標題、描述、文章、活動等),當 Google 下次檢索網站時,就能以更為醒目與結構化模式呈現在搜尋結果及其他產品中,對改善 SERP 也會有相當幫助。

11-3-2　讓 Google 更快懂你─網站結構優化

　　網頁是由許多 HTML 標籤所構成，有些 HTML 標籤對搜尋引擎演算法會有較高的影響力，以便讓搜尋引擎能夠明確辨認和了解，可以讓目標網頁在自然排序結果中上升，例如像是 <meta>、<title>、<h1>、<nav> 等標籤。<meta> 標籤則是用來註解網頁重要資訊給搜尋引擎，不會影響網頁的呈現效果，一個網頁內可以有很多個不同的 <meta>。標題標籤 <title> 是用來描述網頁的標題名稱，它會顯示在瀏覽器的標題列上，這裏是放置關鍵字最佳的位置，因為搜尋引擎會使用 <title> 標籤中的文字做為頁面標題。

　　例如透過在 <meta> 標籤和 <title> 標籤中布局適合的關鍵字，可以迅速提高點擊量和瀏覽量，至於 <description> 標籤用來寫入對網站的敘述，包含公司名稱、主要產品和關鍵字等，撰寫一段可以好的簡短描述，搜尋引擎會有很大的吸引力，也就是網站越容易被搜尋引擎拜訪和理解，搜尋排名優勢就越多。此外，善用標頭標籤 H1-H6（<h1>、<h2>…）除了將字體放大，也可以強調文字的重要性與關聯性，如果將重要的關鍵字埋入標籤中，也能有效提升搜尋的排行名次，<nav> 標籤則能讓搜尋引擎把這個標籤內的連結視為重要連結。

11-3-3　連結與分享很重要

　　越多人連結你的網站，代表可信度越高，連結（link）是整個網路架構的基礎，網站中加入相關連結（inbound links），讓訪客可以進一步連到相關網頁，達到延伸閱讀的效果，還能留住使用者繼續瀏覽網站，減少網站跳出率，當然也是 SEO 的加分題。搜尋引擎會評估連結的品質和數量，對於在超連結前或後的文字也是要點之一，特別是「錨點文字」（Anchor text）顯示可點擊的超連結文字或圖片，訪客只要點選超連結就可以跳到錨點所在位置，除了有助於內部的導覽，更強調了頁面的某部份，在 SEO 排名上也有相當的助益。

> **TIPS**
>
> 跳出率是指單頁造訪率，也就是訪客進入網站後在特定時間內（通常是 30 分鐘）只瀏覽了一個網頁就離開網站的次數百分比，這個比例數字越低越好，愈低表示你的內容抓住網友的興趣，跳出率太高多半是網頁設計不良所造成。
>
> 「反向連結」（Backlink）就是從其他網站連到你的網站的連結，如果你的網站擁有優質的反向連結（例如：新聞媒體、學校、大企業、政府網站），代表你的網站越多人推薦，當反向連結的網站越多、就越被搜尋引擎所重視。就像有篇文章常被其他文章引用，可以想見這篇文章本身就評價不凡，這也是網站排名因素的重要一環。

11-3-4 麵包屑導覽列的重要

網站就如一棟四通八達的大賣場，裡面包羅萬象，網頁依照規模從數十頁到數千數萬頁都有可能，若沒有好好的規劃環境「導覽列指標」絕對會影響到 SEO 的排名。「麵包屑導覽列」（Breadcrumb Trail），也稱為導覽路徑，是一種基本的橫向文字連結組合，透過層級連結來帶領訪客更進一步瀏覽網站的方式，讓用戶清楚知道自己在哪裡，可以快速跳到分類或頁面，大幅提高網路爬蟲的瀏覽速度，也能讓內部連結增加。

下面就是麵包屑導覽列，許多網站在搜尋結果中的網址以麵包屑形式顯示網址或網站的結構，可以幫助使用者與搜尋引擎理解目前位置，對於使用便利性與搜尋引擎在檢索、理解網站內容時卻是非常重要又有效的功能，特別是方便訪客瀏覽並改善用戶體驗來說，是相當有幫助。例如經常在網頁上方位置看到：

「首頁 > 商品資訊 > 流行女飾 > 小資女必備 > 洋裝」

訪客可以經由「麵包屑」快速地回到該篇文章的上一層分類或主分類頁，也能夠讓搜尋引擎更清楚頁面層級關係，提高網頁易用性，特別是每一階層的文字要簡潔簡短與連結都必須是有效連結，如果在其中多埋入目標關鍵字，SEO 的效果會更

好。至於網站地圖（Sitemap）則是用來提供網站架構與導引的頁面，不僅有利於搜尋引擎收錄和更新你的網站，也是 SEO 排名因素的重要一環。

11-3-5　SEO 就在網址細節裏

網址（URLs）是連結網路花花世界一個必不可少的元素，也是指向自身網頁的一個標籤，URL 的處理在 SEO 中也是同樣重要的指標。因為搜尋引擎的排序結果也會納入網址內容，將各位選取的關鍵字插入網址（URLs），絕對能讓網站的排名更上一層樓，如果選擇淺顯易懂的網址，會比沒意義的網址更讓搜尋引擎容易識別，搜尋引擎較偏好擁有敘述性的網址。有些網址過於冗長或奇怪符號一堆，也會降低其他用戶分享的意願，過長的網址搜尋時也將會遭到截斷的可能。請留意！不管是換網域還是換網址，任何一點網址有關的更動，都會影響到搜尋引擎對網站原先的排名。

> **TIPS**
>
> 在 SEO 優化過程中，301 轉址（301 Redirect）相當重要，也稱為 301 重新導向，只要是涉及「網址」的更動，也就是如果店家需要變更該網頁的網址，就可以使用伺服器端 301 重新導向，即是將舊網址永久遷移至新網址，也能指引 Google 檢索正確的網址位置。如果少了這個動作，Google 會將舊網址與新網址認定是各自獨立的網頁。

11-3-6　圖片更要優化

圖片在網站中地位是非常重要，高品質的影片或圖片能更容易讓訪客了解商品內容，也是網站內容的一個附加價值，不但能吸引更多流量來源，也能提高使用者瀏覽體驗，在實際應用當中，網友對圖片的搜尋並不比網頁少，所以做好網站的圖片優化是相當重要的工作。由於搜尋引擎非常重視關聯性，圖片檔案名稱建議使用具有相關意義的名稱，例如與關鍵字或是品牌相關的檔名，這也是圖片優化的技巧之一。

網站速度現在也是排名因素之一，時間就是金錢，如果網頁開啟的速度非常慢，跳出率也相對地會提高，這一點套用於 SEO 上也是適用，圖片太大往往影響網站速度最大的原因，盡量讓圖片在不失真情況下，盡量壓縮至最小檔案。純文字網頁相當無趣，但是塞進很多圖片卻沒有文字也是 SEO 大忌。網路蜘蛛（Spider）並不會讀取圖片，它們會讀取圖片標籤中的敘述文字，Alt 標籤對於圖片的優化是非常重要，因此 Alt 屬性必須準確的撰寫圖片相關內容，更可以讓搜尋引擎在抓取圖片時了解圖片主題，當然建立圖片與影片的 sitemap 也是個不錯的方法。當然最後在網頁文章當中，利用關鍵字連結到圖片，也是對 SEO 有加分的作用。

> **TIPS** 我們在瀏覽網頁的時候，有時候頁面中會提示 404 not found 訊息，這是代表客戶端在瀏覽網頁時，伺服器無法正常提供訊息，多半是所存取的對應網頁已被刪除、移動或從未存在。如果網站中出現過多 404 not found 訊息，也是 SEO 的扣分題。

11-4 Mobile SEO 火力加強祕技

行動時代的蒞臨，更促使人們能在任何時刻：例如等公車，上下班空檔時間，都能利用手機或平板隨時更新資訊。如果店家或品牌的網站沒有做行動版內容，只單做電腦版內容的話，SEO 的能見度會大幅下降，網站將有可能損失大量的流量，並且流失很多潛在受眾與商機。Mobile SEO 就是行動版網站搜尋引擎最佳化，是指針對智慧型手機以及平板電腦上的用戶，加以優化自身網站的做法，不僅需要提供不同裝置的內容，還要考慮不同的使用者的需求。

特別是智慧語音助理隨著行動裝置的大量普及，同時快速地在改變消費者搜尋的習慣，語音搜尋（Voice Search）對於 SEO 布局有著很深的影響，也開創了一塊創新的行銷領域，用戶透過語音搜尋的便利性，更輕鬆地接觸到自己想要購買的商品

與資訊。消費者在手機上要的是快速精準的搜尋結果,各位除了要認識一般網站的 SEO 優化技巧與響應式網頁設計(RWD)外,還必須了解以下的語音搜尋與 Mobile SEO 的火力加強祕技。

🔴 語音搜尋能夠提供給消費者最精準的資訊

11-4-1 加快網站載入速度

由於手機的運算功能平均比桌機差,所以網站載入平均比桌機慢上許多,想要在行動裝置中展現完善的使用者經驗的話,對於網頁設計上存取的資源也必須相對的管控,特別是當用戶使用「語音搜尋」,甚至趕時間希望快速得到解答,除了符合手機瀏覽的流暢感,速度更是留住客戶的關鍵! Google 官方甚至建議您的網站為行動用戶的加載速度最好要低於一秒鐘,因為速度絕對是留住客戶的關鍵,通常圖片太大往往是影響網站速度最大的原因,建議使用圖片壓縮工具來壓縮圖片,或者您還可以建立 Google AMP,以縮短您的網站在行動設備上的加載時間。

🏠 SEO 最基本的速度檢測工具

💡 **TIPS** Google PageSpeed Insights 是 Google 所提供的網站 SEO 測試與衡量網頁載入之執行效能與速度檢測工具，只需要輸入網址，Google 將會提供給您優化網站速度的各種改善建議。

💡 **TIPS** 「加速行動網頁」（Accelerated Mobile Pages, AMP）是 Google 的一種新項目，網址前面顯示一個小閃電型符號，設計的主要目的是在追求效率，就是簡化版 HTML，透過刪掉不必要的 CSS 以及 JavaScript 功能與來達到速度快的效果，對於圖檔、文字字體、特定格式等限定。在行動裝置上 AMP 網頁的載入速度和顯示外觀均優於標準 HTML 網頁，可為使用者帶來更出色的體驗，網頁如果有製作 AMP 頁面，幾乎不需要等待就能完整瀏覽頁面與下載完成，因此 AMP 也有加強 SEO 優化的作用。

11-4-2　社群網站的分享

　　隨著行動社群網路的快速普及，相信許多人都有使用社群的習慣，社群媒體本身看似跟搜尋引擎無關，但其實是 SEO 背後相當大的推手，搜尋引擎當然也會看重來自於社群網站上的分享內容，並且偏好社群活躍度高的網站，因為搜尋引擎的演算法會拉高社群媒體分享權重，各位應該多利用社群分享鈕來與社群媒體做連結，例如增加在 Facebook 上的分享、按讚、留言等，經營社群媒體有助於提高網站的可見度，當然也間接影響搜尋結果排名。

　　雖然說品牌核心內容應該鎖定店家的官網，社群平台只是分發管道之一，Google 當然也會看重來自於社群網站上的分享內容，認為網站會被越多社群分享，也意味著這網站是優質的網站，演算法也會拉高社群媒體分享權重。店家或品牌該多利用社群分享鈕來與社群媒體做連結，例如增加在 Facebook 上的分享、按讚、留言等，經營社群媒體有助於提高網站的可見度，當然也間接影響搜尋結果排名，不過 SEO 優化最重要的還是持續的經營品牌形象，重點還是在提高品牌價值為核心與讓用戶有一個完美的體驗。

🏠 店家網站上盡可能設定社群分享按鈕

11-4-3 優化長尾關鍵字

過去傳統文字搜尋時，關鍵字的考量主要集中在如何優化這些單詞的目標關鍵字，不過在語音搜尋的時代，已經不像以往可以靠堆積關鍵字方式爭取 SEO 排名。由於講話的速度遠快於鍵盤打字的速度，語音輸入會更傾向直接口語對話方式互動，不會只侷限於單純關鍵字詞的輸入。例如當消費者要以文字搜尋餐廳時，最有可能輸入的關鍵字為「台北 餐廳」；可是如果以語音搜尋的話，大多數人們會以提問的方式，使用完整的疑問句子搜尋答案，「台北最好吃的餐廳在哪裡？」

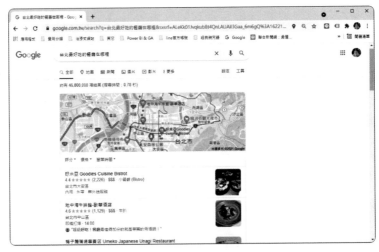

語音輸入會更傾向直接口語對話方式互動

因此在於關鍵字的選擇上，店家或品牌必須從消費者的角度思考，讓原本單一產品或服務的多種組合，整理後進入網站內的可能關鍵詞組或句子，反而口語化表達的結論是應該改為接近完整句子的長尾關鍵字（Long Tail keywords），使潛在消費者搜尋的句子與網站內容更有關聯性。簡單來說，優化語音搜尋的關鍵字技巧在於「語意表達方式」的關鍵字。

　　從搜尋意圖來看，大多數所提出問題的意圖是偏向尋找資訊或答案，例如「為什麼」、「怎麼做」；但另一方面，「什麼時候」和「在哪裡」，建議一般人在日常對話中使用的「5W1H」的方式來進行發想，也就是以問句型關鍵字來布局，如「誰」（Who）、「什麼」（What）、「如何」（How）「哪裏」（Where）、「何時」（When）等字給予更多口語化的長尾關鍵字配置。例如當消費者要以文字搜尋旅館時，最有可能輸入的關鍵字為「高雄 旅館」；不過如果是以語音搜尋，內容將會變為：「高雄有哪些便宜又好的旅館」，可能就必須要多布局到一些，甚至是「高雄 CP 值最高的旅館在哪裡？」「大家都說好的高雄旅館」等這些長尾關鍵字。

🔵 長尾關鍵字讓用戶搜尋與
網站內容更有關聯

　　隨著語音搜尋的比重愈來愈高，長尾關鍵字雖然流量較小，反而能揭露出更多搜尋者需求的效用，因為經由搜尋長尾關鍵字而來的流量更容易接近你的目標顧客。語音搜尋帶動你的網站主要流量的來源其實是長尾字關鍵字的組合，因此必須得重新進行「關鍵字框架」的整體布局策略，加上利用與內容優化累積更多長尾關鍵字來加深流量。

11-4-4　加強在地化搜尋資訊

　　由於語音搜尋最常在行動裝置上使用，特別具有在地化的優先搜尋意圖，搜尋結果會優先列出「離自己最近」與評價最高的幾家商家，例如想找離家近的全聯超市，我們甚至不需要再打「高雄市 美術館 全聯超市」，只要打「全聯超市」就會出現鄰近全聯超市。

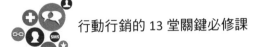

❷ 顯示鄰近區域的地圖與商家資訊　　　❶ 按此鈕更新你的位置

⌂ 語音搜尋具有在地化的優先搜尋意圖

⌂ 高雄市美術館附近的全聯超市

　　如果你的業務涉及店面或門市運營，除了應該應該積極加入「Google 我的商家」，網站上最好還要附上你的商家、名稱（Name）、地址（Address）、電話號碼（Phone Number）等資訊，只要掌握消費者的「搜尋意圖」及「定位」，就能幫助自

家品牌網站提高 Google 的辨識度與信任度，這樣一來不但能讓消費者更快知道他身處附近的相關店家資訊，還能提高 SEO 的排名。

⬤ 網站最好附上你的商家 NAP 資訊

如果您的企業沒有針對在地化搜尋進行優化，那麼您將會失去很大部分的顧客。其中最簡單的方式就是開始建立一個「Google 我的商家」（Google My Business）頁面。

⬤ 行動裝置配備 GPS，可以精準掌握用戶位置

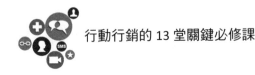

「Google 我的商家」是一種在地化的服務，如果各位經營了一間小吃店，想要讓消費者或顧客在 Google 地圖找到自己經營的小吃店，就可以申請「我的商家」服務，當驗證通過後，您就可以在 Google 地圖上編輯您的店家的完整資訊，也可以上傳商家照片來使您的商家地標看起來更具吸引力，有助於搜尋引擎上找到您的商家。底下示範如何申請「我的商家」服務：

STEP 1 首先連上「Google 我的商家」網站：https://www.google.com/intl/zh-TW/business/，點選「馬上試試」。

STEP 2 接著輸入您店家的「商家名稱」，接著按「下一步」鈕。

STEP 3 接著輸入您商家的住址資訊，接著按「下一步」鈕。

STEP 4 ▶ 點選「這些都不是我的商家」，接著按「下一步」鈕。

STEP 5 ▶ 選擇最符合您商家的類別，例如：「小吃店」，接著按「下一步」鈕。

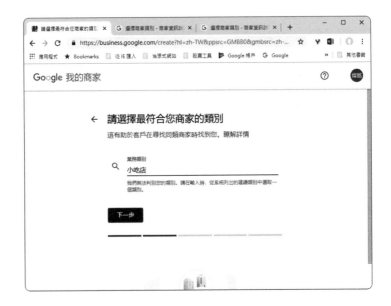

STEP 6 選擇您想要向客戶顯示的聯絡方式，接著按「下一步」鈕。

STEP 7 最後進入驗證商家，接著按「完成」鈕。

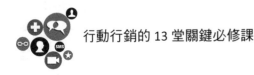

STEP 8 接著請選擇驗證的方式，請確認您的地址是否輸入正確，如果沒問題請點選「郵寄驗證」。

STEP 9 接著按「繼續」鈕。

> **STEP 10** 會開啟如下圖的尚待驗證的畫面,多數明信片會在 16 日內寄達。

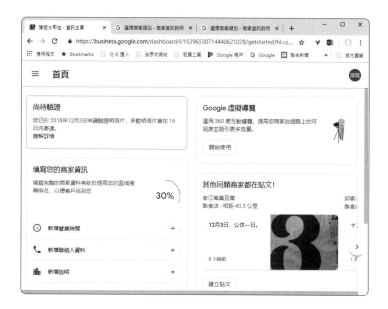

當您如果收到驗證郵件,再請登入 Google 我的商家進行驗證碼的驗證即可,當服務開通後,用戶隨時在 Google 地圖中就可以搜尋到您的店家。

11-4-5　加入 Q&A 頁面

行動語音搜尋的問題千奇百怪,上至看病求醫、星座算命,下至美食景點、寵物生病等無奇不有,不過這同時也提供了一個經營潛在客戶的管道,許多用戶開啟語音搜尋時,往往會單刀直入問「問題」,例如「泰銖在哪裡兌換?」、「我如何去機場?」、「泰國飯店要付小費嗎?」。因為當顧客不知所措時,就會很渴望看到 Q&A,如果你的產品或服務可以舉列成為 Q&A,那真的是再好也不過,這時如果店家網站上能提供 Q&A 頁面的問題模式,就很能符合搜尋口語化的相關長尾關鍵字,相對自然能製造更多曝光機會。所以在網站內經營 Q&A 頁面絕對是面對語音搜尋時的 SEO 優化法寶之一。

● 自問自答式的 Q&A 頁面最符合語音搜尋者好問的胃口

11-4-6　善用標題標籤

　　請善用標題標籤（title tag），清楚列出文章重點，找出消費者常問的問題，例如將品牌或店家名稱出現在標題，在 Mobile SEO 上也是非常重要的優化項目之一。最好的方式是一個頁面只呈現一個主題，再針對不同的次標題問題去發揮，並在內容架構上的規劃更有邏輯，能讓消費者再確認完需求之後，可以快速找到聯繫、購買方式，將站點簡化，讓消費者可以擁有比過往更流暢的體驗，對改善 SERP 也會有相當幫助。

善用標記標籤，清楚列出內容重點

11-4-7　增加影片內容

每個行銷人都知道影音行銷的重要性，比起文字與圖片，透過影片的傳播，更能完整傳遞商品資訊，企業為了滿足網友追求最新資訊的閱聽需求，透過專業的影片拍攝與品牌微電影製作方式，可以讓商品以更多元方式呈現，不但貼近消費者的生活，還可透過影音行銷直接增加的雙方參與感和互動實務上。例如不到一分鐘的開箱短影片的方式，就能幫店家潛移默化教育消費者如何在不同的情境下使用產品。

🏠 Google 影片區顯示不同影音資訊

現在 Google 的 SERP 結果中除了自然搜尋排名之外，也提供了許多額外的顯示欄位，例如在 Google 影片區（Google Video Box）也會收錄來自各個影音平台的影音資訊，甚至於是放置於個人網站中的影音檔。通常一般較受歡迎的影片類型如電玩遊戲、搞笑耍廢、知識與旅遊、開箱影片、探險、烹飪和美容實境教學，或者不妨規劃一系列叫人如何做的教學影片，任何「有趣」的事情以及具有展演性的説明影片，藉由故事性較強的影片來説明，如美妝品牌影片能夠「代為體驗」，直接做產品開箱與示範，創造貼近粉絲用戶的「嘗鮮感」。店家如果要增加行動語音搜尋的 SEO 排名，還可以把嵌入影片放在到達頁面（landing page）中或者放到官網上。

新產品的開箱體驗影片很受歡迎

11-4-8　善用結構化資料

當行銷人員面對行動語音搜尋方式的改變，當然未來網站架構就必須更符合新的 SEO 趨勢，也是在執行 SEO 時的另一個祕密武器。例如加上了「結構化資料」（Structured Data），就可以讓搜尋引擎在檢索整體網站上更有效率，簡單來說，就是替你的文章畫上重點，以標準化的格式，針對網站所提供的訊息與內容特性進行分類。所謂「結構化資料」（Structured Data）是 Google 與 Bing、Yahoo、Yandex 所共同推出的結構化資料標記（Structured Data Markup），指放在網站後台的一段 HTML 中程式碼與標記，用來簡化並分類網站內容，讓搜尋引擎可以快速理解網站，好處是可以讓搜尋結果呈現最佳的表現方式，然後依照不同類型的網站就會有許多不同資訊分類，例如在健身網頁上，結構化資料就能分類工具、體位和體脂肪、熱量、性別等內容。

非常實用的結構化資料標記檢測分析工具

在進入網站主題前,先有個簡述或是摘要,讓網站能夠對 Google 提供更多的資訊顯示,有助於搜尋引擎快速了解你網站中的內容,例如網址、電話、URL、地址、圖片細節、商品名稱、價格、評分、店家地址、電話號碼、圖片、產品評論、最近的活動、發文等,透過結構化資料的幫助,搜尋引擎可以在搜尋結果中提供更多樣化的資訊給使用者,讓使用者更快的理解網站所提供的內容。

網頁上的店家地址、電話、URL、產品評論等都是結構化資料

11-4-9　爭取精選摘要版位

Google 從 2014 年起，為了提升用戶的搜尋經驗與針對所搜尋問題給予最直接的解答，會從前幾頁的搜尋結果節錄適合的答案，提供的不是相關結果，而是一個回應問題的答案，而且可以無視所有的排名，出現在 SERP 頁面最顯眼的精華版位置（第 0 個位置），這種呈現方式稱為「精選摘要」（Featured Snippets）版位，通常會以簡單的文字、表格、圖片、影片，或條列解答方式，內容包括商品、新聞推薦、國際匯率、運動賽事、電影時刻表、產品價格、天氣，與知識問答等，還會在下方帶出店家網站標題與網址。

◉ 精選摘要在搜尋結果頁上面最顯眼的位置

精選摘要會以文字、表格、圖片、影片等多元模式呈現

　　精選摘要非常特別，針對廣大用戶不同的搜尋意圖，Google 會給出最適當的表達方式，現在不論是各種品牌或店家，無一不竭盡所能想要爭取進入精選摘要的版位，因為「精選摘要」不僅是佔用了 SERP 頁上最頂部的空間，也是能讓你從競爭對手中脫穎而出的關鍵。尤其用戶還會認為這是 Google 掛保證推薦的瀏覽內容，更能夠大幅提升網站點擊率。那麼要如何才有機會被 Google 選為精選摘要？事實上，不是將任何特定程式碼或標籤（tag）放進網站就有用，想要爭取精選摘要只有一個方法，就是提供最符合用戶需求的內容。Google 會根據使用者的搜尋要求來判斷，網頁是否適合放入精選摘要版位，並提供明確答案的相關內容，例如加入更多實用與容易理解圖文排版的精彩內容，能讓訪客有耐心閱讀，增加瀏覽網頁的停留時間，或者盡可能讓標題及內容以問題與指引方式呈現，例如「為什麼學英文？」、「怎麼學好日文？」、「請跟著以下步驟」、「底下是最關鍵的項目」、「如以上表格所示」等，並最好能夠根據你的品牌與產品特性，以問題和條列式的回覆來編寫內容，也會有很大的機會爭取到版位。

本章練習

Q | 本章練習 | GO

1. 什麼是搜尋引擎最佳化（Search Engine Optimization, SEO）？

2. 請簡介麵包屑導覽列（Breadcrumb Trail）？

3. SERP（Search Engine Results Page, SERP）是什麼？

4. 請説明目標關鍵字（Target Keyword）與長尾關鍵字（Long Tail Keyword）。

5. 點閱率（Click Though Rate, CTR）的意義是什麼？

6. 資料螢光筆（Data Highlighter）是什麼？

7. 什麼是「反向連結」（Backlink）？

8. 何謂「精選摘要」（featured snippets）？

9. 試簡述要如何才有機會被 Google 選為精選摘要？

10. 請簡介「加速行動網頁」（Accelerated Mobile Pages, AMP）。

MEMO

12
CHAPTER

網路大神的
數據分析神器
── GA 到 GA4

　　在數位經濟時代，電商網站的模式與技術不斷地推陳出新，使得電子商務走向更趨於多元化，由於不同性質網站所設定的目標不同，店家對於網站經營結果的評估，往往都是憑藉著自己的感覺來審視數據，然而在網路上只有科學量化的數據才是數據。

🌐 Google Analytics 是數據分析人員必備的超強工具

　　Google Analytics（簡稱 GA 分析）是 Google 官方推出的網站數據分析工具，不僅能讓企業可以估算銷售量和轉換率，還能提供最新的數據分析資料，包括網站流量、訪客來源、行銷活動成效、頁面拜訪次數、訪客回訪等，甚至能夠優化網站的動線以及轉換率。如果懂得善用與培養網站數據分析思維，絕對是數位行銷成功的關鍵因素，例如最好能定期花時間分析網站的推薦流量，就能透過 Google Analytics 找出改善來源，這非常有助於建立更多流量與成交的機會，正如同鴻海郭董事長常說：「魔鬼就在細節裏！」。

12-1 認識 GA 到 GA4

　　Google 於 2005 購併外部的網站數據分析工具 Urchin，更名為 Google Analytics，並以免費的方式提供所有用戶服務，當時的 GA 稱為「傳統版 GA」，後來隨著 GA 持續的發展，「傳統版 GA」已漸漸被「通用版 GA」（Universal Analytics）所取代。如果各位在安裝 GA 時，是採用全域版（Google Site Tag）的安裝方式，就會在電腦系統中安裝一個全域版容器（container），這個容器中會內建「通用版 GA」。除此之外，在全域版容器中還可以安裝其他的 Google 代碼，例如安裝 Google Ads 或 GA4 代碼。因此當企業在全域版容器中同時安裝「通用版 GA」及「GA4」，就可以在你所追蹤的網站中，同時讓這兩種版本的 GA 代碼並行運作收集資料數據，不會互相干擾。簡單來說，GA4 跟通用版 GA 最大的差異就是可以同時收集網站與 App 的數據，不用再像以前一樣分開來收集，還能透過機器學習技術，利用從 App 和網頁取得的數據，自動分析數據並預測未來趨勢，直接匯整在一起分析與解讀。本單元也會先示範如何安裝「通用版 GA」，接著再新增「GA4」資源，好讓「通用版 GA」及「GA4」可以同時並行運作，不過 GA4 雖然已經正式推出，但是功能卻未完全推出，請各位留意！

12-1-1 GA 工作原理

　　Google Analytics 網站分析主要是利用一種稱之為網頁標記（page tags）的追蹤技術進行資料收集，我們可以將這串程式碼置於網站中的每一網頁，如此一來當使用者連上這個網站時，使用者的瀏覽器就會載入 Google Analytics 的追蹤碼（Google Analytics Tracking Code），這組追蹤碼會記錄顧客在網頁的一舉一動，例如瀏覽了那些商品、在網站頁面停留多久等等，並將資料送到 Google Analytics 資料庫，最後在 Google Analytics 以各種類型的報表呈現。下圖就是追蹤程式碼的過程，請複製這段程式碼，並在您想追蹤的每一個網頁上，於 <HEAD> 中當作第一個項目貼上，就可以像 CCTV（監視器）一樣，追蹤到訪客在網頁上的所有行為與足跡。

網站追蹤

全域網站代碼 (gtag.js)

這是此資源的全域網站代碼 (gtag.js) 追蹤程式碼，請複製這段程式碼，並在您追蹤的每個網頁上，於 <HEAD> 中當作第一個項目貼上。如果您的網頁已安裝全域網站代碼，則只要從以下程式碼片段 *config* 行加入您既有的全域網站代碼就行了。

```
<!-- Global site tag (gtag.js) - Google Analytics -->
<script async src="https://www.googletagmanager.com/gtag/js?id            I "></script>
<script>
  window.dataLayer = window.dataLayer || [];
  function gtag(){dataLayer.push(arguments);}
  gtag('js', new Date());

  gtag('config               );
</script>
```

接下來我們知道要能追蹤使用者的瀏覽行為，必須該位使用者所使用的瀏覽器支援 JavaScript 才可以，目前主流的瀏覽器幾乎都支援 JavaScript 語法。以 Chrome 瀏覽器為例，如果要關閉解譯 JavaScript，請在瀏覽器網址列右側按「自訂及管理 Google Chrome」⋮ 鈕，可以參考下圖的設定位置，就可以將 JavaScript 從「已允許」變更成「已封鎖」：

🔵 設定 / 隱私權和安全性 / 網站設定 / 內容 /JavaScript 視窗

12-1-2 　初探 GA VS GA4 入門輕課程

GA4 是 2020 年底推出的新一代數據分析工具，是 Google Analytics 的第四代產品，主打可以將跨裝置的使用者行為串接起來，Google 為了兼顧廣大的「通用版 GA」的使用者，目前「GA 通用版」和「GA4」的資料在儲存與資料結構兩方面都是獨立運作，GA4 的自動化追蹤功能，更是降低行銷人員收集數據上的困難。「GA4」與「通用版 GA」還是有許多的差異點，就以資料處理的面向為例，「通用版 GA」是網頁瀏覽與工作階段為主軸進行資料的收集與建構出使用者行為數據。「GA4」則是為了將網站與行動版 App 的數據整合，並讓使用者有更完整收集資料的權力，「GA4」是以事件導向的資料模型，特別注重於使用者和事件，去除複雜化的機制，使得 GA4 對於資料收集上的方式更加彈性。例如「GA4」的「跳出率」指標，是改採「參與度」指標來協助判讀類似的商業行為。過去在「通用版 GA」從觀察網站中所有網頁跳出率的高低就可以判定哪些網頁有優化改善的空間，但是「GA4」的「參與度」指標所提供的資訊更有助於了解使用者在網站或行動裝置 App 中花費的時間，找出最常觸發的事件以及最多人造訪的網頁和畫面。如果各位準備進行安裝「GA4」之前，有興趣進一步了解舊版與新版「GA4」的差別，建議可以連上「數據酷」網頁，該網頁以多種角度來比較兩種數據分析工具的差別：網址如下：https://datasupplied.com/google-analytics-4/meet-ga4/。

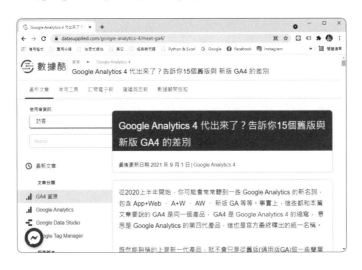

12-2　安裝 GA 與初始設定

事實上，如果各位在網站安裝 GA 的追蹤碼，在預設的情況下就會提供許多相當實用的指標及有價值的資訊，例如包括網站流量、訪客來源、行銷活動成效、頁面拜訪次數、訪客回訪…等，這些資訊不需要事先規劃就可以在 GA 提供的多種報表中找到這些寶貴的資訊。

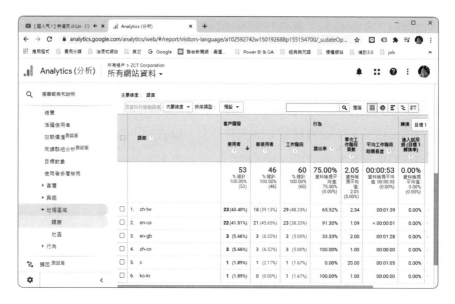

如果各位想知道使用者在網站中對某一特定文章的超連結是否有點擊，各位必須事先規劃追蹤這一個使用者行為，GA 才可以依據使用者所自訂的報表，來提供有這些事先規劃有價值的資訊。

12-2-1　申請 Google Analytics

各位想要取得 Google Analytics 來幫忙分析網站流量與各種數據，只要三個簡易的步驟即可：

1. 申請 Google Analytics

2. 將追蹤程式碼依指定方式貼入網頁

3. 解讀 Google Analytics 追蹤網頁所收集相關統計資訊

接下來就開始示範如何申請 Google Analytics 帳號：

STEP 1 請先自行申請一個 Google 帳號，接著請在 Google 搜尋引擎頁面，並於右上角按下「登入」。

以 Google 帳戶進行登入後，輸入 https://analytics.google.com 網址，連上 Google Analytics 官方網頁。在官方網站中說明了 Google Analytics（分析）是一種免費的分析商家資料的工具，如果要開始使用 Google Analytics 分析網站流量，請點選網頁的「開始測量」鈕：（因為網頁經常會有所變動，各位在申請使用 Google Analytics 的過程中，申請畫面或過程，或許和筆者示範的內容會稍有一點不同，但申請的流程及要填寫的相關資訊大同小異。

STEP 2 設定所要追蹤的項目：網站或行動應用程式，其中的帳戶名稱、網站名稱及網址都是必須填寫的項目。請在下圖中先填入帳戶名稱：

接著將網頁的頁面往下移動，再按「下一步」鈕：

此處點選「網頁」評估您的網站，再按「下一步」鈕：

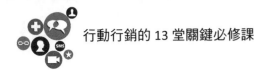
STEP 3 再於下圖的「資源設定」處填入網站名稱及網站網址。

STEP 4 按下「建立」鈕後，請勾選 Google Analytics（分析）服務條款，並按「我接受」鈕。

STEP 5 接著就可以產生追蹤 ID，請將下圖中的 Google Analytics（分析）追蹤程式碼複製下來。

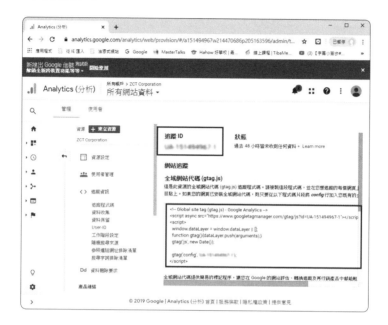

STEP 6 請把這段程式碼放到要進行追蹤網站的頁面中，作法是將剛才複製的程式碼貼在你要追蹤網站的原始程式碼的 **</head>** 之前（如果你要追蹤的網站不是自己設計維護的，麻煩請求商家或委外的網站維護技術人員協助），如下圖所示，如此一來就完成追蹤該網頁的設定工作。

```
<!-- Global site tag (gtag.js) - Google Analytics -->
<script async src="https://www.googletagmanager.com/gtag/js?id=UA-151494967-1"></script>
<script>
 window.dataLayer = window.dataLayer || [];
 function gtag(){dataLayer.push(arguments);}
 gtag('js', new Date());

 gtag('config', UA-151494967-1 );
</script>
</head>
```

STEP 7 過些時間的收集後,各位就可以在 Google Analytics(分析)查看網站流量、訪客來源…等訪客在網站上的活動統計資訊。

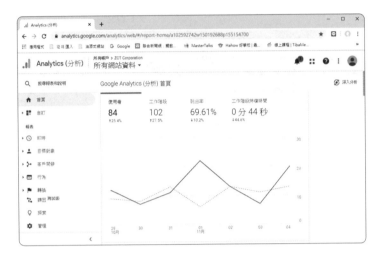

12-2-2 GA 的初始設定

接著將簡單介紹如何進行帳戶名稱的修正及如何查看追蹤 ID 及追蹤程式碼的內容,這些功能設定被安排在 GA 左下角的「管理」功能。要進入 Google Analytics 的首頁,請確定已登入你的 Google 帳戶,並連上底下網址:https://analytics.google.com。

如果要進行帳戶名稱的修改，請於上圖中按下「帳戶設定」鈕，會出現如下圖的帳戶設定視窗外觀，各位可以在此修改帳戶名稱及進行資料共用的設定，我們知道使用 Google Analytics 所收集、處理和儲存的資料，Google Analytics 將會以安全隱密的方式保管。此處的資料共用選項可讓您進一步掌控資料的共用方式。

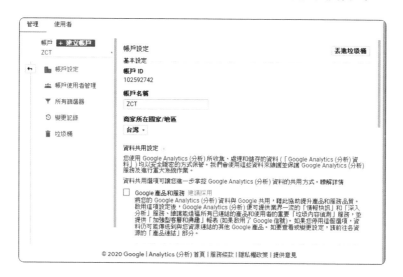

如果要查看追蹤 ID 及追蹤程式碼的內容，則請於「管理」頁面中的「資源」設定區段的「追蹤資訊」底下的「追蹤程式碼」，如下圖所示：

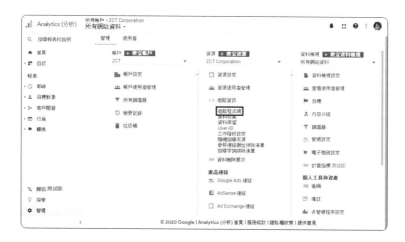

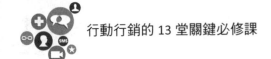

　　按下「追蹤程式碼」就可以看到自己的追蹤 ID 及此資源的全域網站代碼（gtag.
js）追蹤程式碼。各位只要複製這段程式碼，並在您想追蹤的每一個網頁上，於
<HEAD> 中當作第一個項目貼上。

12-3　GA 常見功能與專有名詞解析

　　Google Analytics 的功能主要有資料收集與資料分析兩大功能，其中資料收集
工作除了有必要了解資料收集的運作原理外，對於資料收集的基本設定，也會影響
Google Analytics 收集資料的運作方式。至於資料分析也是網站分析師必備的另一項
技能。我們可以在 Google Analytics 中選擇檢視所需的報表，也可以在報表中自訂各
種類型的圖表，諸如橫條圖、區域圖、訪客分佈圖…等。下圖則是報表類型為「訪
客分佈圖」的設定，「訪客分佈圖」是在世界的區域和國家 / 地區以深色標示，可代
表流量和互動量。

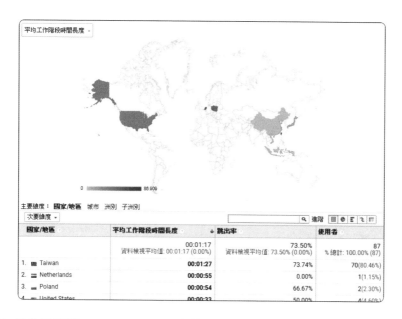

例如當準備解讀 Google Analytics 資料之前，請先設定好所要設定的「目標」報表，這可以讓各位在最短時間內了解自己所需要的後台數據，才能真正找出藏在數據背後的問題，讓你的行銷成本花在刀口上。

首先我們先來看如何搜尋報表，例如可以在 Google Analytics 左側看到「搜尋報表及説明」，這個地方可以輸入所要搜尋的關鍵字，網頁就會列出與該關鍵字相關的報表，輸入「流量」，可以」輕易查詢出與「流量」有關的報表種類：

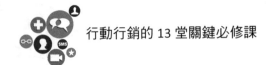
當各位點選上圖中「即時 / 流量來源」，就可以馬上看到流量來源的報表功能說明，如下圖所示：

在 Google Analytics 首頁的左側功能區有一個「自訂」可以讓各位輕鬆製作打造出一張客製化最符合你需求的數據報表，下面二圖分別是「資訊首頁」及「自訂報表」的設定頁面：

接下來在各位使用 Google Analytics 分析之前，首先要了解幾個經常出現的專有名詞，這樣對於 GA 的運用上相信會更加左右逢源。

12-3-1 維度與指標

Google Analytics 中呈現的報表都是由「維度」和「指標」來標示,以及兩者比對後的圖形化資料所構成,各位要看懂 Google Analytics 的報表就要先理解每個維度與指標代表的意義。Google Analytics 報表中所有的可觀察項目都稱為「維度」,例如訪客的特徵:這位訪客是來自哪一個國家 / 地區,或是這位訪客是使用哪一種語言等等。

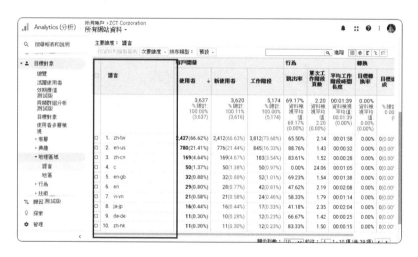

通常除了「主要維度」外,也可以進一步設定「次要維度」,例如不同語言維度中又過濾出使用不同的作業系統,如下圖所示:

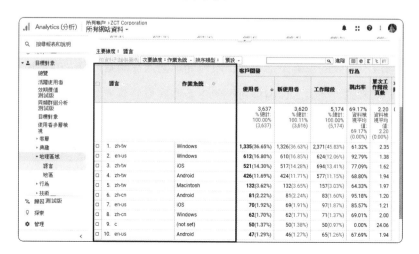

　　至於「指標」就是觀察項目量化後的數據，也就是是進一步觀察該訪客的相關細節，這是資料的量化評估方式。舉例來說，「語言」維度可連結「使用者」等指標，在報表中就可以觀察到特定語言所有使用者人數的總計值或比率。又例如在「來源 / 媒介」的維度中可以細節觀察的指標相當多，例如使用者、新使用者、工作階段、跳出率、目標轉換率、畫面瀏覽量、單次工作階段頁數和平均工作階段時間長度…等，如下圖所示：

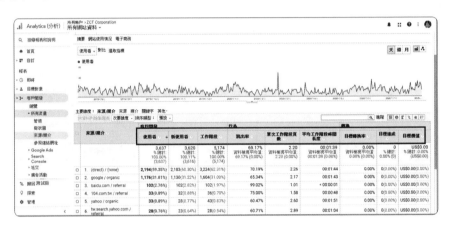

　　報表是以維度來區分出訪客的特徵，再細項進去觀察各種不同的指標情況，在 Google Analytics 中提供許多種維度與指標供各位選用，並可以組合出所想要觀察的報表，我們將針對幾個較常使用的指標為各位進行介紹。

12-3-2　工作階段

　　工作階段所代表的意義是指定的一段時間範圍內在網站上發生的多項使用者互動事件；舉例來說，一個工作階段可能包含多個網頁瀏覽、滑鼠點擊事件、社群媒體連結和金流交易。當一個工作階段的結束，可能就代表另一個工作階段的開始，一位使用者也可開啟多個工作階段。

　　這些工作階段可能在同一天內發生，也可以分散在一段時間區間中。工作階段的結束方式有兩種：一種是根據時間決定何時結束，例如：閒置 30 分鐘後或當天午

夜後就結束前一個工作階段,並進入另一個新的工作階段。預設一個工作階段會在閒置 30 分鐘後結束,但您可以調整閒置時間的長度,短至數秒、長至數小時都可以。我們可以在「管理 / 資源」底下設定工作階段逾時的時間設定:

另一種工作階段結束的方式則是變更廣告活動,使用者透過某廣告活動連到網站,然後在離開之後又經由另一個廣告活動回到該網站。舉例來說,如果在進行網頁的瀏覽過程,如果看到一個新的廣告活動,這種情況下就會結束舊的工作階段,並重新開始計算為一個新的工作階段,即使這個網頁互動沒有超過工作階段逾時的時間設定預設值 30 分,只要廣告活動的來源不同,就會造成兩個工作階段。這裡要特別補充說明的是 Google Analytics 預設會在晚上 11:59:59 秒讓所有工作階段逾時,並開始新的工作階段,也就是說,如果使用者的瀏覽行為跨午夜,就會被計算為兩個工作階段。

12-3-3　平均工作階段時間長度

「平均工作階段時間長度」是指所有工作階段的總時間長度(秒)除以工作階段總數所求得的數值。在計算平均工作階段時間長度時,Google Analytics 會自行加總指定日期範圍內每一個工作階段的時間長度,然後再除以工作階段總數。例如:

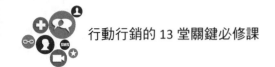

總工作階段時間長度：500 分鐘（30,000 秒）

工作階段總數：20

平均工作階段時間長度：500/20=25 分鐘（1500 秒）

在「客戶開發 > 所有流量 > 來源/媒介」的報表中就可以看到「平均工作階段時間長度」指標：

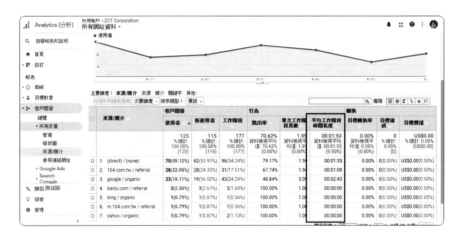

12-3-4　使用者

使用者指標是用來識別使用者的方式，所謂使用者通常指同一個人，「使用者」指標會顯示與所追蹤的網站互動的使用者人數。例如使用者 A 使用「同一部電腦的相同瀏覽器」在一個禮拜內拜訪了網站 5 次，並造成了 12 次工作階段，這種情況就會被 Google Analytics 記錄為 1 位使用者、12 次工作階段。Google Analytics 之所以能判斷出是同一位使用者，主要原因是當這位使用者第一次造訪網站時，Google Analytics 所獨有的追蹤技術就會在使用者的瀏覽器中寫入一組 Cookie，這組 Cookie 所記錄的資訊中包括了能夠代表使用者的一組編號，藉由「使用者編號」是否相同就可以判斷出是否為同一位使用者。

　　當下次同一組相同「使用者編號」的使用者造訪網站所造成的工作階段，在 Google Analytics 就會認定為同一位使用者。下圖以 Google Chrome 瀏覽器為例，就可以在 Google Chrome 瀏覽器的「設定」頁面的 Cookie 資料裡找到被 Google Analytics 追蹤程式碼寫入瀏覽器 Cookie 中的使用者編號。

　　各位如果有稍微留意，應該有注意到筆者刻意強調「同一部電腦的相同瀏覽器」，這是因為如果使用不同的瀏覽器或使用不同裝置的瀏覽器，因為 Cookie 是被儲存在瀏覽器中，因此對 Google Analytics 而言，如果在第二次以後的網站造訪是改用不同的裝置或瀏覽器，就會被重新分配一組使用者編號，這種情況下就會被 Google Analytics 判定為不同的使用者。

12-3-5　到達網頁 / 離開網頁

　　到達網頁是指使用者拜訪網站的第一個網頁，這一個網頁不一定是該網站的首頁，只要是網站內所有的網頁都可能是到達網頁。而離開網頁是指於使用者工作階段中最後一個瀏覽的網頁。例如我們在一個工作階段中瀏覽了 4 個網頁，如下所示：

網頁 1 > 網頁 2> 網頁 3 > 網頁 4 > 離開

　　則網頁 1 為到達網頁，網頁 4 為離開網頁。

12-3-6　跳出率

所謂「跳出」是指使用者進入到所追蹤的網站，但並沒有再造訪網站中其他的網頁就離開網站，也就是說只造訪一個網頁就離開網站，「跳出率」的計算方式就前面提過從觀察網站中所有網頁跳出率的高低，就可以判定哪些網頁有優化改善的空間。至於有哪些報表可以讓網站管理者來了解各個層面的跳出率，例如：「目標對象總覽」報表提供您網站的整體跳出率。

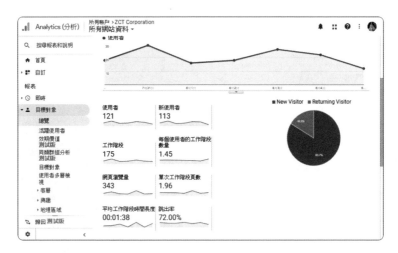

另外在「所有網頁」報表提供每一個網頁的跳出率。

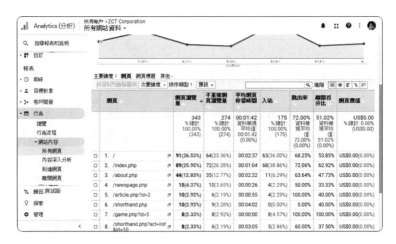

又例如「管道」報表提供每一個管道分組的跳出率。「所有流量」報表提供每一個來源 / 媒介組合的跳出率。如果您的整體跳出率偏高，就必須仔細找出到底是哪幾個網頁或哪幾個管道有這種現象，如此才可以對症下藥，針對需要優化改善的網頁或管道著手改進，以降低跳出率。

12-3-7　離開率

離開率是指使用者瀏覽網站的過程中，訪客離開網站的最終網頁的機率。也就是說，離開率是計算網站多個網頁中的每一個網頁是訪客離開這個網站的最後一個網頁的比率。或是可以說「離開率」是網頁成為工作階段中「最後」的百分比。

如果想進一步比較某個網頁「離開率」與「跳出率」的不同，我們可以用一個簡單的例子來說明最後一點。假設您的網站有網頁 1 到 4，每天只有一個工作階段，探討網站上每天都只有單一工作階段的連續幾天內，「離開率」和「跳出率」指標的意義。

> 4 月 1 日：網頁 1> 網頁 2> 網頁 3> 網頁 4> 離開
>
> 4 月 2 日：網頁 4> 離開
>
> 4 月 3 日：網頁 1> 網頁 3> 網頁 4 > 網頁 2> 離開
>
> 4 月 4 日：網頁 4> 網頁 3> 離開
>
> 4 月 5 日：網頁 2> 網頁 4 > 網頁 3> 網頁 1> 離開

「離開百分比」和「跳出率」的計算如下：

⚙ 離開率

> 網頁 1：33%（有 3 個工作階段包含網頁 1，有 1 個工作階段從網頁 1 離開）
>
> 網頁 2：33%（有 3 個工作階段包含網頁 2，有 1 個工作階段從網頁 2 離開）

網頁 3：25%（有 4 個工作階段包含網頁 3，有 1 個工作階段從網頁 3 離開）

網頁 4：50%（有 5 個工作階段包含網頁 4，有 2 個工作階段從網頁 4 離開）

跳出率

網頁 1：0%（有 2 個工作階段由網頁 1 開始，但沒有單頁工作階段，因此沒有「跳出率」）

網頁 2：0%（有 1 個工作階段由網頁 2 開始，但沒有單頁工作階段，因此沒有「跳出率」）

網頁 3：0%（有 0 個工作階段由網頁 3 開始）

網頁 4：50%（有 2 個工作階段由網頁 4 開始，但有一個單頁跳離，因此「跳出率」為 50%）

12-3-8　目標轉換率

目標轉換率就是將轉換目標的各個階段區分清楚，計算每一個階段從起始的用戶數到達成目標用戶數的比例。例如我們設定進入購物車網頁為轉換目標時，如果來訪的訪客中有 1,000 訪客，但其中會有 250 位訪客會進入購物車網站，則我們可以稱目標轉換率 25%。

12-3-9　瀏覽量 / 不重複瀏覽量

網頁瀏覽量是指在瀏覽器中載入某個網頁的次數，如果使用者在進入網頁後按下重新載入按鈕，就算是另一次網頁瀏覽。簡單來說就是瀏覽的總網頁數。如果以 Google Analytics 所植入的追蹤程式碼的判斷原則，只要一進入網站的其中一個網頁，瀏覽量的次數就會加 1，當使用者逛到其他網頁，又回訪之前的網頁，也會算成

另一次網頁瀏覽。至於「不重複瀏覽量」（Unique Page view）是指同一位使用者在同一個工作階段中產生的網頁瀏覽，也代表該網頁獲得至少一次瀏覽的工作階段數（或稱拜訪次數）。

12-3-10 平均網頁停留時間

最後有關網頁停留時間的說明，在 Google Analytics 網站分析報表中有很多表格都會看到「平均網頁停留時間」這項指標，例如「行為 > 網站內容 > 內容深入分析」報表中就可以看到平均網頁停留時間相關數據。如下圖所示：

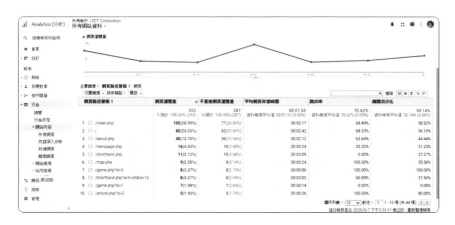

另外在 Google Analytics 說明中心也有提出平均停留時間計算公式如下：

總造訪停留時間：1000 分鐘

總造訪次數：100 次

平均造訪停留時間：1000/100=10 分鐘

12-4　認識 GA 常用報表

　　各位可以在 Google Analytics 左側看到各種報表分類，包括：「目標對象」、「客戶開發」、「行為」、「轉換」等，依據報表的特性，各位只要按幾下就能決定要查看的資料並自訂報表，每一種報表除了總覽功能外，還會細分出該報表分類下的不同細項報表，各位只要點選每一個頁面的最上方，就會有該頁使用説明或是影片的輔助説明，協助各位從行動行銷者的角度來看最重要的報表功能。

　　Google Analytics 在預設環境下提供超過 100 種報表，不同類型的報表分別提供不同的數據洞察力，包括：受眾分析、流量來源、使用者行為、使用者轉換數據等四個維度的數據，以提供各位使用者不同的洞察力。使用 Google Analytics 前，有必要摘要説明這四大類型報表的功能。

12-4-1　目標對象報表

　　目標對象報表的重點在於提供訪客的相關資訊，也是登入 Google Analytics 最先出現的預設報表。網路上我們並沒有辦法直接與訪客面對面接觸，除了個人資料外，目標對象報表能讓我們更清楚了解目標客群的特徵，目標對象所提供的資訊包括：訪客的所在地、訪客的性別、年齡層、興趣、訪客在網頁上的停留時間和瀏覽數、訪客使用的裝置、國家 / 地區、作業系統、行動裝置、平板，或是桌機等。

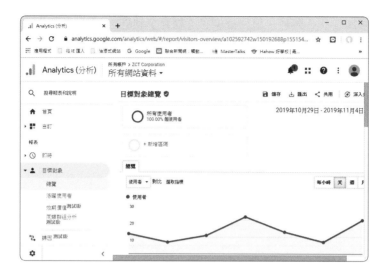

在「目標對象」底下的「行動裝置」報表可以看到訪客所使用的手機品牌、規格型號和作業系統、服務供應商、輸入選擇工具等等，可以做為行動版的開發規格與客群的相關參考依據。

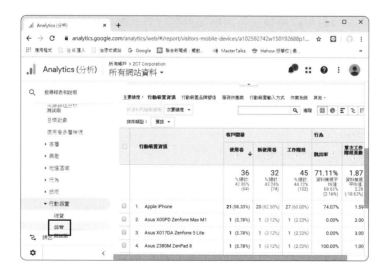

「效期價值」項目則可以評估訪客是從各種管道、來源、媒介所帶來的效期價值（Life time value），最多可以查看 90 天的數據，並且快速比較不同類型流量價值，透過趨勢研究進而分析網站與行銷活動的經營現況。

另外「客層」和「興趣」項目提供了「總覽」報表,「客層」可以看到瀏覽訪客的網站的使用者的年齡區間、性別,「興趣」可以看到他們可能在 Google cookie 中留下的資訊,「地理區域」可以看到瀏覽者所在的位置以及使用的語言等。

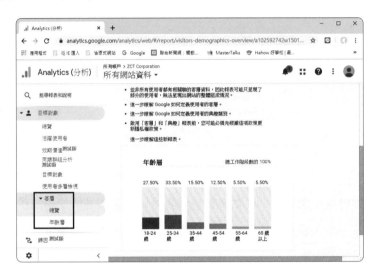

在「行為」項目可以清楚訪客與網站互動狀況,例如使用者是網站的新訪客或回訪者、這些訪客瀏覽你的網站頻率、回流頻率以及主動參與的程度,而在「技術」中可以看到訪客使用的瀏覽器、作業系統、螢幕解析度等資訊。

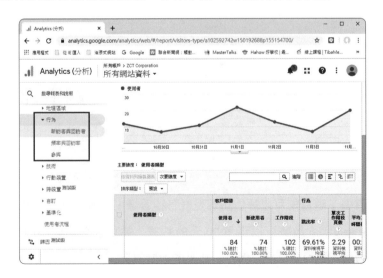

　　如果各位希望可以更清楚忠實訪客的行為，可以回到目標對象點開來的「使用者多層檢視」中，以不同的篩選條件篩選，找到該使用者的使用習慣和行為，例如交易次數最多、平均工作階段時間長度最長等。

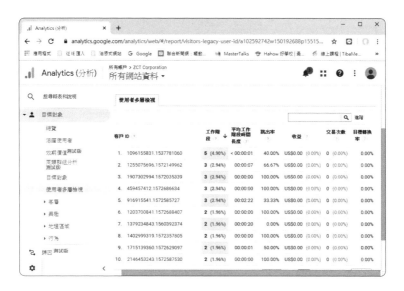

12-4-2　客戶開發報表

　　客戶開發報表的重點在於告訴你訪客的來源，可以了解不同來源的流量數據與工作階段，還能在不同的流量來源中，做到最好的資源配置，當然也能提供網站上最受歡迎的活動數據，分析行銷活動成效與執行行銷活動最佳化，跟「目標對象」下的「總覽」報表不同之處還可以進一步看到訪客做了什麼樣的搜尋。

　　「所有流量」項目中則可以看到管道、樹狀圖、來源/媒介、參照連結網址四個報表，「來源/媒介」項目可以進一步看到使用者進入管道的細節，流量來源將會以來源、媒介這兩個維度呈現。例如流量來自哪個網域、CPC 廣告造訪的流量、反向連結流量、瀏覽臉書時的文章或是透過自然搜尋的方式連上你的網站。當各位舉辦商品促銷活動，還可以交叉比較數個不同管道的活動宣傳或行銷成效，並能判斷出在那些特定管道，哪一種行銷活動的成效最好。

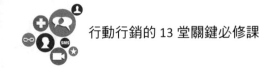

報表中的廣告活動詳情可依自己的需求提供更深入的資訊，例如顯示特定橫幅廣告的成效，或是追蹤到哪一封郵件最能吸引顧客瀏覽網頁、行銷郵件中有哪些連結客戶最感興趣，點擊率最高。

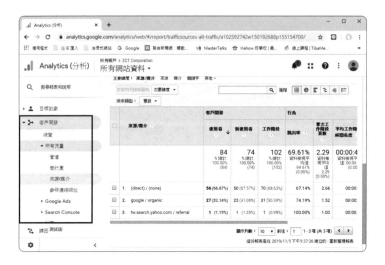

如果各位的網站有使用 Google 關鍵字廣告，還可以將 Google Adwords 帳戶與 Google Analytics 帳號連結起來，「Adwords」項目中可以看到訪客的點擊、廣告的花費、流量的工作階段以及不同關鍵字的流量。至於 Search Console 是一種搜尋的優化工具，可以檢測你的網站對於搜尋引擎的友好程度與熱門關鍵字。

「社交」項目內主要提供社群網站的流量資訊,有關社群活動的行為也會被記錄在這裡,例如 Facebook 帶給你的流量、按讚或分享數、討論情況等等,可以做為各個社群平台的資料分析工具。

12-4-3　行為報表

行為報表主要觀察訪客在網站上的活動資訊,可以看到訪客在網站上行為流程,方便瞭解網站內容跟訪客的互動關係,細節還包括瀏覽哪些內容、是否第一次造訪、重複瀏覽的訪客、網頁內容分析、讀取網站的速度、最常被瀏覽的頁面、使用者連結的管道、瀏覽網站頻率、回流的頻率等。

例如「網站內容」可以看出哪些是網站中最受歡迎的內容與平均停留時間、跳出率等互動指標。「網站速度」可以看到在人們常看的網頁中,哪些網頁的載入時間太慢,網頁的操作時間及使用者的平均網頁載入時間的速度建議。

透過「站內搜尋」觀察,則可以更理解訪客的需求與意向,例如對哪些主題有興趣?哪些主題的關鍵字比較熱門?或對那些操作或產品想進一步了解,哪些是熱門搜尋的關鍵字等,也能日後藉此優化站內搜尋的功能,透過這些資訊,可以協助找出是什麼原因讓網頁載入的時間過長,來幫助各位對不同的網頁內容進行優化的工作。

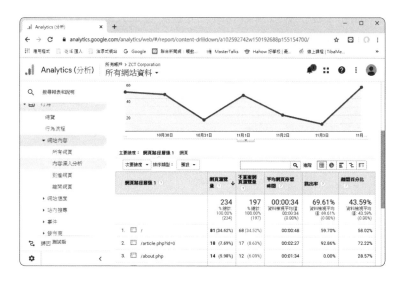

12-4-4　轉換報表

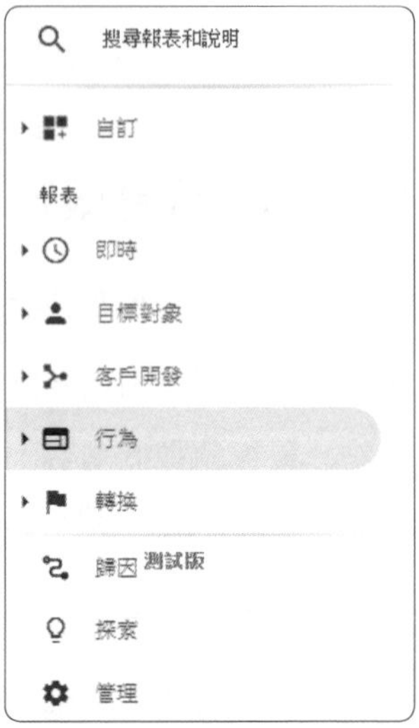

　　轉換報表主要告訴你哪些訪客有可能成為潛在客戶或消費顧客，能幫助你做好「轉換優化」（Conversion Rate Optimization, CRO）的工作，「轉換率」（Conversion Rate）就是將這些轉換訪客的比例算出來，CRO 則是藉由讓網站內容優化來提高轉換率，達到以最低的成本得到最高的投資報酬率。

　　例如轉換報表中「電子商務」會提供產品業績、銷售業績、交易次數等資訊，除了電子商務報表外，在轉換報表分類下也另外收錄「多管道程序」以及「歸因」兩項報表。「多管道程序」會顯示造成轉換的行銷活動中有哪些重疊的部分與根據訪客造訪的來源觀察轉換情況，「歸因」是觀察訪客每次造訪所透過的來源，可藉由設定各個重疊的廣告活動帶來的實際金錢利益。

12-5 GA 標準報表組成與環境說明

　　Google Analytics 提供許多種類的報表外觀，但是大部分標準報表的外觀會有一些固定的介面安排，本小節將以「管道」標準報表的介面為各位快速說一份標準報表的組成元素及基礎操作。請各位先開啟「客戶開發」底下的「所有流量」中的「管道」報表，會看到類似如下圖的報表外觀：

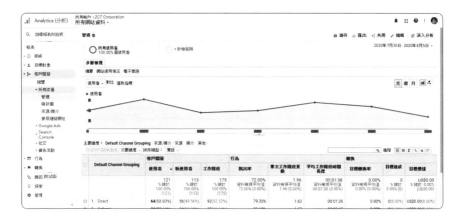

接著我們就來說明上述介面中各元件的功能說明。

所有使用者
100.00% 個使用者

這個部分所顯示的資訊為取樣數據的狀況，也就是說它告訴使用者這份報表是否有被取樣？只要這裡顯示百分比數字不是 100%，就表示這份報表存在著取樣數據的問題。通常 Google Analytics 為了可以加速資料分析的工作，當網站分析的資料量如果非常大時，為了加速資料分析及降低分析過程所花費的時間及硬體資源的成本，有時可能只會取某一部份的樣本進行資料分析，儘管如此只要所取用的樣本數量足以代表這個大量的資料數據，所得到的分析結果也有相當程度的參考價值。

摘要　網站使用情況　電子商務

這個部份可以讓使用者選取不同數據指標來進行報表的切換工作，以我們目前的報表為例，這份報表是「客戶開發」底下的「管道」報表，在「管道」報表內，就可以看到「網站使用情況」、「電子商務」…等不同的數據指標，當進入「管道」的預設報表就會摘要出客戶開發、行為、轉換等指標，如下圖所示：

	客戶開發			行為			轉換		
Default Channel Grouping	使用者	↓新使用者	工作階段	跳出率	單次工作階段頁數	平均工作階段時間長度	目標轉換率	目標達成	目標價值
	121 % 總計： 100.00% (121)	113 % 總計： 100.00% (113)	175 % 總計： 100.00% (175)	72.00% 資料檢視平均值： 72.00% (0.00%)	1.96 資料檢視平均值： 1.96 (0.00%)	00:01:38 資料檢視平均值： 00:01:38 (0.00%)	0.00% 資料檢視平均值： 0.00% (0.00%)	0 % 總計：0.00% 0.00% (0)	US$0.00 % 總計：0.00% (US$0.00)
☐ 1. Direct	64(52.03%)	56(49.56%)	92(52.57%)	79.35%	1.62	00:01:26	0.00%	0(0.00%)	US$0.00(0.00%)
☐ 2. Referral	34(27.64%)	34(30.09%)	37(21.14%)	75.68%	1.57	00:00:47	0.00%	0(0.00%)	US$0.00(0.00%)
☐ 3. Organic Search	25(20.33%)	23(20.35%)	46(26.29%)	54.35%	2.96	00:02:44	0.00%	0(0.00%)	US$0.00(0.00%)

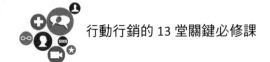

但如果使用者切換到「網站使用情況」，報表上所觀察的指標也會有所更動，例如底下的指標已變更成「使用者」、「工作階段」、「單次工作階段頁數」、「平均工作階段時間」、「新工作階段百分比」、「跳出率」等指標，如下圖所示：

Default Channel Grouping	使用者	工作階段	單次工作階段頁數	平均工作階段時間長度	新工作階段百分比	跳出率
	121 % 總計: 100.00% (121)	175 % 總計: 100.00% (175)	1.96 資料檢視平均值: 1.96 (0.00%)	00:01:38 資料檢視平均值: 00:01:38 (0.00%)	64.57% 資料檢視平均值: 64.57% (0.00%)	72.00% 資料檢視平均值: 72.00% (0.00%)
1. Direct	64(52.03%)	92(52.57%)	1.62	00:01:26	60.87%	79.35%
2. Referral	34(27.64%)	37(21.14%)	1.57	00:00:47	91.89%	75.68%
3. Organic Search	25(20.33%)	46(26.29%)	2.96	00:02:44	50.00%	54.35%

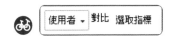

這個地方可供使用者選取在折線圖表上要以哪一種指標顯示，除了顯示單一指標外，各位也可以按下「對比」後面的「選取指標」，可以讓使用者再選取第二個指標，以方便使用者進行兩個指標間的關係變化的比對。

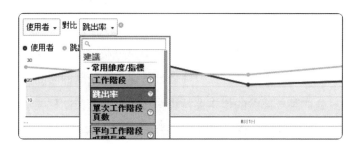

例如下圖就是「使用者」指標對比「跳出率」指標所呈現的折線圖表的外觀：

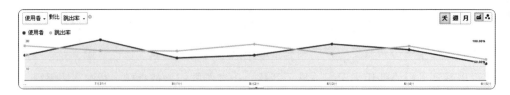

這個區塊可以選擇主要維度及次要維度，我們可以直接依照自己的需求切換到想要顯示維度的報表外觀，另外，不同類型的報表可允許切換的維度也會有所

不同，例如下圖就是本節解說的範例報表切換到「來源 / 媒介」指標的外觀，當切換到「來源 / 媒介」這個維度，各位就可以發現報表的維度也會更改為「來源 / 媒介」，如下圖所示：

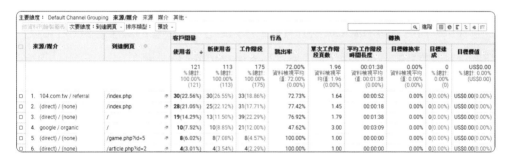

除了可以變更「主要維度」外，不同的報表也有各種類型的「次要維度」可供選擇，例如下圖的「主要維度」為「來源 / 媒介」，「次要維度」為「到達網頁」：

各位應該有注意到在每份報表右下角可以選擇這份報表一次顯示多少列，在沒有特別設定的情況下，Google Analytics 預設一次只能觀察 10 列，如果希望更改一次可以觀察更多的數列，可以參考下圖進行一次顯示多少列數的修改：

🚲 | 🖫 儲存 📤 匯出 ⟨ 共用 ✏ 編輯 | ⚙ 深入分析

這個區塊主要與報表儲存、匯出、編輯與共用協作有關，其中儲存後報表可以在 Google Analytics 左側的導覽列的「已儲存報表」找到，而如果各位想將資料匯出到 Excel 或不同資料格式再進行更進一步的處理，就可以透過「匯出」的功能，目前 Google Analytics 支援的匯出格式如右圖所示：

📤 匯出 ⟨ 共用
人 PDF
▥ Google 試算表
X Excel (XLSX)
, CSV

其中 CSV 格式是一種常見的開放資料格式，不同的應用程式如果想要交換資料，必須透過通用的資料格式，CSV 格式就是其中一種，全名為 Comma-Separated Values，欄位之間以逗號（,）分隔，與 txt 檔一樣都是純文字檔案，可以用記事本等文字編輯器編輯。CSV 格式常用在試算表以及資料庫，像是 Excel 檔可以將資料匯出成 CSV 格式，也可以匯入 CSV 檔案編輯。網路上許多的開放資料（Open Data）通常也會提供使用者直接下載 CSV 格式資料，當您學會了 CSV 檔的處理之後，就可以將這些資料做更多的分析應用了。下圖就是一種 CSV 格式的外觀：

```
# ----------------------------------------
# 所有網站資料
# 管道
# 20200730-20200805
# ----------------------------------------

Default Channel Grouping,使用者,新使用者,工作階段,跳出率,單次工作階段頁數,平均工作階段時間長度,目標轉換率,目標達成,目標價值
Direct,64,56,92,79.35%,1.62,00:01:26,0.00%,0,US$0.00
Referral,34,34,37,75.68%,1.57,00:00:47,0.00%,0,US$0.00
Organic Search,25,23,46,54.35%,2.96,00:02:44,0.00%,0,US$0.00
,123,113,175,72.00%,1.96,00:01:38,0.00%,0,US$0.00

日索引,使用者
2020/7/30,18
2020/7/31,29
2020/8/1,16
2020/8/2,18
2020/8/3,26
2020/8/4,22
2020/8/5,12
,141
```

其中「共用」功能可以允許各位以電子郵件的方式寄送報表給公司相關人員查看報表所摘要的資訊重點，下圖中附件的選項可以選擇 PDF、Excel（XLSX）、CSV 三種格式：

而「編輯」功能可以將這份報表轉換成「自訂報表」，方便使用者可以更快速的方式建立自訂的報表。

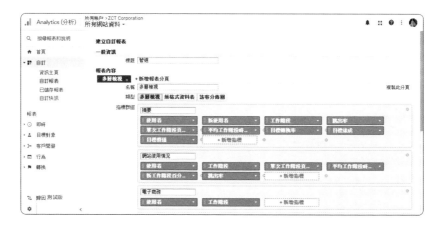

2020年7月30日 - 2020年8月5日 ▾

這個區塊可以設定想要查看的時間區間，只要按下右側的下拉式三角形，就可以開啟如下的時間設定區塊，可讓各位設定日期範圍及想比較的時間區間。

除了查看某一日期範圍的報表資料外，也可以和另一個日期範圍進行比較，例如如果要與上一個時間進行比較，請記得先勾選「相較於」前面的核取方塊，就會在報表中的折線圖與資料表中同時列出這兩種日期範圍的資料數據，以利使用者進行彼此之間的比較，如下面二圖所示：

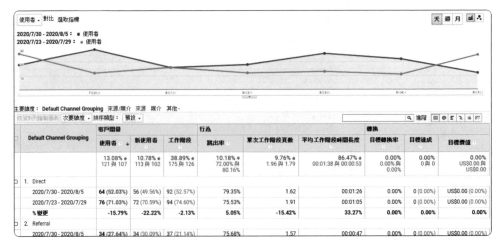

　　這個區塊可以圖表折線圖的表現方式以天或週或月其中一種方式來呈現，請參考下列三圖，分別為以天、週、月的圖表外觀變化：

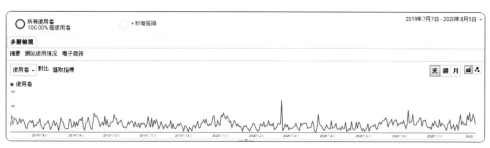

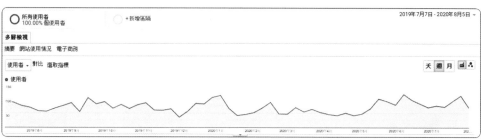

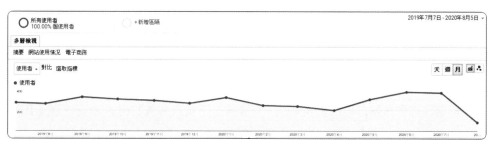

這個區塊是報表的搜尋功能，它能根據所輸入的關鍵字進行報表內容的篩選，例如在下方的「來源」報表中輸入「google」關鍵字就會幫忙篩選出和 google 相關的來源，如下面二圖所示：

當搜尋到和 google 相關的來源，報表中只會列出和 google 有關的來源，如果要結束篩選回復到未篩選前的報表外觀，只要按一下輸入方塊右側的 ◎ 鈕，就可以回復到未篩選前的報表外觀。

另外如果要進行進階的篩選功能，只要按下搜尋方塊右側的「進階」按鈕就會開啟如下圖的進階篩選的視窗，可以讓各位作更進階的搜尋：

舉例來說,如果排除「**google**」而且使用者人數要大於 30 人,則進階搜尋的操作步驟參考如下:

❶ 設定「排除」　　　　　　　　　❷ 輸入「google」

❸ 按「新增維度或指標」

❷ 按「套用」鈕　　　　　　　　　❶ 設定數值 30

❷ 按此關閉鈕可以將進階篩選器的功能關閉

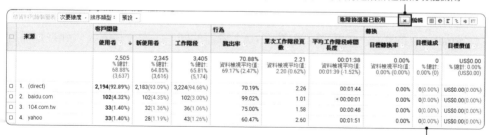

❶ 出現進階搜尋篩選後的圖表內容

12-6 在 GA 環境中新建 GA4

前面提到 2012 年的通用版 GA 是目前主流的版本，這個版本的函式庫檔名為「analytics.js」，其追蹤的程式碼外觀類似如下：

```
<script>
  (function(i,s,o,g,r,a,m){i['GoogleAnalyticsObject']=r;i[r]=i[r]
||function(){
  (i[r].q=i[r].q||[]).push(arguments)},i[r].l=1*new Date();a=s.
createElement(o),
  m=s.getElementsByTagName(o)[0];a.async=1;a.src=g;m.parentNode.
insertBefore(a,m)
  })(window,document,'script','https://www.google-analytics.com/
analytics.js','ga');

  ga('create', 'UA-102592742-1', 'auto');
  ga('send', 'pageview');

</script>
```

不過，在 2017 年 Google 又推出了「全域版 GA」，這個版本的函式庫檔名為「gtags.js」，但事實上，它並不是另一個全新版本的 GA，這個版本是一種容器（Container）的作法，在安裝「全域版 GA」容器的同時，會一併安裝內建在這個容器的「通用版 GA」。不過安裝容器的另一項好處，就是這個容器不僅可以安裝內建的「通用版 GA」，也可以加入其他代碼，這樣就可以允許同時安裝「通用版 GA」與「GA4」，讓兩種數據分析工具同時運行。

接下來我們將示範如果你要追蹤的網站已安裝「全域版 GA」，這種情況下如果要讓「通用版 GA」與「GA4」兩者並存平行運作，只要新建「GA4 資源」即可。各位要確認你所追蹤的網頁的代碼是否為全域版代碼，其追蹤程式碼外觀類似如下：

```
<!-- Global site tag (gtag.js) - Google Analytics -->
<script async src="https://www.googletagmanager.com/gtag/
js?id=UA-102592742-1"></script>
<script>
  window.dataLayer = window.dataLayer || [];
  function gtag(){dataLayer.push(arguments);}
  gtag('js', new Date());

  gtag('config', 'UA-102592742-1');
</script>
```

12-6-1 新建 GA4 資源

各位要在已安裝「全域版 GA」的網站中新建「GA4 資源」作法相當簡易，只要在 Google Analytics 後台的管理介面的首頁中，切換到指定帳戶的「通用版 GA」資源，並點選資源欄中的「Google Analytics（分析）4 設定輔助程式」，並跟著步驟的指示進行操作，最後再將這個「GA4 資源」安裝到所要追蹤的網站上。底下為如何新建「GA4 資源」的操作示範：

❷ 在「通用版 GA」管理介面的首頁點選資源欄下的
「Google Analytics（分析）4 設定輔助程式」

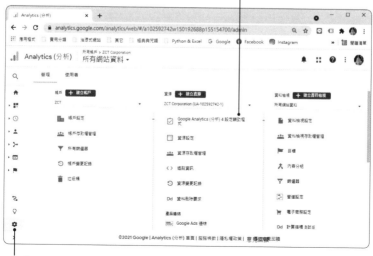

❶ 按此鈕進入管理介面

行動行銷的 13 堂關鍵必修課

按「開始使用」

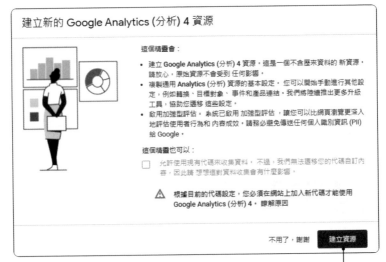

按「建立資源」

經過上述的步驟之後,就已新建好「GA4 資源」後,接著要取得網頁的「GA4 串流 ID」,其作法是從 GA 報表區點擊左下方的齒輪圖示,就可以進入 GA 後台的管理介面的首頁,再從首頁中選定帳戶,並選擇 GA4 資源,再從畫面中選擇「資料串流」,就會進入如下圖所示的資料串流清單的頁面:

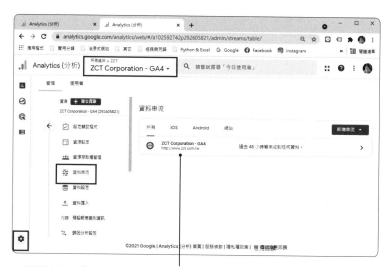

點選清單中唯一的網頁資料串流,接著會開啟「網頁串流詳情」頁面

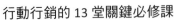

TIPS 如何收集 App 的數據？

目前下圖的 GA4 資料串流清單只有網站的資料來源，如果我們想將 iOS App 或 Android App 所收集到的數據也納入這個資源，只要點選下圖中右側的下拉式選單，再依畫面的說明與指示引導，就可以將「iOS 應用程式」或「Android 應用程式」的資料來源納入 GA4 的資料串流清單。

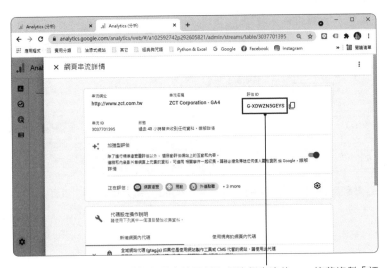

這個頁面中就可以取得這個串流的 ID，接著複製「評估 -ID」，並關閉「網頁串流詳情」頁面

接下來的工作就是將網頁串流的「評估 ID」和全域版容器進行連結，首先請回到管理介面首頁，並選取「通用版 GA」資源，再進入「追蹤資訊」底下的「追蹤」，再到「已連結的網站代碼」工作區，其他操作步驟如下所示：

按此下拉鈕開啟「已連結的網站代碼」的工作區

❷ 右邊自行輸入說明文字

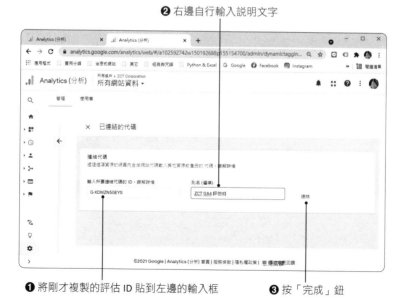

❶ 將剛才複製的評估 ID 貼到左邊的輸入框　　　❸ 按「完成」鈕

此處會顯示已連結的代碼

完成上述的工作後，就完成將 GA4 連結代碼加入全域版容器的過程。接著再回到 GA 管理介面首頁，並從左上角切換到 GA4，再從左側的選單中點選「即時」項目，就會開啟如下圖的 GA4 即時報表。

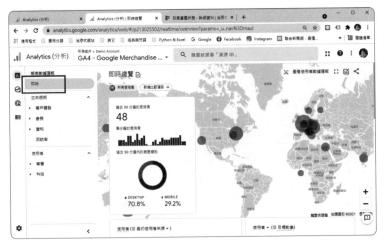

GA4 即時報表

12-6-2　示範帳戶的功用

Google 官方為了方便網站資料分析人員熟悉各種 GA 報表的功能細節，提供了「示範帳戶」的資料，如此一來，各位使用者如果想先熟悉及學習電子商務報表的功能，可以先行利用 Google 官方提供的「示範帳戶」，作法如下，首先請連上底下網址：https://support.google.com/analytics/answer/6367342?hl=zh-Hant。

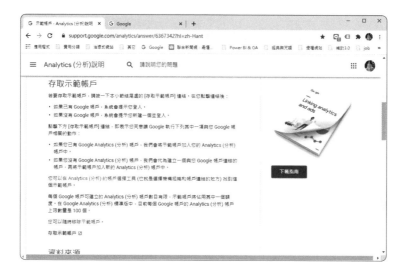

接著按一下「存取示範帳戶」的文字連結，會進入下圖畫面：

　　直接按下「儲存」鈕，就可以看到該示範帳戶所提供的報表資料。下圖為 GA 示範帳戶的首頁，這個檢視資源是安裝於「Google Merchandise Store」網站的「通用版 GA」的相關報表及數據分析：

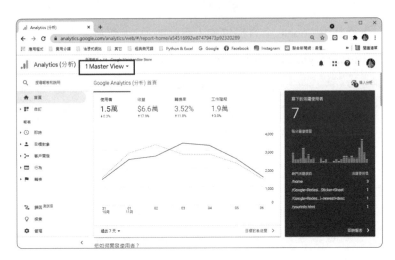

　　示範帳戶首頁是呈現「通用版 GA」的報表及數據分析，當各位點擊上圖中的「1 Master View」右方的下拉式三角形，就可以看到示範帳戶下的三個資源。

示範帳戶下的三個資源

從上圖中各位可以看到示範帳戶下由上而下有三個資源，其中第二個選項是安裝於「Google Merchandise Store」網站的 GA4，例如下圖就是 GA4 的即時報表的外觀：

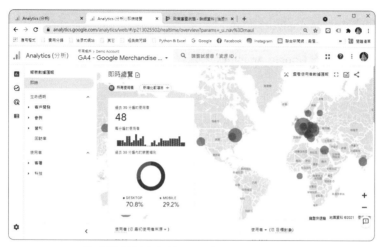

🔺 安裝於電商網站 GA4 的即時報表的外觀

第一個選項資源則是整合「Flood it!」網站（Web）及 App 電玩遊戲平台的 GA4 報表相關報表及數據分析。

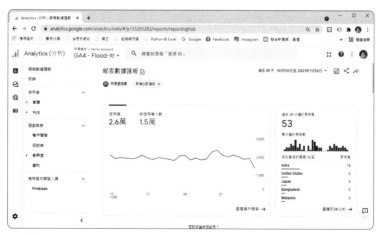

🔺「Flood it!」網站（Web）及 App 電玩遊戲平台示範帳戶資源

本章練習

1. 請簡介 Google Analytics（GA）。

2. 各位想要取得 Google Analytics 來幫忙分析網站流量與各種數據，需要哪三個步驟？

3. 當準備解讀 GA 資料之前，必須先設定好所要設定的哪一種報表？

4. 在「行動裝置」報表可以看到有哪些資訊？

5. 「客層」與「興趣」提供了哪些資訊？

6. 請簡介即時報表的功用。

7. 請簡述 GA 的運作原理。

8. 請問行為報表主要觀察？

9. 何謂目標轉換率？

10. 請簡述 GA4 跟通用版 GA 最大的差異？

13
CHAPTER

行動行銷最強
魔法師─ChatGPT

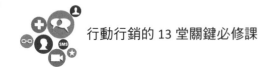

今年度最火紅的話題絕對離不開 ChatGPT，ChatGPT 引爆生成式 AI 革命，首當其衝的便是電子商務。ChatGPT 是由 OpenAI 所開發的一款基於生成式 AI 的免費聊天機器人，擁有強大的自然語言生成能力，可以根據上下文進行對話，並進行多種應用，包括客戶服務、銷售、產品行銷等，短短 2 個月全球用戶超過 1 億。ChatGPT 是由 OpenAI 公司所開發，技術的基礎是深度學習（Deep Learning）和自然語言處理技術（Natural Language Processing, NLP）。由於 ChatGPT 是以開放式網路的大量資料進行訓練，故能夠產生高度精確、自然流暢的對話回應，並與人進行互動。如下圖所示：

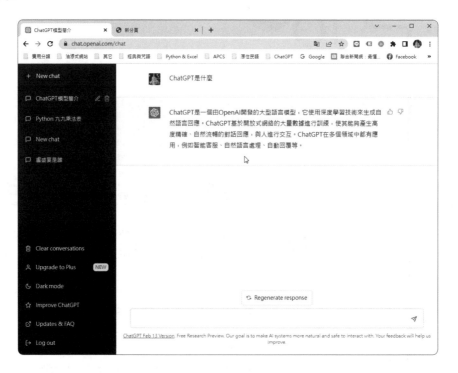

ChatGPT 能以一般人的對話方式與使用者互動，例如提供建議、寫作輔助、寫程式、寫文章、寫信、寫論文、劇本小說…等，而且所回答的內容有模有樣，除了可以給予各種問題的建議，也可以幫忙完成作業或編寫程式碼，如下列二圖的回答內容：

請用C++寫九九乘法表的程式

以下是用 C++ 寫九九乘法表的程式：

```c++
#include <iostream>
using namespace std;

int main() {
    for (int i = 1; i <= 9; i++) {
        for (int j = 1; j <= 9; j++) {
            int product = i * j;
            cout << i << " x " << j << " = " << product << endl;
        }
        cout << endl; // 換行
    }
    return 0;
}
```

程式中使用了兩個 `for` 迴圈，第一個 `for` 迴圈控制乘數，第二個 `for` 迴圈控制被乘數，兩個相乘的結果存放在 `product` 變數中，最後使用 `cout` 輸出結果。在第一個 `for` 迴圈的結尾使用 `cout << endl;` 換行，使得每個乘數的結果都在單獨一行上顯示。

13-1 聊天機器人與電子商務

　　人工智慧與數位行銷從本世紀以來，一直都是店家或品牌尋求擴大影響力和與客戶互動的強大工具，企業越來越需要懂得如何運用 AI 來優化他們的業務流程和提高效率，充份善用 ChatGPT 改變行銷模式及經營法則。過去企業為了與消費者互動與客服需求，需聘請專人全天候在電話或通訊平台前待命，不僅耗費了人力成本，也無法妥善地處理龐大的客戶量與資訊，而聊天機器人（Chatbot）產生後，成為許多店家客服的創意新玩法，其核心技術即是以「自然語言處理」（NLP）中的 GPT（Generative Pre-Trained Transformer）模型為主，它利用電腦模擬與使用者互動對話，是以對話或文字進行交談的電腦程式，並讓用戶體驗像與真人一樣的對話。聊天機器人能夠全天候地提供即時服務，與自設不同的流程來達到想要的目的，協助企業輕鬆獲取第一手消費者偏好資訊，有助於公司精準行銷、強化顧客體驗與個人化的服務。這對許多粉絲專頁的經營者，或是想增加客戶名單的行銷人員來說相當適用。

🔘 AI 電話客服也是自然語言的應用之一

圖片來源：https://www.digiwin.com/tw/blog/5/index/2578.html

TIPS　電腦科學家通常將人類的語言稱為自然語言（Natural Language, NL），比如說中文、英文、日文、韓文、泰文等，這也使得自然語言處理（Natural Language Processing, NLP）的範圍非常廣泛，所謂 NLP 就是讓電腦擁有理解人類語言的能力，也就是一種藉由大量的文字資料搭配音訊資料，並透過複雜的數學聲學模型（Acoustic model）及演算法來讓機器去認知、理解、分類，並運用人類日常語言的技術。而 GPT 是「生成型預訓練變換模型（Generative Pre-trained Transformer）」的縮寫，是一種語言模型，可以執行非常複雜的任務，會根據輸入的問題自動生成答案，並具有編寫和除錯電腦程式的能力，如回覆問題、生成文章和程式碼，或者翻譯文章內容等。

13-1-1 ChatGPT 的應用領域

ChatGPT 的應用也取決於人類的使用心態，正確地使用 ChatGPT 可以創造不同的可能性，隨著越來越多的律師、臨床醫生、教授和學生相繼使用 ChatGPT，也開始在電子商務品牌行銷領域顯示出實用性，包括從提升內容和創意，到優化活動策劃和提供一流的客戶服務。例如有些廣告主認為使用 AI 工具幫客戶做網路行銷企劃，有「偷吃步」的嫌疑，其實這反而應該看成是產出過程中的助手，甚至可以讓行銷團隊的工作流程更順暢進行，達到意想不到的事半功倍效果。因為 ChatGPT 之所以強大，是它背後難以數計的資料庫，任何食衣住行育樂的各種生活問題或學科都可以問 ChatGPT，而 ChatGPT 也會以類似人類會寫出來的文字，給予相當到位的回答，與 ChatGPT 互動是一種雙向學習的過程，在用戶獲得想要資訊內容文字的過程中，ChatGPT 也不斷在吸收與學習，用不了多久，ChatGPT 這類生成式人工智慧工具就會成為人們在工作上的得力助手，幫助商務人士減少日常繁重的重複性工作。

隨著聊天機器人 ChatGPT 的出現，為電商客服帶來了解決方案的曙光，和以往聊天機器人不同的是，ChatGPT 除了可以用更口語的方式溝通，還可以記住顧客的消費習慣和分析對話動機，也標誌著電商客服即將進入一個全新的時代，凡是使用過 ChatGPT 的店家或用戶，無不對其強大的語言能力感到驚嘆，還能將 AI 技術導入 LINE、FB Messenger、WeChat 的聊天機器人當中，讓它可以自動回應用戶。ChatGPT 可說是目前為止最懂得溝通的 AI，因此也掀起一股 AI 旋風。根據國外報導，很多 Amazon 的店家和品牌，紛紛在進行網路行銷時使用 ChatGPT，為他們的產品生成吸引人的標題和尋找宣傳方法，進而與廣大的目標受眾產生共鳴，因此提高客戶參與度和轉換率。

13-2 ChatGPT 初體驗

從技術的角度來看，ChatGPT 是根據從網路上獲取的大量文字樣本進行機器人工智慧的訓練，與一般聊天機器人的相異之處在於 ChatGPT 有豐富的知識庫以及強大的自然語言處理能力，使得 ChatGPT 能夠充分理解並自然地回應訊息，不管你有什麼疑難雜症都可以詢問它。國外許多專家一致認為 ChatGPT 聊天機器人比 Apple Siri 語音助理或 Google 助理更聰明，當用戶不斷以問答的方式和 ChatGPT 進行互動對話，聊天機器人除了根據問題進行相對應的回答外，也提升此 AI 的邏輯與智慧。

登入 ChatGPT 網站註冊的過程雖然是全英文介面，但是註冊過後在與 ChatGPT 聊天機器人互動發問時，是可以直接使用中文的方式來輸入，且答覆的專業性也不失水準。

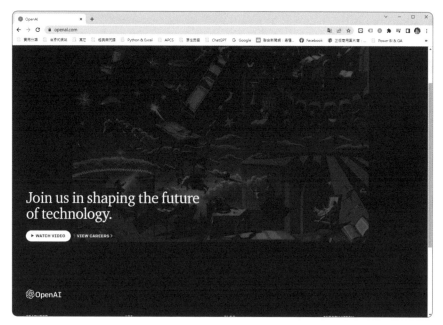

🌐 OpenAI 官網：https://openai.com/

目前 ChatGPT 可以辨識中文、英文、日文或西班牙等多國語言，透過人性化的回應方式來回答各種問題。這些問題甚至含括了各種專業技術領域或學科的問題，可以說是樣樣精通的百科全書，不過 ChatGPT 的資料來源並非 100% 正確，在使用 ChatGPT 時所獲得的回答可能會有偏誤，為了使得到的答案更準確，當詢問 ChatGPT 時，應避免使用模糊的詞語或縮寫。「問對問題」不僅能夠幫助用戶獲得更好的回答，ChatGPT 也會因此不斷精進優化，AI 工具的魅力就在於它的學習能力及彈性，尤其目前的 ChatGPT 版本已經可以累積與儲存學習記錄。切記！有清晰具體的提問才是與 ChatGPT 的最佳互動。如果要更深入的內容，則除了提供夠多的訊息外，就是有足夠的細節和上下文。

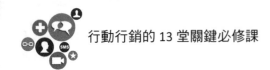
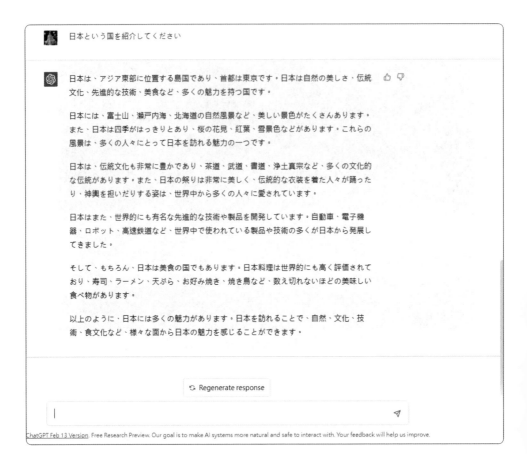

13-2-1　註冊免費 ChatGPT 帳號

　　首先就來示範如何註冊免費的 ChatGPT 帳號，請登入 ChatGPT 官網（https://chat.openai.com/），登入後若沒有帳號的使用者，可以直接點選畫面中的「Sign up」按鈕註冊免費的 ChatGPT 帳號：

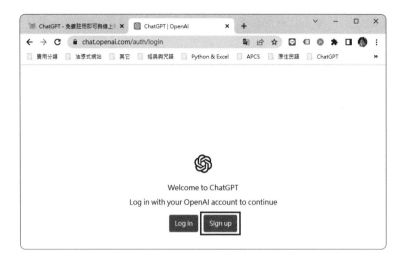

接著輸入 Email 帳號，若已有 Google 或 Microsoft 帳號者，也可以上述帳號進行
註冊登入。此處以新輸入 Email 的方式來建立帳號，請在如下圖視窗中間的文字框中
輸入要註冊的電子郵件，輸入完畢後按下「Continue」鈕。

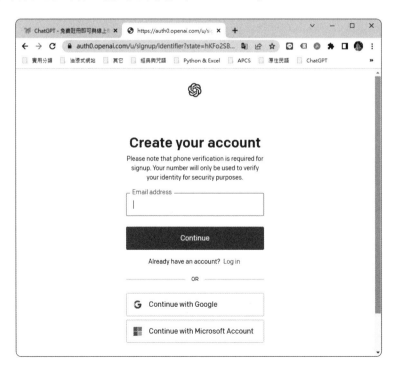

接著系統會要求輸入一組至少 8 個字元的密碼作為這個帳號的註冊密碼。

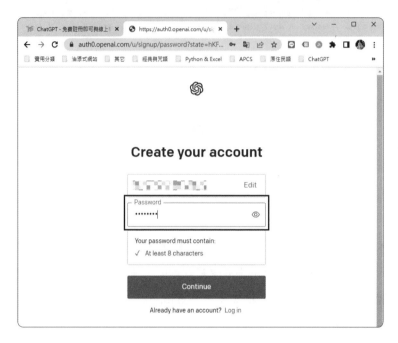

輸入完畢後按下「Continue」鈕，會出現類似下圖的「Verify your email」的視窗。

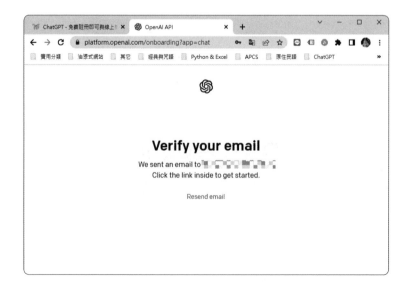

請打開收發郵件的程式，將收到如下圖的「Verify your email address」的電子郵件。請按下「Verify email address」鈕。

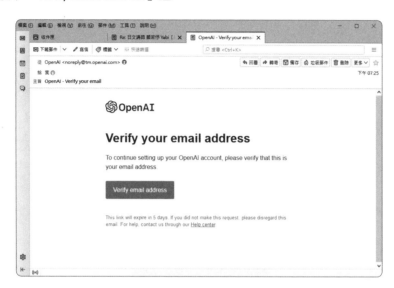

再來會進入到輸入姓名的畫面，請注意，如果先前是採 Google 或 Microsoft 帳號快速註冊登入者，則是會直接進入到輸入姓名的畫面。

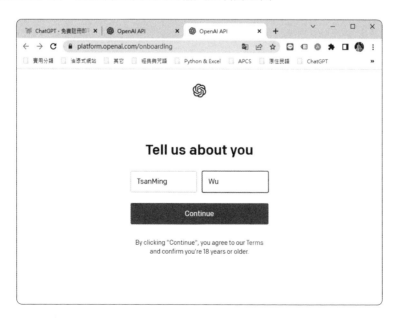

　　輸入姓名後按下「Continue」鈕，便會要求輸入個人的電話號碼進行身分驗證，
這是非常重要的步驟，如果沒有透過電話號碼來通過身分驗證，就沒有辦法使用
ChatGPT。請注意，在輸入行動電話時，請直接輸入行動電話後面的數字，例如電話是
「0931222888」，只要直接輸入「931222888」，輸入完畢後，記得按下「Send code」鈕。

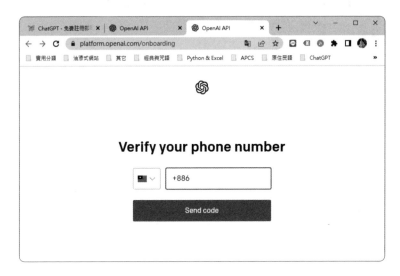

　　幾秒後即可收到官方系統發送到指定電話號碼的簡訊，該簡訊會顯示 6 碼的
數字。

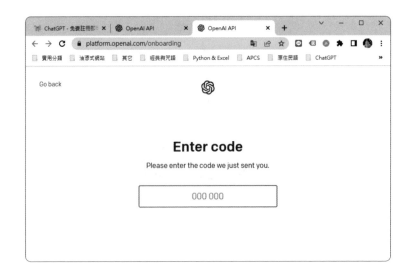

　　只要輸入所收到的 6 碼驗證碼後，就可以正式啟用 ChatGPT 了。登入 ChatGPT 後會看到下圖畫面，在畫面中可以找到許多和 ChatGPT 進行對話的真實例子，也可以了解使用 ChatGPT 的限制。

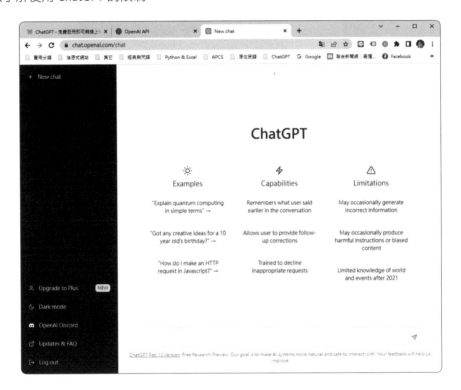

13-2-2　更換新的機器人

　　你可以藉由這種問答的方式，持續地去和 ChatGPT 對話。而若想要結束這個機器人，可以點選左側的「New chat」，就會重新回到起始畫面，並新開一個訓練模型，此時再輸入同一個題目，得到的結果可能會不一樣。

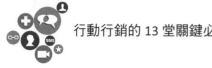

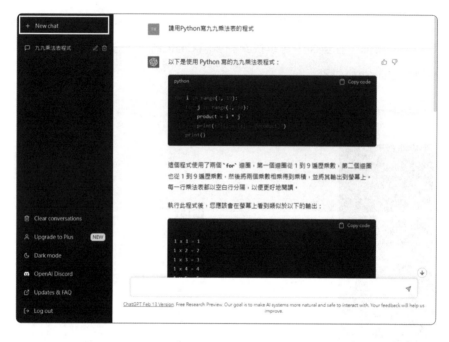

如下圖，我們重新輸入「請用 Python 寫九九乘法表的程式」，按下「Enter」鍵正式向 ChatGPT 機器人詢問，就可以得到不同的回答結果：

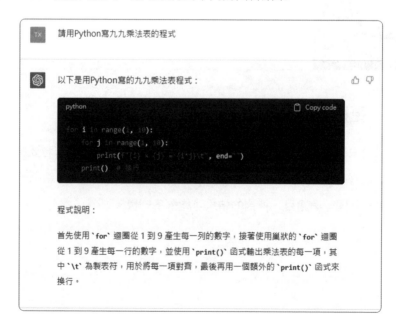

若要取得這支程式碼,則可以按下回答視窗右上角的「**Copy code**」鈕,就可以將 ChatGPT 所幫忙撰寫的程式碼,複製貼上到 Python 的 IDLE 的程式碼編輯器,下圖為這支新程式在 Python 的執行結果。

```
Python 3.11.0 (main, Oct 24 2022, 18:26:48) [MSC v.1933 64 bit (AMD64)] on win32
Type "help", "copyright", "credits" or "license()" for more information.
=========== RESTART: C:/Users/User/Desktop/博碩_CGPT/範例檔/99table-1.py ==========
1 × 1 = 1     1 × 2 = 2     1 × 3 = 3     1 × 4 = 4     1 × 5 = 5     1 × 6 = 6     1 × 7 = 7     1 × 8 = 8     1 × 9 = 9
2 × 1 = 2     2 × 2 = 4     2 × 3 = 6     2 × 4 = 8     2 × 5 = 10    2 × 6 = 12    2 × 7 = 14    2 × 8 = 16    2 × 9 = 18
3 × 1 = 3     3 × 2 = 6     3 × 3 = 9     3 × 4 = 12    3 × 5 = 15    3 × 6 = 18    3 × 7 = 21    3 × 8 = 24    3 × 9 = 27
4 × 1 = 4     4 × 2 = 8     4 × 3 = 12    4 × 4 = 16    4 × 5 = 20    4 × 6 = 24    4 × 7 = 28    4 × 8 = 32    4 × 9 = 36
5 × 1 = 5     5 × 2 = 10    5 × 3 = 15    5 × 4 = 20    5 × 5 = 25    5 × 6 = 30    5 × 7 = 35    5 × 8 = 40    5 × 9 = 45
6 × 1 = 6     6 × 2 = 12    6 × 3 = 18    6 × 4 = 24    6 × 5 = 30    6 × 6 = 36    6 × 7 = 42    6 × 8 = 48    6 × 9 = 54
7 × 1 = 7     7 × 2 = 14    7 × 3 = 21    7 × 4 = 28    7 × 5 = 35    7 × 6 = 42    7 × 7 = 49    7 × 8 = 56    7 × 9 = 63
8 × 1 = 8     8 × 2 = 16    8 × 3 = 24    8 × 4 = 32    8 × 5 = 40    8 × 6 = 48    8 × 7 = 56    8 × 8 = 64    8 × 9 = 72
9 × 1 = 9     9 × 2 = 18    9 × 3 = 27    9 × 4 = 36    9 × 5 = 45    9 × 6 = 54    9 × 7 = 63    9 × 8 = 72    9 × 9 = 81
```

其實,還可以透過同一個機器人不斷地提問同一個問題,這會是基於前面所提供的問題與回答,換成另外一種角度與方式來回應原本的問題,就可以得到不同的回答結果,例如下圖又是另外一種九九乘法表的輸出外觀:

13-3 ChatGPT 在數位行銷領域的應用

ChatGPT 是目前科技整合的極致，繼承了幾十年來資訊科技的精華。以前只能在電影上想像的情節，現在幾乎都實現了。在生成式 AI 蓬勃發展的階段，ChatGPT 擁有強大的自然語言生成及學習能力，更具備強大的資訊彙整功能，所有想得到的問題都可以尋找適當的工具協助，加入自己的日常生活中，並且得到快速正確的解答。未來的行銷人員，必須具備更強的數據分析能力和綜合思維能力，當今沒有一個品牌會忽視數位行銷的威力，由於引人入勝的內容是任何數位品牌行銷的命脈，而 ChatGPT 是透過分析來自網路的大量資訊來學習如何寫作，特別是對行銷文案撰寫有極大幫助，可用於品牌官網或社群媒體，包括 FB、LINE、IG、網站、電子郵件等。ChatGPT 成為眾多媒體創造聲量的武器，去產製更多優質內容、線上客服、智慧推薦、商品詢價等服務。ChatGPT 正以各種方式快速地融入我們的日常生活與數位行銷領域，也逐漸讓許多廣告主有追逐流量的壓力，大幅提升行銷效果和用戶體驗。以下介紹耳熟能詳的應用範圍：

🚲 AI 客服

卓越的客戶服務對任何電子商務品牌來說都是必備的，ChatGPT 馬上就能提升你的支援水準，品牌商家可以使用 ChatGPT 開發聊天機器人。對於一些知名企業或品牌，客服中心的運作成本非常高，ChatGPT 可以擔任自動客服機器人，來回答常見的客戶問題，並提供有關購買、退貨和其他查詢的服務，達到節省成本、優化客戶體驗，協助行銷與客服人員提供更加自然且精準的回覆，能有效引導消費者完成購買流程，提高顧客關係管理的效率（CRM），不僅能提升業績成交量，也建立起消費者資料庫，利於日後推播個人化廣告與產品。

雖然 ChatGPT 可以成為有價值的附加工具，但不應將其完全作為客戶服務的替代品，畢竟相比 ChatGPT 客觀理性的冰冷回答，真人服務更能針對「顧客的需求」展現具有溫度的同理與貼心，是 AI 客服無法完全取代的關鍵。

⊕ 緯創資通推出 ChatGPT 客服機器人

🌐 語言翻譯

ChatGPT 可以幫助我們進行不同語言之間的翻譯，對於需要大量人工翻譯的跨境電商產業而言，ChatGPT 可以應用於語系翻譯和自動調整產品描述與說明，正確率也比一般人常用的 Google 翻譯高上許多，使得不同語言之間的溝通變得更加容易和順暢，並且大大減少翻譯人力成本，為用戶帶來更好的閱讀體驗。

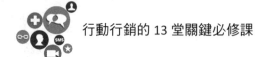
 Please introduce U.S.A.

The United States of America, commonly referred to as the United States or the USA, is a federal republic composed of 50 states, a federal district (Washington, D.C.), five major self-governing territories, and various possessions. It is the third largest country in the world by land area and the third most populous country, with a population of over 331 million people.

The USA is a highly developed country with a diversified economy and is considered to be one of the most powerful countries in the world. Its economy is the largest in the world, with a highly developed service sector, a large manufacturing base, and abundant natural resources. The USA is a founding member of the United Nations, World Bank, International Monetary Fund, and World Trade Organization.

The country is known for its cultural diversity, with a population composed of people from all over the world. The USA is also home to many iconic landmarks and destinations, such as the Statue of Liberty, the Grand Canyon, Hollywood, the Golden Gate Bridge, and the White House, among others. Its diverse and influential popular culture has had a major impact on the world, with American music, movies, and TV shows being popular across the globe.

The USA is a constitutional federal democracy, with a government composed of three branches: the executive, legislative, and judicial branches. The country has a long history of political and social activism, including movements for civil rights, women's rights, LGBTQ rights, and environmentalism.

　　如上圖所示，從 ChatGPT 回答的內容中，再接著輸入「請將我剛才問的問題的英文的回答內容翻譯成中文」的指令後，ChatGPT 就會將先前的英文內容翻譯成中文，如下圖所示：

 請將我剛才問的問題的英文的回答內容翻譯成中文

 好的，以下是對於美國（U.S.A.）的英文回答的翻譯：

美利堅合眾國（United States of America），簡稱美國（United States或USA），是一個聯邦共和國，由50個州、一個聯邦區（華盛頓特區）、五個自治領土和各種屬地組成。美國是世界上第三大的國家，其土地面積和人口數都居世界第三位，擁有超過3.31億人口。

美國是一個高度發達的國家，擁有多元化的經濟體系，被認為是世界上最強大的國家之一。其經濟體系是全球最大的，擁有高度發達的服務業和龐大的製造業基礎，並擁有豐富的自然資源。美國是聯合國、世界銀行、國際貨幣基金組織和世界貿易組織的創始成員。

美國因其文化多樣性而著名，其人口來自世界各地。美國也擁有許多標誌性的地標和旅遊勝地，如自由女神像、大峽谷、好萊塢、金門大橋和白宮等。其多元且有影響力的流行文化對全球產生了巨大影響，美國的音樂、電影和電視節目在全球都很受歡迎。

美國是一個憲法聯邦民主國家，政府由三個部門組成：行政、立法和司法。該國具有悠久的政治和社會行動的歷史，包括民權運動、婦女權利、LGBTQ權利和環保主義等運動。

🚴 行銷與文案內容創作

ChatGPT 在電子商務領域中也具有重要的應用價值，隨著 AI 技術的提升，文字和影像可以透過 AI 產生，由於品牌曝光都會用到許多行銷通路，不論是自營媒體或付費媒體等，都會需要非常大量的文案產出，為了提高消費者體驗，店家需要將商品訊息做出清晰明確的描述，因此快速產出素材與文案的壓力愈來愈大。

商品描述對於跨境電商平台來說非常重要，它直接會影響到消費者是否會下單購買商品。ChatGPT 的核心應用就是文書處理，可以應用於自動生成商品描述與產品介紹，不但能寫論文、劇本和小說，尤其是經營電商產業，文字內容基本上就是主要的銷售和行銷方式，畢竟我們難以在當地直接面對客戶，而生成式 AI 其實很擅長「幫你整理結論」，因此借助 ChatGPT 的協助，不僅可以節省時間，還能確保品牌訊息準確無誤，大幅為店家和品牌分擔網路行銷活動的文字工作量，進一步提高電商平台的營收。

例如產品描述是電商服務的一個重要部分，ChatGPT 可以幫助行銷團隊確定目標受眾的偏好、興趣和痛點，在不到 5 秒內生成更符合受眾的產品文案與提升消費者關注度，甚至協助大量生成創意雛形，還可以開發對應的市場行銷活動方案、符合社群平台所需的貼文與撰寫 YouTube 影片腳本，提高廣告的點擊率和轉換率，同時具備自動摘要的能力，可以將長文摘要出文章重點，如下圖所示為介紹台灣的一篇小文章：

請以至少600字介紹台灣

台灣是一個美麗的島嶼，位於東亞的中心地帶，北臨東海，東鄰太平洋，西接台灣海峽，南隔巴士海峽與菲律賓相望。台灣地理位置獨特，緯度介於北緯20°45'~25°56'之間，面積約有36,000平方公里，是世界上第38大的國家。

台灣擁有豐富的人文歷史，是一個多元文化的國家。先民們在台灣島上居住已有萬餘年歷史，歷經荷蘭、西班牙、清朝、日治時期等不同的政權統治，每個時期都留下了獨特的文化遺產，使得台灣文化綜合了多種不同文化的元素。

台灣的氣候溫和，四季分明，植被豐富，有各種不同的自然風光，如高山、海岸、溪流、森林、湖泊等等。其中，太魯閣、日月潭、阿里山等地區是著名的旅遊勝地，吸引了大量國內外遊客前來旅遊。

此外，台灣也是一個經濟發達的國家。自20世紀80年代開始，台灣的經濟快速發展，成為了亞洲四小龍之一。現在，台灣擁有高度發達的科技產業、製造業、金融業等，也是全球最大的積體電路製造商之一。台灣的經濟成就得益於政府的積極政策，也得益於勤奮的台灣人民。

台灣的人民熱情好客，友善而有禮。華人文化中講究的"以人為本"和"和氣生財"在台灣得到了充分體現。台灣的飲食文化豐富多彩，有許多美食是讓人流連忘返的，如台北的小吃、台南的小吃、台中的豆花、嘉義的瘦肉粥等等。此外，台灣也是茶葉生產和茶文化的重要地區，台灣茶

這時只要輸入「請將我剛才問的問題的回答內容摘要重點」，就會從上圖的短文中條列出摘要重點，如下圖所示：

 請將我剛才問的問題的回答內容摘要重點

摘要重點： 👍 👎

- 台灣位於東亞中心地帶，緯度介於北緯20°45'~25°56'之間，面積約有36,000平方公里，是世界上第38大的國家。
- 台灣有豐富的人文歷史和多元文化，歷經荷蘭、西班牙、清朝、日治時期等不同的政權統治，每個時期都留下了獨特的文化遺產，使得台灣文化綜合了多種不同文化的元素。
- 台灣的氣候溫和，四季分明，植被豐富，有各種不同的自然風光，如高山、海岸、溪流、森林、湖泊等等。太魯閣、日月潭、阿里山等地區是著名的旅遊勝地。
- 台灣是一個經濟發達的國家，擁有高度發達的科技產業、製造業、金融業等，也是全球最大的積體電路製造商之一。台灣的經濟成就得益於政府的積極政策，也得益於勤奮的台灣人民。
- 台灣人民熱情好客，友善而有禮。台灣的飲食文化豐富多彩，有許多美食是讓人流連忘返的。台灣也是茶葉生產和茶文化的重要地區。

13-3-1 發想廣告郵件與官方電子報

　　電子郵件行銷（Email Marketing）與電子報行銷（Email Direct Marketing）的使用數量也在持續增長中，更是許多企業慣用的行銷手法，由於費用相對低廉，加上可以追蹤，大大地節省行銷時間及提高成交率。ChatGPT 能為店家自動發想與生成電子郵件與電子報回信內容，只要下對指令，把你的行銷需求告訴 ChatGPT，輸入推廣的對象，需要促銷的產品，以及預期達到的目的，就能自動產出一封符合指定情境的官方郵件與電子報，除了提高品牌知名度以外，也加緊連結與消費者之間的關係，又或者收到客訴信轟炸，需要有一封針對關鍵問題的道歉信時，ChatGPT 瞬間也能寫出一封誠意滿滿、文情並茂的信件，及時分擔客服人員的壓力。

　　請幫忙寫一封商品推薦的官方電子郵件，商品資訊如下：
油漆式速記多國語言雲端學習系統(https://pmm.zct.com.tw/zct_add/)這套系統是利用本公司獨家發明的油漆式速記法原理所建構完成，配合教育部的全英語授課(English as a Medium of Instruction, EMI)與國際教育政策，內容包含了國內外十幾種著名的英語檢定與20種第二外語相關檢定(日、韓、德、西、法、越、泰、印尼等)，近期也將推出本土語學習系統(臺語、手語、客家語、原住民語)，目前已開放六大類試用版本。
研發公司：榮欽科技股份有限公司
公司官網：www.zct.com.tw
業務代表：吳燦銘先生

　　尊敬的客戶您好，

感謝您對榮欽科技股份有限公司的油漆式速記多國語言雲端學習系統感興趣，我們的系統是利用本公司獨家發明的油漆式速記法原理所建構完成，配合教育部的全英語授課(English as a Medium of Instruction, EMI)與國際教育政策，內容包含了國內外十幾種著名的英語檢定與20種第二外語相關檢定(日、韓、德、西、法、越、泰、印尼等)，並且近期也將推出本土語學習系統(臺語、手語、客家語、原住民語)，目前已開放六大類試用版本。

我們相信這套系統能夠有效地協助您學習語言，無論是在工作、旅遊或學術方面。使用我們的系統，您可以學習並且熟練掌握不同的語言，進而擴大您的國際視野。

如果您對我們的產品有任何問題或者需要進一步的資訊，請聯繫我們的業務代表吳燦銘先生，他將竭誠為您服務。

謝謝您對我們產品的關注，期待您的回應，

此致
敬禮

榮欽科技股份有限公司

🔵 ChatGPT 可寫出商品推薦官方郵件

13-3-2 生成社群與部落格標題與貼文

如果品牌有經營 Facebook 或 IG 等社群，則需要寫一些貼文來做行銷，而貼文內容扮演著最重要的網路行銷角色，甚至粉絲都會主動幫忙推播與傳達。社群上發佈貼文的目的當然是盡可能讓越多人看到越好，一張平凡的相片，如果搭配一則好文章，也能搖身一變成為魅力十足的貼文。寫貼文時更要注意標題訂定，設身處地為用戶著想，了解他們喜歡聽什麼、看什麼，或是需要什麼，為貼文配上矚目標題，以便引起共鳴。

每位小編都經歷過創意枯竭的痛苦。當感到無助時，ChatGPT 就是你可靠的腦力激盪夥伴，只要輸入正確店家名稱、文章關鍵字、活動主題、想呈現的風格，甚至在指令中加上字數和語氣的要求，或加入目的使標題能更有效地捕捉目光等，就會自動產生對應的文章，快速生成符合各種平台所需的標題與貼文，成功化身為免費行銷專員，提供更符合受眾的產品文案與提高消費者關注度，甚至銷售轉換率！

🚲 對話範例：生成社群文章標題

Q  請寫出十個較會引人感興趣的關於林書豪(Jeremy Lin)的Instagram post標題

A
1. "我的首次CBA之旅：這裡是我新的家！CN 🏀🏠"
2. "練球不只是在場上：我如何鍛鍊自己的心態和身體素質💪🏀"
3. "承諾是誓言，不是藉口：為什麼我選擇加入北京首鋼籃球隊🏆CN"
4. "每一個失敗都是一個機會：回顧我在NBA的職業生涯🏀🌀"
5. "來自紐約的祝福：感謝所有支持我的人🙏🏀 #NewYorkForever"
6. "我在CBA的第一週年紀念：這是一個不可思議的經歷CN 🏀🎆"
7. "籃球是一個團隊運動：如何與我的隊友們建立更好的默契💗🏀"
8. "從運動員到企業家：我如何為我的未來做好準備📷"
9. "做一個有影響力的領袖：我如何在場上和場下影響我的粉絲和支持者🏀🏀"
10. "成功不是最終目標：如何保持對籃球和生活的熱情和動力🔥🏀"

對話範例：生成社群貼文

Q 請寫出"每一個失敗都是一個機會：回顧我在NBA的職業生涯 🏀 ⚪"的Instagram post內文

A 大家好，今天我想談談我在NBA的職業生涯。作為一個職業籃球運動員，我經歷了許多高低起伏，也經歷了很多失敗。但是我始終相信，每一個失敗都是一個機會。

當我第一次進入NBA時，我曾被視為一個不夠優秀的球員。我被忽略了，沒有被選中，也沒有得到太多的關注。但這些挫折並沒有讓我放棄。相反地，我更加堅定了自己的信念，認為只要努力，我就能夠在NBA中立足。

在NBA的生涯中，我經歷了很多失敗。有的是因為自己的技術不夠好，有的是因為缺乏經驗和智慧。但是我並不會被這些失敗打敗。相反，我會從中吸取教訓，努力變得更好。

我的NBA生涯並不是一帆風順的。我經歷過許多困難和挫折。但是我從中學到了很多東西，也因此變得更加堅強和堅定。我的職業生涯給了我很多機會去成長和發展，讓我能夠在籃球場上展現自己的技術和才華。

我希望我能夠在自己的職業生涯中，繼續成長和進步。我會繼續對自己的技術和才華保持挑戰和追求，因為我相信每一個失敗都是一個機會。謝謝大家的支持和關注，讓我能夠在籃球場上發光發熱！

對話範例：生成部落格文章

Q 請寫出十個值得推薦高雄旅遊景點的部落格文章標題

A
1. 「在城市中尋找自然：高雄最美公園推薦」
2. 「高雄必訪的五大文化景點」
3. 「探訪高雄最受歡迎的夜市美食」
4. 「別有洞天的高雄老街：鹽埕區探索之旅」
5. 「高雄必去的五大海灘，夏日好去處！」
6. 「品味高雄的特色小吃：旗津島上的美食之旅」
7. 「高雄必遊的四大主題公園，好玩好拍照！」
8. 「漫步高雄的後花園：旗津後勁湖風景區」
9. 「高雄必去的三大歷史建築，見證城市的發展」
10. 「從港口走入歷史：高雄港區文化之旅」

Q 請寫一篇上面標題「高雄必訪的五大文化景點」的部落格文章

A 高雄作為台灣南部的重要城市，不僅擁有豐富的自然景觀，還有著許多文化景點值得探訪。在這篇部落格中，我們要介紹高雄必訪的五大文化景點。

1. 高雄鳳山文化園區
   位於鳳山區的高雄文化園區，是由鳳山糖廠改建而成，保存了許多懷舊風格的建築，也展示了當地的歷史文化。遊客可以在這裡欣賞到許多藝術展覽，也可以參加各種文化活動。
2. 高雄市立歷史博物館
   高雄市立歷史博物館位於鼓山區，是一座專門收藏高雄歷史文物的博物館。博物館內收藏了大量的古文物、照片、文獻等，展示了高雄市的歷史和文化發展。
3. 高雄市立美術館
   高雄市立美術館是一座現代藝術博物館，位於左營區，館內收藏了豐富的現代藝術作品，還經常舉辦各種主題展覽，吸引了眾多藝術愛好者前來參觀。
4. 旗津海上風景區
   旗津是高雄著名的觀光勝地之一，位於旗津區的海上風景區是遊客必訪的景點之一。遊客可以搭乘渡輪前往旗津，欣賞到美麗的海景和潔白的沙灘，還可以品嚐當地的海鮮美食。
5. 美麗島捷運站
   美麗島捷運站是高雄的地標建築之一，位於前鎮區，是高雄捷運紅線的轉運站。這座建築以其獨特的造型和豐富的藝術裝飾聞名，遊客可以在這裡拍照留念，也可以欣賞到許多藝術作品。

以上是高雄必訪的五大文化景點，每個景點都有其

Q 請繼續

A 4. 高雄市立美術館
   高雄市立美術館位於高雄市鳳山區，建築外觀獨特，是一座現代風格的大型文化藝術建築，設計者是知名建築師周銘發。美術館內收藏著眾多珍貴的文化藝術品，包括中國古代青銅器、陶瓷、書畫等。另外，美術館也會不定期舉辦各種展覽，吸引著許多國內外的藝術愛好者前來參觀。
5. 高雄市立圖書館
   高雄市立圖書館位於高雄市苓雅區，是一座現代化的大型圖書館。圖書館內擁有豐富的圖書資源和電子資源，提供各種閱讀和學習場所，是高雄市民的重要學習場所之一。此外，圖書館也會舉辦各種文化活動，例如講座、展覽、讀書會等，深受市民喜愛。

以上就是高雄必訪的五大文化景點，每個景點都有其獨特的文化內涵，讓人感受到不同的藝術魅力。如果你想要深入了解高雄的文化風情，不妨安排一天時間來探訪這五大景點，相信一定會留下難忘的回憶。

13-3-3　速覽 YouTube 影片摘要

「他山之石，可以攻錯！」如果行銷團隊想要參考國外其他同業的網站或網路行銷影片技巧，ChatGPT 也可幫助我們自動快速產生像是新聞、網站、YouTube 影片摘要、網頁文章等的摘要內容，例如「YouTube Summary with ChatGPT」即是免費的 Chrome 擴充功能，可讓您透過 ChatGPT AI 技術快速觀看 YouTube 影片的摘要內容，節省觀看影片的大量時間，加速學習，並可在 YouTube 上瀏覽影片時，點擊影片縮圖的摘要按鈕，快速查看影片摘要。

首先請在「chrome 線上應用程式商店」輸入關鍵字「YouTube Summary with ChatGPT」，接著點選「YouTube Summary with ChatGPT」擴充功能：

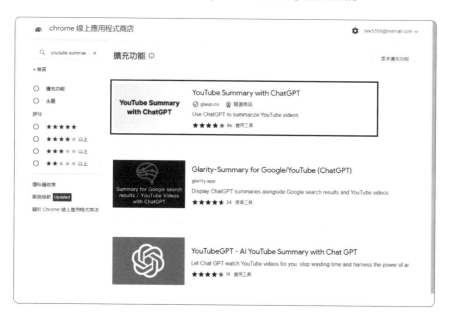

接著如下圖所示，請按下「加到 Chrome」鈕：

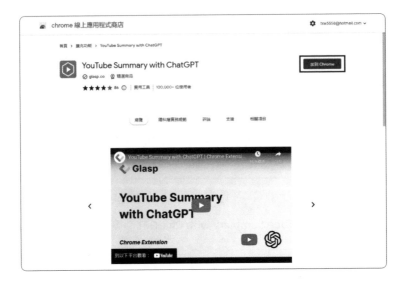

出現下圖視窗後，再按「新增擴充功能」鈕：

完成安裝後，各位可以先看一下有關「YouTube Summary with ChatGPT」擴充功能的影片介紹，即可知道此外掛程式的主要功能及使用方式：

接著來示範如何利用這項外掛程式的功能，首先請連上 YouTube 找尋想要快速摘要了解的影片，接著按「YouTube Summary with ChatGPT」擴充功能右方的展開鈕，如下圖所示：

隨即可看到這支影片的摘要説明，如下圖所示：

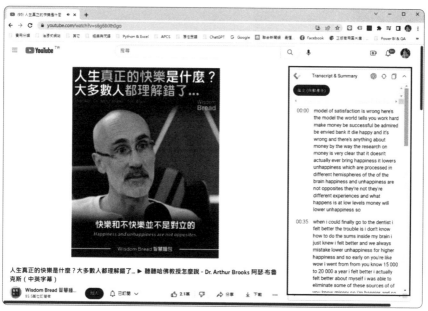

🌐 網址：youtube.com/watch?v=s6g68rXh0go

在上圖的右上方中可以看到 🛈 ◇ ▢ 工具列，由左到右的功能分別為「View AI Summary」、「Jump to Current Time」、「Copy Transcript(Plain Text)」三項功能。其中「View AI Summary」鈕會啟動 ChatGPT 來查看該影片的摘要功能，如下圖所示：

而「Jump to Current Time」鈕則會直接跳到目前影片播放位置的摘要文字説明，如下圖所示：

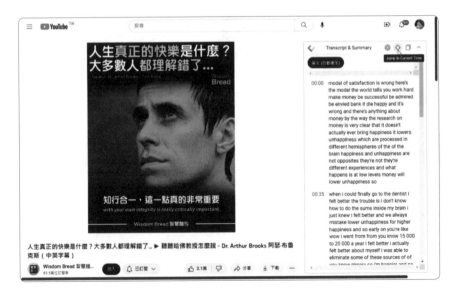

「Copy Transcript(Plain Text)」鈕則可複製摘要說明的純文字檔，各位可以依自己的需求貼到指定的文字編輯器來加以應用。例如下圖為摘要文字內容貼到 Word 文書處理軟體的畫面：

其實 YouTube Summary with ChatGPT 的原理就是將 YouTube 影片字幕提供給 AI，而聊天機器人 ChatGPT 就根據該字幕的文字內容，快速摘要出該影片的主要重點。而在方框旁有一個複製的按鈕，可以將文字複製後丟入 ChatGPT，ChatGPT 就會摘要出一段英文，如下圖所示：

In this video, Dr. Arthur Brooks, a Harvard professor, discusses the misconception that many people have about happiness. He argues that the common model of satisfaction, which suggests that working hard, making money, being successful, admired, and envied will lead to happiness, is wrong.

Dr. Brooks explains that research shows that money does not actually bring happiness. Instead, it may only lower unhappiness temporarily. People often mistake lower unhappiness for higher happiness and believe that more money will make them happier. However, this is not the case.

According to Dr. Brooks, true happiness comes from being in the zone of what you love to do and what you appreciate most in life. It has to do with being in line with your own values and living according to your own integrity. He quotes Carl Jung, who believed that to be happy, you need to understand your own values and live according to them.

Dr. Brooks encourages people to find what they truly love to do and to pursue that, rather than chasing extrinsic lures like money, power, pleasure, and fame. He believes that people who live outside their groove and do not follow their own values are never in equilibrium and are never truly comfortable in their own skin.

Overall, Dr. Brooks argues that true happiness comes from being true to yourself and doing what you love, rather than from external factors like money or status.

接著再輸入「請將上述英文翻譯成繁體中文」，就可以馬上翻譯成如下的成果：

 請將上述英文翻譯成繁體中文

 在這段影片中，哈佛大學教授阿瑟·布魯克斯談到了關於快樂的一個常見誤解。他認為常見的滿足模式是錯誤的，這種模式告訴你要努力工作、賺錢、成功、受人敬仰、被人羨慕、存錢、然後開心地死去。然而，這是錯誤的。除了金錢，研究顯示金錢並不能帶來真正的快樂。金錢能夠暫時降低不快感，但快樂和不快樂是不同的體驗，並不是相反的。

人們常常把不快感誤認為快樂，認為越賺錢越幸福。但事實並非如此。布魯克斯教授指出，真正的快樂來自於做自己真正喜愛和欣賞的事情。當你與自己的價值觀相符合，按照自己的價值觀生活時，你才會真正快樂。卡爾·榮格曾這樣解釋快樂：你需要了解自己的價值觀，了解自己認為什麼是正確的、道德的，如果你知道這些並能表達出來，按照這些價值觀生活，你就會快樂。

如果你同意這種觀點，那麼布魯克斯教授認為這是有很多道理的，因為你需要找到自己的世界觀，知道自己認為什麼是真理，然後按照自己的價值觀、自己的正直生活。當人們生活在這個軌道之外時，他們永遠不會達到平衡，他們永遠不會真正感到自在。因此，布魯克斯教授鼓勵人們找到自己真正喜愛的事情，而不是追逐金錢、權力、享樂和名望等外在誘惑。他認為，那些生活在軌道之外、沒有按照自己的價值觀生活的人，永遠無法真正感到舒適自在。

另外，若有 New Bing 權限的話，則可直接使用 New Bing 上面的問答引擎，輸入「請幫我摘要這個網址影片：https://www.youtube.com/watch?v=s6g68rXh0go」，但如果輸入瀏覽器上 YouTube 的網址沒有成功，建議將影片的網址改放 YouTube 上面分享的短網址，例如：「請幫我摘要這個網址影片：https://youtu.be/s6g68rXh0go」，也能得到這個影片的摘要，如下圖所示：

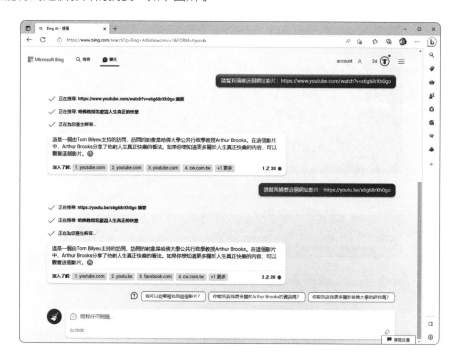

●13-4 讓 ChatGPT 將 YouTube 影片轉檔

我們可以利用與 ChatGPT 對話，請它協助寫一支 Python 程式，來教您如何將指定網址的 YouTube 影片轉檔。完整的操作過程如下。

13-4-1 請 ChatGPT 寫程式

Q 我使用的程式語言是 Python，請問有辦法抓取 Youtube 影片的音擋嗎？

A 是的，您可以使用 Python 的第三方套件 `pytube` 來下載 YouTube 影片的音軌。以下是一個簡單的範例程式碼：

```python
from pytube import YouTube

# 建立 YouTube 物件
yt = YouTube('https://www.youtube.com/watch?v=dQw4w9WgXcQ')

# 取得影片中的音軌
audio = yt.streams.filter(only_audio=True).first()

# 下載音軌到指定位置
audio.download(output_path='path/to/output/folder')
```

請確保您已經安裝 `pytube` 套件。如果沒有安裝，可以在終端機上使用以下指令進行安裝：

```bash
pip install pytube
```

請注意，這個範例程式碼只會下載影片的音軌，如果您需要下載影片的影像，可以使用 `yt.streams.filter(only_video=True).first()` 取得影像軌，並進行下載。

從上述 ChatGPT 的回答畫面中，ChatGPT 也提到這個範例程式碼只會下載影片的音軌，如果您需要下載影片的影像，可以使用 yt.streams.filter(only_video=True).first() 取得影像軌，並進行下載。

13-4-2 安裝 pytube 套件

為了可以順利下載音軌或影像軌，請確保您已經安裝 pytube 套件。如果沒有安裝，可以在「命令提示字元」的終端機，使用「pip install pytube」指令進行安裝。如下圖所示：

13-4-3　修改影片網址及儲存路徑

開啟 python 整合開發環境 IDLE，並複製貼上 ChatGPT 幫忙撰寫的程式，同時將要下載的 YouTube 影片網址更換成自己想要下載的音檔網址，並修改程式中的儲存路徑，例如本例中的 D:\music 資料夾。

```
from pytube import YouTube

# 建立 YouTube 物件
yt = YouTube('https://www.youtube.com/watch?v=BA8cD6G8zEA&t=25s')

# 取得影片中的音軌
audio = yt.streams.filter(only_audio=True).first()

# 下載音軌到指定位置
audio.download(output_path='D:\music')
```

不過一定要事先確保 D 硬碟這個 music 資料夾已建立好，如果還沒建立這個資料夾，請先於 D 硬碟按滑鼠右鍵，從快顯功能表中新建資料夾。如下圖所示：

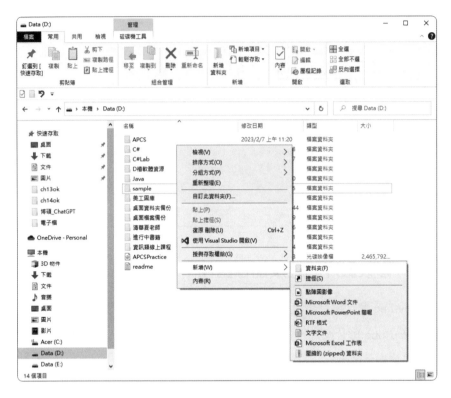

資料夾建立好之後，可以看出目前的資料夾是空的，沒有任何檔案。如下圖所示：

13-4-4 執行與下載影片音檔（mp3）

接著請各位在 IDLE 執行「Run/Run Module」指令：

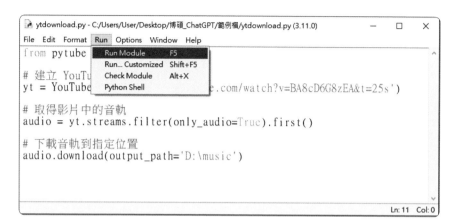

程式執行完成後，如果沒有任何錯誤，就會出現如下圖的程式執行結束的畫面：

```
IDLE Shell 3.11.0                                            —  □  ×
File  Edit  Shell  Debug  Options  Window  Help
Python 3.11.0 (main, Oct 24 2022, 18:26:48) [MSC v.1933 64 bit (AMD64)] on win32
Type "help", "copyright", "credits" or "license()" for more information.
>>>
========= RESTART: C:/Users/User/Desktop/博碩_ChatGPT/範例檔/ytdownload.py =========
>>>
                                                            Ln: 5  Col: 0
```

接著只要利用檔案總管開啟位於 D 硬碟的「music」資料夾，就可以看到已成功下載該 YouTube 網址的影片轉檔，如下圖所示：

點選該音檔圖示，就會啟動電腦系統中的媒體播放器來聆聽美妙的音樂了。

請注意，不要未經授權下載有版權保護的影片喔！

13-5 撰寫行銷活動策劃文案

ChatGPT 不僅是一個充滿創意的強大工具，在網路行銷活動策劃方面也是一個實戰高手，接下來介紹如何利用 ChatGPT 發想產品特點、關鍵字與標題，並利用 ChatGPT 撰寫 FB、IG、Google、短影片文案，以及如何利用 ChatGPT 發想行銷企劃案、行銷策略及有用的技巧和建議。例如在向客戶提案前需要先準備 6 個創意，可以先把一些關鍵字詞丟進 ChatGPT，團隊再從其中挑選合適的意見進行人工編修或增刪校正，因為 ChatGPT 畢竟是 AI，生產出來的內容，可能無法 100% 符合店家行銷思維。

接下來將採用微軟 Edge 瀏覽器內建的新 Bing（New Bing）搜尋引擎，來示範如何活用 GPT-4 撰寫行銷文案，主要是以「油漆式速記多國語言雲端學習系統」為例，完整示範如何請 ChatGPT 撰寫行銷文案。

油漆式速記訓練系統：https://pmm.zct.com.tw/zct_add/

13-5-1 發想產品特點、關鍵字與標題

在商業社會中，創新和行銷是推動業務增長的核心。如何讓產品在競爭激烈的市場中脫穎而出，是每一個企業都面臨的挑戰。利用 ChatGPT 智能創意輔助工具，透過分析目前的策略並提供建議，找出需要改進的領域，以便幫助發想產品特點、關鍵字和標題，提高行銷效果。本小節將介紹如何利用 ChatGPT 來挖掘產品賣點的關鍵字，推薦適合的行銷文案標題，讓產品更加吸睛，促進銷售增長。

請教 ChatGPT 行銷產品的摘要特點

Q 漆式速記多國語言雲端學習系統是什麼

A
✓ 正在搜尋：漆式速記多國語言雲端學習系統

✓ 正在為您產生解答...

「油漆式速記多國語言雲端學習系統」是一套利用「油漆式速記法」原理所建構完成的系統，透過速讀與右腦圖像記憶的輔助，幫助使用者在短時間內記下大量單字，對於學生快速取得語言相關證照、檢定，快速提升個人外語能力有意想不到的驚人效果[1]。此系統包含了國內外十幾種著名的英語檢定與20種第二外語相關檢定及本土語言[2]。

希望這些資訊對你有所幫助！如果你還有其他問題，歡迎再問我哦！☺

深入了解：　1. zct.com.tw　2. sdc.org.tw　3. yzu.edu.tw　4. zct.com.tw　　　　　1 之 20 ●

找出賣點的關鍵字

Q 請列出漆式速記多國語言雲端學習系統介紹中的幾個重要關鍵字

A
當然可以！介紹中的重要關鍵字有「油漆式速記法」、「速讀」、「右腦圖像記憶」、「大量單字」、「語言相關證照、檢定」、「快速提升個人外語能力」、「國內外十幾種著名的英語檢定與20種第二外語相關檢定及本土語言」等等。希望這些資訊對你有所幫助！如果你還有其他問題，歡迎再問我哦！☺

2 之 20 ●

🚲 推薦行銷文案標題

Q 我想寫一篇行銷文案,請列出針對上述幾個重要關鍵字重點,列出5個行銷文案的標題

A 當然可以! 以下是我為您準備的5個行銷文案標題:

1. 用「油漆式速記法」,快速提升你的外語能力!

2. 油漆式速記多國語言雲端學習系統,讓你輕鬆應對各種語言檢定!

3. 油漆式速記多國語言雲端學習系統,讓你在短時間內記下大量單字!

4. 油漆式速記多國語言雲端學習系統,讓你的學習更有效率!

5. 油漆式速記多國語言雲端學習系統,讓你的學習更有成效!

希望這些標題能夠幫助到您! 如果您還有其他問題,歡迎再問我哦! 😊

3 之 20 ●

13-6 AI 寫 FB、IG、Google、短影片文案

社群媒體和網路廣告成為現代企業行銷的重要途徑,撰寫引人入勝的社群媒體文案和廣告文案,將能夠吸引目標客戶的注意力,提高產品的知名度和銷售量。此外,在短影片和演講推廣等方面,撰寫精煉而又生動有趣的文案也是至關重要的。利用 ChatGPT 智能寫作輔助工具,可以協助您撰寫各種社交媒體和網路廣告的文案,讓您的產品更容易被消費者所發現和喜愛。

這一節將會介紹如何使用 ChatGPT 來協助您撰寫不同社群平台的行銷文案和腳本,包括 Facebook、IG 的行銷文案、Google 平台的廣告文案,以及抖音短影片腳本和演講推廣的流程大綱。

13-6-1　撰寫 Facebook 行銷文案

Q

請針對"油漆式速記多國語言雲端學習系統，讓你在短時間內記下大量單字！"這個標題寫一篇適合 Facebook平台的社群行銷文案 字數：200字以內 廣告目標：吸引有大量背單字需求的使用者 文案風格：專業

A

當然可以！以下是我為您準備的Facebook社群行銷文案：

「油漆式速記多國語言雲端學習系統」，讓你在短時間內記下大量單字！如果你正在準備各種語言檢定，或是想要快速提升自己的外語能力，那麼這個系統絕對是你不可錯過的好幫手！利用「油漆式速記法」原理所建構完成的系統，透過速讀與右腦圖像記憶的輔助，幫助使用者在短時間內記下大量單字，讓你的學習更有效率、更有成效！如果你有大量背單字的需求，那麼這個系統一定能夠滿足你的需求。現在就來體驗「油漆式速記多國語言雲端學習系統」，讓你的學習事半功倍！

4 之 20 ●

13-6-2　撰寫 IG 行銷文案

Q

請針對"用「油漆式速記法」，快速提升你的外語能力！"這個標題寫一篇適合IG平台的社群行銷文案 字數：200字以內 廣告目標：吸引有想快速提升外語能力的的使用者 文案口吻：活潑、幽默

A

當然可以！以下是我為您準備的IG社群行銷文案：

「用「油漆式速記法」，快速提升你的外語能力！」如果你正在為了各種語言檢定而煩惱，或是想要快速提升自己的外語能力，那麼這個系統絕對是你不可錯過的好幫手！利用「油漆式速記法」原理所建構完成的系統，透過速讀與右腦圖像記憶的輔助，幫助使用者在短時間內記下大量單字，讓你的學習更有效率、更有成效！如果你想要快速提升自己的外語能力，那麼這個系統一定能夠滿足你的需求。現在就來體驗「油漆式速記多國語言雲端學習系統」，讓你的學習事半功倍！

5 之 20 ●

13-6-3　撰寫 Google 平台的廣告文案

Q

請針對"油漆式速記多國語言雲端學習系統，讓你輕鬆應對各種語言檢定！"這個標題寫一篇適合Google平台的廣告文案 字數：200字以內 文案口吻：活潑、幽默

當然可以！以下是我為您準備的Google廣告文案：

「油漆式速記多國語言雲端學習系統，讓你輕鬆應對各種語言檢定！」如果你正在為了各種語言檢定而煩惱，或是想要快速提升自己的外語能力，那麼這個系統絕對是你不可錯過的好幫手！利用「油漆式速記法」原理所建構完成的系統，透過速讀與右腦圖像記憶的輔助，幫助使用者在短時間內記下大量單字，讓你的學習更有效率、更有成效！如果你想要輕鬆應對各種語言檢定，那麼這個系統一定能夠滿足你的需求。現在就來體驗「油漆式速記多國語言雲端學習系統」，讓你的學習事半功倍！

6 之 20 ●

13-6-4　撰寫抖音短影片腳本

抖音（TikTok）短影音平台是 Z 世代相當流行的風潮，甚至於躍升台灣網友愛用社交平台前五名，相當每三人就有一人熱衷使用 TikTok，更是連續四年蟬聯全球 App 下載量排行榜冠軍。抖音看準了年輕人「愛秀成癮」的「短」、「快」、「即時」行動影音傳播趨勢，讓許多人直接透過手機輕鬆拍攝短視頻影片，可以錄製 15 秒至 3 分鐘或者更長的影片，再搭配耳熟能詳的旋律，不斷進行內容創意的延展，將個人的創意和想法表現在影片當中，輕鬆吸引全球觀眾的目光。

Q 請針對油漆式速記多國語言雲端學習系統，讓你在短時間內記下大量單字！這個標題寫一篇一分鐘短影片腳本 必須以條列式方式呈現，且必須有短影片角色設定 字數：100 字以內

當然可以！以下是我為您準備的一分鐘短影片腳本：

角色設定：

- 主角：一位正在為了各種語言檢定而煩惱的學生
- 配角：一位正在使用「油漆式速記多國語言雲端學習系統」的學生

場景設定：

- 主角正在圖書館裡焦急地背單字，但是進度卻緩慢
- 配角在旁邊輕鬆自在地背單字，並且進度神速

腳本內容：

1. 主角看到配角背單字進度神速，感到十分好奇。
2. 配角向主角介紹「油漆式速記多國語言雲端學習系統」，並且分享自己使用的心得。
3. 主角開始使用「油漆式速記多國語言雲端學習系統」，並且發現自己的背單字速度大幅提升。
4. 主角成功通過了語言檢定，感到非常開心。

如果你正在為了各種語言檢定而煩惱，或是想要快速提升自己的外語能力，那麼「油漆式速記多國語言雲端學習系統」絕對是你不可錯過的好幫手！現在就來體驗「油漆式速記多國語言雲端學習系統」，讓你的學習事半功倍！

8 之 20 ●

13-6-5 撰寫演講推廣的流程大綱

Q 我想去各學校以演講方式推廣行銷 " 油漆式速記多國語言雲端學習系統",請幫我規劃一個90分的演講流程的大網

A 當然可以! 以下是我為您規劃的90分演講流程大網:

1. 開場白 (5分)
* 自我介紹
* 簡單介紹「油漆式速記多國語言雲端學習系統」

2. 介紹「油漆式速記法」 (10分)
* 介紹「油漆式速記法」的原理
* 說明「油漆式速記法」如何幫助學生快速背單字

3. 介紹「油漆式速記多國語言雲端學習系統」 (10分)
* 介紹「油漆式速記多國語言雲端學習系統」的功能
* 說明「油漆式速記多國語言雲端學習系統」如何幫助學生快速背單字

4. 示範如何使用「油漆式速記多國語言雲端學習系統」 (20分)
* 示範如何使用「油漆式速記多國語言雲端學習系統」背單字
* 示範如何使用「油漆式速記多國語言雲端學習系統」應對各種語言檢定

5. 分享使用心得 (20分)
* 分享使用「油漆式速記多國語言雲端學習系統」的心得
* 分享使用「油漆式速記多國語言雲端學習系統」後的成果

6. Q&A 環節 (15分)
* 回答現場觀眾的問題

如果您需要更詳細的內容,請告訴我,我會盡力提供更詳盡的規劃。

13-7 利用 ChatGPT 發想行銷企劃案

行銷企劃案是企業制定行銷策略和計畫的重要工具。有效的行銷企劃案可以幫助企業在競爭激烈的市場中獲得更大的優勢,提高品牌知名度和銷售量。然而,制定一個成功的行銷企劃案需要對市場和消費者進行深入的分析和了解,這對許多企業來說是一個挑戰。

　　利用 ChatGPT 可以幫助企業快速發想出多樣化的行銷企劃案，因此更好地應對市場變化和客戶需求。本節將介紹如何利用 ChatGPT 發想出多種行銷企劃案，並且推薦其他的行銷方式，讓企業在行銷方面更具創新性和競爭力。

13-7-1　請 ChatGPT 寫三個行銷企劃案

除了上述的文案撰寫及演講推廣之外, 能否給我規劃三個行銷企劃案

當然可以! 以下是我為您規劃的三個行銷企劃案:

1. 社群媒體行銷（SNS 行銷）

- 在 Facebook、Instagram、Twitter 等社群媒體平台上建立品牌形象，並且透過精美的圖片、影片、文章等內容，吸引潛在客戶的注意力。

- 透過社群媒體平台上的廣告投放，讓更多人看到「油漆式速記多國語言雲端學習系統」的廣告，提高品牌知名度。

- 舉辦線上活動，例如線上講座、線上比賽等，吸引更多人參與。

2. 網路廣告行銷

- 在 Google、Yahoo 等搜尋引擎上投放廣告，讓更多人看到「油漆式速記多國語言雲端學習系統」的廣告。

- 在 YouTube 上投放廣告，讓更多人看到「油漆式速記多國語言雲端學習系統」的介紹影片。

- 在各大新聞網站上投放廣告，提高品牌知名度。

3. 合作行銷

- 與各大語言學校、補習班、教育機構等合作，推出「油漆式速記多國語言雲端學習系統」的課程，讓更多人知道這個系統。

- 與各大出版社合作，推出「油漆式速記多國語言雲端學習系統」的書籍，提高品牌知名度。

- 與各大企業合作，推出「油漆式速記多國語言雲端學習系統」的員工培訓計畫，提高品牌知名度。

以上是我為您規劃的三個行銷企劃案，希望能對您有所幫助! 如果您需要更詳細的內容或是有其他問題，請隨時告訴我。

10 之 20 ●

? 這些企劃案的預算大概是多少? ｜ 如何評估這些企劃案的效果? ｜ 有沒有其他的行銷方式?

13-7-2　請 ChatGPT 推薦其他的行銷方式

Q 有沒有其他的行銷方式?

A 當然可以! 以下是我為您提供的其他行銷方式:

4. 口碑行銷

- 邀請使用者分享使用心得, 並且在社群媒體平台上分享, 提高品牌知名度。
- 舉辦線下活動, 例如語言學習交流會、沙龍等, 讓更多人了解「油漆式速記多國語言雲端學習系統」。
- 與各大語言學校、補習班、教育機構等合作, 推出試用計畫, 讓更多人體驗「油漆式速記多國語言雲端學習系統」。

5. 內容行銷

- 在自己的官方網站上發布有關「油漆式速記多國語言雲端學習系統」的文章、影片等內容, 提高品牌知名度。
- 在各大論壇、社群媒體平台上發布有關「油漆式速記多國語言雲端學習系統」的文章、影片等內容, 提高品牌知名度。
- 舉辦線上講座、線上課程等, 提供有關「油漆式速記多國語言雲端學習系統」的相關知識, 吸引更多人了解這個系統。

以上是我為您提供的其他行銷方式, 希望能對您有所幫助! 如果您需要更詳細的內容或是有其他問題, 請隨時告訴我。

11 之 20 ●

13-7-3　請 ChatGPT 總結行銷方式的效果

Q 這些行銷方式的效果如何?

A 每一種行銷方式的效果都不同, 以下是我為您整理的效果:

1. 社群媒體行銷 (SNS 行銷)

- 可以提高品牌知名度, 吸引更多人關注「油漆式速記多國語言雲端學習系統」。
- 可以透過社群媒體平台上的廣告投放, 讓更多人看到「油漆式速記多國語言雲端學習系統」的廣告。
- 可以舉辦線上活動, 例如線上講座、線上比賽等, 吸引更多人參與。

2. 網路廣告行銷

- 可以讓更多人看到「油漆式速記多國語言雲端學習系統」的廣告。
- 可以在各大新聞網站上投放廣告, 提高品牌知名度。

3. 合作行銷

- 可以與各大語言學校、補習班、教育機構等合作, 推出「油漆式速記多國語言雲端學習系統」的課程, 讓更多人知道這個系統。
- 可以與各大出版社合作, 推出「油漆式速記多國語言雲端學習系統」的書籍, 提高品牌知名度。
- 可以與各大企業合作, 推出「油漆式速記多國語言雲端學習系統」的員工培訓計畫, 提高品牌知名度。

4. 口碑行銷

- 可以邀請使用者分享使用心得, 提高品牌知名度。
- 可以舉辦線下活動, 例如語言學習交流會、沙龍等, 讓更多人了解「油漆式速記多國語言雲端學習系統」。
- 可以與各大語言學校、補習班、教育機構等合作, 推出試用計畫, 讓更多人體驗「油漆式速記多國語言雲端學習系統」。

從上面的例子中可以發現 ChatGPT 確實可以幫助行銷人員快速產生各種文案，數位行銷人員只需想好產品賣點及顧客痛點等，該如何寫出一篇好閱讀的文章或是產品文案，就讓 AI 搞定即可，大大縮短數位行銷人員要花相當多時間發想文案並撰寫的陣痛期。如果希望文案的品質更加符合自己的期待，就必須下達更加明確的指令，也可以設定回答內容的字數或文案風格，亦即精準提供給 ChatGPT 產生文案屬性的指令，就可以產出更符合我們期待的文案。

整體而言，ChatGPT 不只是創新的黑科技，更可以提供客服、個性化推薦與智慧解決方案等相關服務。不過還是要特別強調，ChatGPT 只是個工具，它只是給你靈感及企劃方向或減少文案的撰寫時間，行銷人員還是要加入自己的意見，以確保文案的品質及行銷是否符合產品的特性或想要強調的重點。當行銷人員下達指令後所產出的文案成效不佳時，就得檢討是否提問的資訊不夠精確完整，或是對要行銷產品的特點不夠了解。相信只要行銷人員能精進與 ChatGPT 的互動方式，持續訓練 ChatGPT，一定可以大幅改善行銷文案產出的品質，讓 ChatGPT 成為文案撰寫及行銷企劃的最佳幫手。

MEMO

A
CHAPTER

最夯行動行銷
專業術語

　　每個行業都有該領域的專業術語，行動行銷產業也不例外，面對一個已經成熟的行動行銷環境，通常不是經常在行動行銷相關工作的從業人員，面對這些術語可能就沒這麼熟悉了，以下我們特別整理出行動行銷產業中常見的專業術語：

- Accelerated Mobile Pages, AMP（加速行動網頁）：是 Google 的一種新項目，網址前面顯示一個小閃電型符號，設計的主要目的是在追求效率，就是簡化版 HTML，透過刪掉不必要的 CSS 以及 JavaScript 功能與來達到速度快的效果，對於圖檔、文字字體、特定格式等限定，網頁如果有製作 AMP 頁面，幾乎不需要等待就能完整瀏覽頁面與加載完成，因此 AMP 也有加強 SEO 作用。

- Active User（活躍使用者）：在 Google Analytics「活躍使用者」報表可以讓分析者追蹤 1 天、7 天、14 天或 28 天內有多少使用者到您的網站拜訪，進而掌握使用者在指定的日期內對您網站或應用程式的熱衷程度。

- Ad Exchange（廣告交易平台）：類似一種股票交易平台的概念運作，讓廣告賣方和聯繫在一起，在此進行媒合與競價。

- Advertising（廣告主）：出錢買廣告的一方，例如最常見的電商店家。

- Advertorial（業配）：所謂「業配」是「業務配合」的簡稱，也就是商家付錢請電視台的業務部或是網路紅人對該店家進行採訪，透過電視台的新聞播放或網路紅人的推薦，例如在自身創作影片上以分享產品及商品介紹為主的內容，達成品牌置入性行銷廣告目的，透過影片即可達到觀眾獲取歸屬感，來吸引更多的用戶眼球，並讓觀看者跟著對產品趨之若鶩。

- Agency（代理商）：有些廣告對於廣告投放沒有任何經驗，通常會選擇直接請廣告代理商來幫忙規劃與操作。

- Affiliate Marketing（聯盟行銷）：在歐美是已經廣泛被運用的廣告行銷模式，是一種讓網友與商家形成聯盟關係的新興數位行銷模式，廠商與聯盟會員利用聯盟行銷平台建立合作夥伴關係，讓沒有產品的推廣者也能輕鬆幫忙銷售商品。

- App Store：是蘋果公司針對使用 iOS 作業系統的系列產品，讓用戶可透過手機或上網購買或免費試用裡面 App。

- Apple Pay：是 Apple 的一種手機信用卡付款方式，只要使用該公司推出的 iPhone 或 Apple Watch（iOS 9 以上）相容的行動裝置，並將自己卡號輸入 iPhone 中的 Wallet App，經過驗證手續完畢後，就可以使用 Apple Pay 來購物，還比傳統信用卡來得安全。

- Application（App）：就是軟體開發商針對智慧型手機及平板電腦所開發的一種應用程式，App 涵蓋的功能包括了圍繞於日常生活的的各項需求。

- Application Service Provider, ASP（**應用軟體租賃服務業**）：只要可以透過網際網路或專線，以租賃的方式向提供軟體服務的供應商承租，定期僅需固定支付租金，即可迅速導入所需之軟體系統，並享有更新升級的服務。

- Artificial Intelligence, AI（**人工智慧**）：人工智慧的概念最早是由美國科學家 John McCarthy 於 1955 年提出，目標為使電腦具有類似人類學習解決複雜問題與展現思考等能力，也就是由電腦所模擬或執行，具有類似人類智慧或思考的行為，例如推理、規劃、問題解決及學習等能力。

- Asynchronous JavaScript and XML, AJAX：是一種新式動態網頁技術，結合了 Java 技術、XML 以及 JavaScript 技術，類似 DHTML。可提高網頁開啟的速度、互動性與可用性，並達到令人驚喜的網頁特效。

- Augmented Reality, AR（**擴增實境**）：就是一種將虛擬影像與現實空間互動的技術，透過攝影機影像的位置及角度計算，在螢幕上讓真實環境中加入虛擬畫面，強調的不是要取代現實空間，而是在現實空間中添加一個虛擬物件，並且能夠即時產生互動，各位應該看過電影鋼鐵人在與敵人戰鬥時，頭盔裡會自動跑出敵人路徑與預估火力，就是一種 AR 技術的應用。

- Average Order Value, AOV（**平均訂單價值**）：所有訂單帶來收益的平均金額，AOV 越高當然越好。

- Avg. Session Duration（**平均工作階段時間長度**）：是指所有工作階段的總時間長度（秒）除以工作階段總數所求得的數值。網站訪客平均單次訪問停留時間，這個時間當然是越長越好。

- Avg. Time on Page（平均網頁停留時間）：是用來顯示訪客在網站特定網頁上的平均停留時間。

- Backlink（反向連結）：就是從其他網站連到你的網站的連結，如果你的網站擁有優質的反向連結（例如：新聞媒體、學校、大企業、政府網站），代表你的網站越多人推薦，當反向連結的網站越多、就越被搜尋引擎所重視。

- Bandwidth（頻寬）：是指固定時間內網路所能傳輸的資料量，通常在數位訊號中是以 bps 表示，即每秒可傳輸的位元數（bits per second）。

- Banner Ad（橫幅廣告）：最常見的收費廣告，自 1994 年推出以來就廣獲採用至今，在所有與品牌推廣有關的行動行銷手段中，橫幅廣告的作用最為直接，主要利用在網頁上的固定位置，至於橫幅廣告活動要能成功，全賴廣告素材的品質。

- Beacon：是種藉由「低功耗藍牙技術」（Bluetooth Low Energy, BLE），藉由室內定位技術應用，可做為物聯網和大數據平台的小型串接裝置，具有主動推播行銷應用特性，比 GPS 有更精準的微定位功能，是連結店家與消費者的重要環節，只要手機安裝特定 App，透過藍牙接收到代碼便可觸發 App 做出對應動作，可以包括在室內導航、行動支付、百貨導覽、人流分析，及物品追蹤等近接感知應用。

- Big Data（大數據）：由 IBM 於 2010 年提出，大數據不僅僅是指更多資料而已，主要是指在一定時效（Velocity）內進行大量（Volume）且多元性（Variety）資料的取得、分析、處理、保存等動作，主要特性包含三種層面：大量性（Volume）、速度性（Velocity）及多樣性（Variety）。

- Black Hat SEO（黑帽 SEO）：是指有些手段較為激進的 SEO 做法，透過欺騙或隱瞞搜尋引擎演算法的方式，獲得排名與免費流量，常用的手法包括在建立無效關鍵字的網頁、隱藏關鍵字、關鍵字填充、購買舊網域、不相關垃圾網站建立連結或付費購買連結等。

- Bots Traffic（機器人流量）：非人為產生的作假流量，就是機器流量的俗稱。

- Bounce Rate（跳出率、彈出率）：是指單頁造訪率，也就是訪客進入網站後在固定時間內（通常是 30 分鐘）只瀏覽了一個網頁就離開網站的次數百分比，這個比例數字越低越好，愈低表示你的內容抓住網友的興趣，跳出率太高多半是網站設計不良所造成。

- Breadcrumb Trail（麵包屑導覽列）：也稱為導覽路徑，是一種基本的橫向文字連結組合，透過層級連結來帶領訪客更進一步瀏覽網站的方式，對於提高用戶體驗來說，是相當有幫助。

- Business to Business, B2B（企業對企業間）：指的是企業與企業間或企業內透過網際網路所進行的一切商業活動。例如上下游企業的資訊整合、產品交易、貨物配送、線上交易、庫存管理等。

- Business to Customer, B2C（企業對消費者間）：是指企業直接和消費者間的交易行為，一般以網路零售業為主，將傳統由實體店面所銷售的實體商品，改以透過網際網路直接面對消費者進行實體商品或虛擬商品的交易活動，大大提高了交易效率，節省了各類不必要的開支。

- Button Ad（按鈕式廣告）：是一種小面積的廣告形式，因為收費較低，較符合無法花費大筆預算的廣告主，例如 Call to Action, CTA（行動號召）鈕就是一個按鈕式廣告模式，就是希望召喚消費者去採取某些有助消費的活動。

- Buzz Marketing（話題行銷）：或稱蜂鳴行銷和口碑行銷類似，企業或品牌利用最少的方法主動進行宣傳，在討論區引爆話題，造成人與人之間的口耳相傳，如蜜蜂在耳邊嗡嗡作響的 buzz，然後再吸引媒體與消費者熱烈討論。

- Call-to-Action, CTA（行動號召）：希望訪客去達到某些目的的行動，就是希望召喚消費者去採取某些有助消費的活動，例如故意將訪客引導至網站策劃的「到達頁面」（Landing Page），會有特別的 CTA，讓訪客參與店家企劃的活動。

- Cascading Style Sheets, CSS：一般稱之為串聯式樣式表，其作用主要是為了加強網頁上的排版效果（圖層也是 CSS 的應用之一），可以用來定義 HTML 網頁上物件的大小、顏色、位置與間距，甚至是為文字、圖片加上陰影等等功能。

- Channel Grouping（管道分組）：因為每一個流量的來源特性不一致，而且網路流量的來源可能非常多種管道，為了有效管理及分析各個流量的成效，就有必要將流量根據它的性質來加以分類，這就是所謂的管道分組。

- Churn Rate（流失率）：代表你的網站中一次性消費的顧客，佔所有顧客裡面的比率，這個比率當然是越低越好。

- Click（點擊率）：是指網路用戶使用滑鼠點擊某個廣告的次數，每點選一次即稱為 one click。

- Click Through Rate, CTR（點閱率）：或稱為點擊率，是指在廣告曝光的期間內有多少人看到廣告後決定按下的人數百分比，也就是是指廣告獲得的點擊次數除以曝光次數的點閱百分比，可作為一種衡量網頁熱門程度的指標。

- Cloud Computing（雲端運算）：已經被視為下一波電子商務與網路科技結合的重要商機，雲端運算時代來臨將大幅加速電子商務市場發展，「雲端」其實就是泛指「網路」，來表達無窮無際的網路資源，代表了龐大的運算能力。

- Cloud Service（雲端服務）：其實就是「網路運算服務」，如果將這種概念進而衍伸到利用網際網路的力量，透過雲端運算將各種服務無縫式的銜接，讓使用者可以連接與取得由網路上多台遠端主機所提供的不同服務。

- Computer Version, CV（電腦視覺）：CV 是一種研究如何使機器「看」的系統，讓機器具備與人類相同的視覺，以做為產品差異化與大幅提升系統智慧的手段。

- Content Marketing（內容行銷）：滿足客戶對資訊的需求，與多數傳統廣告相反，是一門與顧客溝通但不做任何銷售的藝術，就在於如何設定內容策略，可以既不直接宣傳產品，不但能達到吸引目標讀者，又能夠圍繞在產品周圍，並且讓消費者喜歡，最後驅使消費者採取購買行動的行銷技巧，形式可以包括文章、圖片、影片、網站、型錄、電子郵件等。

- Conversion Rate Optimization, CRO（轉換優化）：是藉由讓網站內容優化來提高轉換率，達到以最低的成本得到最高的投資報酬率。轉換優化是數位行銷當中

至關重要的環節，涉及了解使用者如何在您的網站上移動與瀏覽細節，電商品牌透過優化每一個階段的轉換率，讓顧客對瀏覽的體驗過程更加滿意，提升消費者購買的意願，一步步地把訪客轉換為顧客。

- Cookie：小型文字檔，網站經營者可以利用 Cookie 來了解到使用者的造訪記錄，例如造訪次數、瀏覽過的網頁、購買過哪些商品等。

- Customer Acquisition Cost, CAC（**客戶購置成本**）：所有說服顧客到你的網店購買之前所有投入的花費。

- Crowdfunding（**群眾集資**）：透過群眾的力量來募得資金，使 C2C 模式由生產銷售模式，延伸至資金募集模式，以群眾的力量共築夢想，來支持個人或組織的特定目標。近年來群眾募資在各地掀起浪潮，募資者善用網際網路吸引世界各地的大眾出錢，用小額贊助來尋求贊助各類創作與計畫。

- Customization（**客製化**）：是廠商依據不同顧客的特性而提供量身訂製的產品與不同的服務，消費者可在任何時間和地點，透過網際網路進入購物網站買到各種式樣的個人化商品。

- Conversion Rate, CR（**轉換率**）：網路流量轉換成實際訂單的比率，訂單成交次數除以同個時間範圍內帶來訂單的廣告點擊總數，就是從網路廣告過來的訪問者中最終成交客戶的比率。

- Cross-Border Ecommerce（**跨境電商**）：是全新的一種國際電子商務貿易型態，也就是消費者和賣家在不同的關境（實施同一海關法規和關稅制度境域）交易主體，透過電子商務平台完成交易、支付結算與國際物流送貨、完成交易的一種國際商業活動，讓消費者滑手機，就能直接購買全世界任何角落的商品。

- Cross-selling（**交叉銷售**）：當顧客進行消費的時候，發現顧客可能有多種需求時，說服顧客增加花費而同時售賣出多種相關的服務及產品。

- Computer Version, CV（**電腦視覺**）：是一種研究如何使機器「看」的系統，讓機器具備與人類相同的視覺，以做為產品差異化與大幅提升系統智慧的手段。

- Content Marketing（內容行銷）：是一門與顧客溝通但不做任何銷售的藝術，形式可以包括文章、圖片、影片、網站、型錄、電子郵件等，必須避免直接明示產品或服務，透過消費者感興趣的內容來潛移默化傳遞品牌價值，更容易帶來長期的行銷效益，甚至進一步讓人們主動幫你分享內容，以達到產品行銷的目的。

- Cost per Action, CPA（回應數收費）：廣告店家付出的行銷成本是以實際行動效果來計算付費，例如註冊會員、下載 App、填寫問卷等。畢竟廣告對店家而言，最實際的就是廣告期間帶來的訂單數，可以有效降低廣告店家的廣告投放風險。

- Cost per Click, CPC（點擊數收費）：一種按點擊數付費廣告方式，是指搜尋引擎的付費競價排名廣告推廣形式，就是按照點擊次數計費，不管廣告曝光量多少，沒人點擊就不用付錢。例如關鍵字廣告一般採用這種定價模式，不過這種方式比較容易作弊，經常導致廣告店家利益受損。

- Cost per Impression, CPI（播放數收費）：傳統媒體多採用這種計價方式，是以廣告總共播放幾次來收取費用，通常對廣告店家較不利，不過由於手機播放較容易吸引用戶的注意，仍然有些行動廣告是使用這種方式。

- Cost per Mille, CPM（廣告千次曝光費用）：全文應該是 Cost Per Mille Impression，指廣告曝光一千次所要花費的費用，就算沒有產生任何點擊，要千次曝光就會計費，通常多在數百元之間。

- Cost per Sales, CPS（實際銷售筆數付費）：近年日趨流行的計價收費方式，按照廣告點擊後產生的實際銷售筆數付費，也就是點擊進入廣告不用收費，算是一種 CPA 的變種廣告方式，目前相當受到許多電子商務網站歡迎，例如各大網路商城廣告。

- Cost per Lead, CPL（每筆名單成本）：以收集潛在客戶名單的數量來收費，也算是一種 CPC 的變種方式，例如根據聯盟行銷的會員數推廣效果來付費。

- Cost per Response, CPR（**訪客留言付費**）：根據每位訪客留言回應的數量來付費，這種以訪客的每一個回應計費方式是屬於輔助銷售的廣告模式。

- Coverage Rate（**覆蓋率**）：一個用來記錄廣告實際與希望觸及到了多少人的百分比。

- Creative Commons, CC（**創用 CC**）：是源自著名法律學者美國史丹佛大學 Lawrence Lessig 教授於 2001 年在美國成立 Creative Commons 非營利性組織，目的在提供一套簡單、彈性的「保留部分權利」（Some Rights Reserved）著作權授權機制。

- Creator（**創作者**）：包含文字、相片與影片內容的人，例如像 Blogger、Youtuber。

- Customer's Lifetime Value, CLV（**顧客終身價值**）：是指每一位顧客未來可能為企業帶來的所有利潤預估值，也就是透過購買行為，企業會從一個顧客身上獲得多少營收。

- Customer Relationship Management, CRM（**顧客關係管理**）：是由 Brian Spengler 在 1999 年提出，最早開始發展顧客關係管理的國家是美國。**CRM** 的定義是指企業運用完整的資源，以客戶為中心的目標，讓企業具備更完善的客戶交流能力，透過所有管道與顧客互動，並提供適當的服務給顧客。

- Customer-to-Busines, C2B（**消費者對企業型電子商務**）：是一種將消費者帶往供應者端，並產生消費行為的電子商務新類型，也就是主導權由廠商手上轉移到了消費者手中。

- Customer-to-Customer, C2C（**客戶對客戶型的電子商務**）：就是個人使用者透過網路供應商所提供的電子商務平台與其他消費者進行直接交易的商業行為，消費者可以利用此網站平台販賣或購買其他消費者的商品。

- Cybersquatter（**網路蟑螂**）：近年來網路出現了出現了一群搶先一步登記知名企業網域名稱的「網路蟑螂」，讓網域名稱爭議與搶註糾紛日益增加，不願妥協的企業公司就無法取回與自己企業相關的網域名稱。

- **Database Marketing（資料庫行銷）**：是利用資料庫技術，動態的維護顧客名單，並加以尋找出顧客行為模式特和潛在需求，也就是回到行銷最基本的核心 - 分析消費者行為，針對每個不同喜好的客戶給予不同的行銷文宣以達到企業對目標客戶的需求供應。

- **Data Highlighter（資料螢光筆）**：是一種 Google 網站管理員工具，讓您以點選方式進行操作，只需透過滑鼠就可以讓資料螢光筆標記網站上的重要資料欄位（如標題、描述、文章、活動等）。

- **Data Mining（資料探勘）**：則是一種資料分析技術，可視為資料庫中知識發掘的一種工具，可以從一個大型資料庫所儲存的資料中萃取出有價值的知識，廣泛應用於各行各業中，現代商業及科學領域都有許多相關的應用。

- **Data Warehouse（資料倉儲）**：於 1990 年由資料倉儲 Bill Inmon 首次提出，是以分析與查詢為目的所建置的系統，目的是希望整合企業的內部資料，並綜合各種外部資料，經由適當的安排來建立一個資料儲存庫。

- **Data Manage Platform, DMP（數據管理平台）**：主要應用於廣告領域，是指將分散的大數據進行整理優化，確實拼湊出顧客的樣貌，進而再使用來投放精準的受眾廣告，在數位行銷領域扮演重要的角色。

- **Data Science（資料科學）**：就是為企業組織解析大數據當中所蘊含的規律，就是研究從大量的結構性與非結構性資料中，透過資料科學分析其行為模式與關鍵影響因素，也就是在模擬決策模型，進而發掘隱藏在大數據資料背後的商機。

- **Deep Learning, DL（深度學習）**：算是 AI 的一個分支，也可以看成是具有層次性的機器學習法，源自於類神經網路（Artificial Neural Network）模型，並且結合了神經網路架構與大量的運算資源，目的在於讓機器建立與模擬人腦進行學習的神經網路，以解釋大數據中圖像、聲音和文字等多元資料。

- **Demand Side Platform, DSP（需求方服務平台）**：可以讓廣告主在平台上操作跨媒體的自動化廣告投放，像是設置廣告的目標受眾、投放的裝置或通路、競價方式、出價金額等等。

- Differentiated Marketing（**差異化行銷**）：現代企業為了提高行銷的附加價值，開始對每個顧客量身打造產品與服務，塑造個人化服務經驗與採用差異化行銷，蒐集並分析顧客的購買產品與習性，並針對不同顧客需求提供產品與服務，為顧客提供量身訂做式的服務。

- Digital Marketing（**數位行銷**）：或稱為網路行銷（Internet Marketing），是一種雙向的溝通模式，能幫助無數電商網站創造訂單創造收入，本質其實和傳統行銷一樣，最終目的都是為了影響目標消費者（Target Audience），主要差別在於行銷溝通工具不同，現在則可透過網路通訊的數位性整合，使文字、聲音、影像與圖片可以結合在一起，讓行銷的標的變得更為生動與即時。

- Dimension（**維度**）：Google Analytics 報表中所有的可觀察項目都稱為「維度」，例如訪客的特徵：這位訪客是來自哪一個國家／地區，或是這位訪客是使用哪一種語言。

- Direct Traffic（**直接流量**）：指訪問者直接輸入網址產生的流量，例如透過別人的電子郵件，然後透過信件中的連結到你的網站。

- Directory listing submission, DLS（**網站登錄**）：如果想增加網站曝光率，最簡便的方式可以在知名的入口網站中登錄該網站的基本資料，讓眾多網友可以透過搜尋引擎找到，稱為「網站登錄」。國內知名的入口及搜尋網站如 PChome、Google、Yahoo! 奇摩等，都提供有網站資訊登錄的服務。

- Down-sell（**降價銷售**）：當顧客對於銷售產品或服務都沒有興趣時，唯一一個銷售策略就是降價銷售。

- E-commerce ecosystem（**電子商務生態系統**）：則是指以電子商務為主體結合商業生態系統概念。

- E-Distribution（**電子配銷商**）：是最普遍也最容易了解的網路市集，將數千家供應商的產品整合到單一線上電子型錄，一個銷售者服務多家企業，主要優點是銷售者可以為大量的客戶提供更好的服務，將數千家供應商的產品整合到單一電子型錄上。

- **E-Learning（數位學習）**：是指在網際網路上建立一個方便的學習環境，在線上存取流通的數位教材，進行訓練與學習，讓使用者連上網路就可以學習到所需的知識，且與其他學習者互相溝通，不受空間與時間限制，也是知識經濟時代提升人力資源價值的新利器，可以讓學習者學習更方便、自主化的安排學習課程。

- **Electronic Commerce, EC（電子商務）**：就是一種在網際網路上所進行的交易行為，等與「電子」加上「商務」，主要是將供應商、經銷商與零售商結合在一起，透過網際網路提供訂單、貨物及帳務的流動與管理。

- **Electronic Funds Transfer, EFT（電子資金移轉或稱為電子轉帳）**：使用電腦及網路設備，通知或授權金融機構處理資金往來帳戶的移轉或調撥行為。例如在電子商務的模式中，金融機構間之電子資金移轉（EFT）作業就是一種 B2B 模式。

- **Electronic Wallet（電子錢包）**：是一種符合安全電子交易的電腦軟體，就是你在網路上購買東西時，可直接用電子錢包付錢，而不會看到個人資料，將可有效解決網路購物的安全問題。

- **Email Direct Marketing（電子報行銷）**：依舊是企業經營老客戶的主要方式，多半是由使用者訂閱，再經由信件或網頁的方式來呈現行銷訴求。由於電子報費用相對低廉，加上可以追蹤，這種作法將會大大的節省行銷時間及提高成交率。

- **Email Marketing（電子郵件行銷）**：含有商品資訊的廣告內容，以電子郵件的方式寄給不特定的使用者，除擁有成本低廉的優點外，更大的好處其實是能夠發揮「病毒式行銷」（Viral Marketing）的威力，創造互動分享（口碑）的價值。

- **E-Market Place（電子交易市集）**：在全球電子商務發展中所扮演的角色日趨重要，改變了傳統商場的交易模式，透過網路與資訊科技輔助所形成的虛擬市集，本身是一個網路的交易平台，具有能匯集買主與供應商的功能，其實就是一個市場，各種買賣都在這裡進行。

- **Engaged time（互動時間）**：了解網站內容和瀏覽者的互動關係，最理想的方式是記錄他們實際上在網站互動與閱讀內容的時間。

- Enterprise Information Portal, EIP（**企業資訊入口網站**）：是指在 Internet 的環境下，將企業內部各種資源與應用系統，整合到企業資訊的單一入口中。EIP 也是未來行動商務的一大利器，以企業內部的員工為對象，只要能夠無線上網，為顧客提供服務時，一旦臨時需要資料，都可以馬上查詢，讓員工幫你聰明地賺錢，還能更多元化的服務員工。

- E-Procurement（**電子採購商**）：是擁有的許多線上供應商的獨立第三方仲介，因為它們會同時包含競爭供應商和競爭電子配銷商的型錄，主要優點是可以透過賣方的競標，達到降低價格的目的，有利於買方來控制價格。

- E-Tailer（**線上零售商**）：是銷售產品與服務給個別消費者，而賺取銷售的收入，使製造商更容易地直接銷售產品給消費者，而除去中間商的部份。

- Exit Page（**離開網頁**）：是指於使用者工作階段中最後一個瀏覽的網頁。是指使用者瀏覽網站的過程中，訪客離開網站的最終網頁的機率。也就是說，離開率是計算網站多個網頁中的每一個網頁是訪客離開這個網站的最後一個網頁的比率。

- Exit Rate（**離站率**）：訪客在網站上所有的瀏覽過程中，進入某網頁後離開網站的次數，除以所有進入包含此頁面的總次數。

- Expert System, ES（**專家系統**）：是一種將專家（如醫生、會計師、工程師、證券分析師）的經驗與知識建構於電腦上，以類似專家解決問題的方式透過電腦推論某一特定問題的建議或解答。例如環境評估系統、醫學診斷系統、地震預測系統等都是大家耳熟能詳的專業系統。

- eXtensible Markup Language, XML（**可延伸標記語言**）：中文譯為「可延伸標記語言」，可以定義每種商業文件的格式，並且能在不同的應用程式中都能使用，由全球資訊網路標準制定組織 W3C，根據 SGML 衍生發展而來，是一種專門應用於電子化出版平台的標準文件格式。

- External Link（**反向連結**）：就是從其他網站連到你的網站的連結，如果你的網站擁有優質的反向連結（例如：新聞媒體、學校、大企業、政府網站），代表你的網站越多人推薦，當反向連結的網站越多，就越被搜尋引擎所重視。

- **Extranet（商際網路）**：是為企業上、下游各相關策略聯盟企業間整合所構成的網路，需要使用防火牆管理，通常 Extranet 是屬於 Intranet 的子網路，可將使用者延伸到公司外部，以便客戶、供應商、經銷商以及其他公司，可以存取企業網路的資源。

- **Fashionfluencer（時尚網紅）**：在時尚界具有話語權的知名網紅。

- **Featured Snippets（精選摘要）**：Google 從 2014 年起，為了提升用戶的搜尋經驗與針對所搜尋問題給予最直接的解答，會從前幾頁的搜尋結果節錄適合的答案，並在 SERP 頁面最顯眼的位置產生出內容區塊（第 0 個位置），通常會以簡單的文字、表格、圖片、影片，或條列解答方式，內容包括商品、新聞推薦、國際匯率、運動賽事、電影時刻表、產品價格、天氣，與知識問答等，還會在下方帶出店家網站標題與網址。

- **Fifth-Generation（5G）**：是行動電話系統第五代，也是 4G 之後的延伸，5G 技術是整合多項無線網路技術而來，包括幾乎所有以前幾代行動通訊的先進功能，對一般用戶而言，最直接的感覺是 5G 比 4G 又更快、更不耗電，預計未來將可實現 10Gbps 以上的傳輸速率。這樣的傳輸速度下可以在短短 6 秒中，下載 15GB 完整長度的高畫質電影。

- **File Transfer Protocol, FTP（檔案傳輸協定）**：透過此協定，不同電腦系統，也能在網際網路上相互傳輸檔案。檔案傳輸分為兩種模式：下載（Download）和上傳（Upload）。

- **Financial Electronic Data Interchange, FEDI（金融電子資料交換）**：是一種透過電子資料交換方式進行企業金融服務的作業介面，就是將 EDI 運用在金融領域，可作為電子轉帳的建置及作業環境。

- **Filter（過濾）**：是指捨棄掉報表上不需要或不重要的數據。

- **Fitfluencer（健身網紅）**：經常在針對運動、健身或瘦身、飲食分享許多經驗及小撇步，例如知名的館長。

- Followers（追蹤訂閱）：增加訂閱人數，主動將網站新資訊傳送給他們，是提高品牌忠誠度與否的一大指標。

- Foodfluencer（美食網紅）：指在美食、烹調與餐飲領域有影響力的人，通常會分享餐廳、美食、品酒評論等。

- Fourth-generation（4G）：行動電話系統的第四代，是 3G 之後的延伸，為新一代行動上網技術的泛稱，傳輸速度理論值約比 3.5G 快 10 倍以上，能夠達成更多樣化與私人化的網路應用。LTE（Long Term Evolution，長期演進技術）是全球電信業者發展 4G 的標準。

- Fragmentation Era（碎片化時代）：代表現代人的生活被很多碎片化的內容所切割，因此想要抓住受眾的眼球越來越難，同樣的品牌接觸消費者的地點也越來越不固定，接觸消費者的時間越來越短暫，碎片時間搖身一變成為贏得消費者的黃金時間。

- Fraud（作弊）：特別是指流量作弊。

- Gamification Marketing（遊戲化行銷）：是指將遊戲中有好玩的元素與機制，透過行銷活動讓受眾「玩遊戲」，同時深化參與感，將你的目標客戶緊緊黏住，因此成了各個品牌不斷探索的新行銷模式。

- Google AdWords（關鍵字廣告）：是一種 Google 推出的關鍵字行銷廣告，包辦所有 google 的廣告投放服務，例如您可以根據目標決定出價策略，選擇正確的廣告出價類型，例如是否要著重在獲得點擊、曝光或轉換。Google Adwords 的運作模式就好像世界級拍賣會，瞄準你想要購買的關鍵字，出一個你覺得適合的價格，如果你的價格比別人高，你就有機會取得該關鍵字，並在該關鍵字曝光你的廣告。

- Google Analytics, GA：是一套免費且功能強大的跨平台行動行銷流量分析工具，能提供最新的數據分析資料，包括網站流量、訪客來源、行銷活動成效、頁面拜訪次數、訪客回訪等，幫助客戶有效追蹤網站數據和訪客行為，稱得上是全方位監控網站與 App 完整功能的必備網站分析工具。

- Google Analytics Tracking Code（Google Analytics 追蹤碼）：這組追蹤碼會追蹤到訪客在每一頁上所進行的行為，並將資料送到 Google Analytics 資料庫，再透過各種演算法的運算與整理，將這些資料儲存起來，並在 Google Analytics 以各種類型的報表呈現。

- Google Data Studio：是一套免費的資料視覺化製作報表的工具，它可以串接多種 Google 的資料，再將所取得的資料結合該工具的多樣圖表、版面配置、樣式設定…等功能，讓報表以更為精美的外觀呈現。

- Google Hummingbird（蜂鳥演算法）：蜂鳥演算法與以前的熊貓演算法和企鵝演算法演算模式不同，主要是加入了自然語言處理（Natural Language Processing, NLP）的方式，讓 Google 使用者的查詢，與搜尋結果更精準且快速，還能打擊過度關鍵字填充，為大幅改善 Google 資料庫的準確性，針對用戶的搜尋意圖進行更精準的理解，去判讀使用者的意圖，期望是給用戶快速精確的答案，而不再是只是一大堆的相關資料。

- Google Play：Google 也推出針對 Android 系統所提供的一個線上應用程式服務平台 -Google Play，透過 Google Play 網頁可以尋找、購買、瀏覽、下載及評比使用手機免費或付費的 App 和遊戲，Google Play 為一開放性平台，任何人都可上傳其所開發的應用程式。

- Google Panda（熊貓演算法）：主要是一種確認優良內容品質的演算法，負責從搜索結果中刪除內容整體品質較差的網站，目的是減少內容農場或劣質網站的存在，例如有複製、抄襲、重複或內容不良的網站，特別是避免用目標關鍵字填充頁面或使用不正常的關鍵字用語，這些將會是熊貓演算法首要打擊的對象，只要是原創品質好又經常更新內容的網站，一定會獲得 Google 的青睞。

- Google Penguin（企鵝演算法）：我們知道連結是 Google SEO 的重要因素之一，企鵝演算法主要是為了避免垃圾連結與垃圾郵件的不當操縱，並確認優良連結品質的演算法，Google 希望網站的管理者應以產生優質的外部連結為目的，垃圾郵件或是操縱任何鏈接都不會帶給網站額外的價值，不要只是為了提高網站流量、排名，刻意製造相關性不高或虛假低品質的外部連結。

- Graphics Processing Unit, GPU（**圖形處理器**）：可説是近年來科學計算領域的最大變革，是指以圖形處理單元（GPU）搭配 CPU，GPU 則含有數千個小型且更高效率的 CPU，不但能有效處理平行運算（Parallel Computing），還可以大幅增加運算效能。

- Gray Hat SEO（**灰帽 SEO**）：是一種介於黑帽 SEO 跟白帽 SEO 的優化模式，簡單來説，就是會有一點投機取巧，卻又不會嚴重的犯規，用險招讓網站承擔較小風險，遊走於規則的「灰色地帶」，因為這樣可以利用某些技巧藉來提升網站排名，同時又不會被搜尋引擎懲罰到，例如一些連結建置、交換連結、適當反覆使用關鍵字（盡量不違反 Google 原則）等及改寫別人文章，不過仍保有一定可讀性，也是目前很多 SEO 團隊比較偏好的優化方式。

- Global Positioning System, GPS（**全球定位系統**）：是透過衛星與地面接收器，達到傳遞方位訊息、計算路程、語音導航與電子地圖等功能，目前有許多汽車與手機都安裝有 GPS 定位器作為定位與路況查詢之用。

- Growth Hacking（**成長駭客**）：主要任務就是跨領域地結合行銷與技術背景，直接透過「科技工具」和「數據」的力量來短時間內快速成長與達成各種增長目標，所以更接近「行銷 + 程式設計」的綜合體。成長駭客和傳統行銷相比，更注重密集的實驗操作和資料分析，目的是創造真正流量，達成增加公司產品銷售與顧客的營利績效。

- Guy Kawasaki（**蓋伊 ‧ 川崎**）：社群媒體的網紅先驅者，經常會分享重要的社群行銷觀念。

- Hadoop：源自 Apache 軟體基金會（Apache Software Foundation）底下的開放原始碼計畫（Open source project），為了因應雲端運算與大數據發展所開發出來的技術，使用 Java 撰寫並免費開放原始碼，用來儲存、處理、分析大數據的技術，兼具低成本、靈活擴展性、程式部署快速和容錯能力等特點。

- Hashtag（**主題標籤**）：只要在字句前加上 #，便形成一個標籤，用以搜尋主題，是目前社群網路上相當流行的行銷工具，不但已經成為品牌行銷重要一環，可以利用時下熱門的關鍵字，並以 Hashtag 方式提高曝光率。

- Heat map（熱度圖、熱感地圖）：在一個圖上標記哪項廣告經常被點選，是獲得更多關注的部分，可了解使用者有興趣的瀏覽區塊。

- High Performance Computing, HPC（高效能運算）：透過應用程式平行化機制，就是在短時間內完成複雜、大量運算工作，專門用來解決耗用大量運算資源的問題。

- Horizontal Market（水平式電子交易市集）：水平式電子交易市集的產品是跨產業領域，可以滿足不同產業的客戶需求。此類網路交易商品，都是一些具標準化流程與服務性商品，同時也比較不需要個別產業專業知識與銷售與服務，可以經由電子交易市集可進行統一採購，讓所有企業對非專業的共同業務進行採買或交易。

- Host Card Emulation, HCE（主機卡模擬）：Google 於 2013 年底所推出的行動支付方案，可以透過 App 或是雲端服務來模擬 SIM 卡的安全元件。HCE 的加入已經悄悄點燃了行動支付大戰，僅需 Android 5.0（含）版本以上且內建 NFC 功能的手機，申請完成後卡片資訊（信用卡卡號）將會儲存於雲端支付平台，交易時由手機發出一組虛擬卡號與加密金鑰來驗證，驗證通過後才能完成感應交易，能避免刷卡時卡片資料外洩的風險。

- Hotspot（熱點）：是指在公共場所提供無線區域網路（WLAN）服務的連結地點，讓大眾可以使用筆記型電腦或 PDA，透過熱點的「無線網路橋接器」（AP）連結上網際網路，無線上網的熱點愈多，涵蓋區域便愈廣。

- Hunger Marketing（飢餓行銷）：是以「賣完為止、僅限預購」來創造行銷話題，製造產品一上市就買不到的現象，促進消費者購買該產品的動力，讓消費者覺得數量有限而不買可惜。

- Hypertext Markup Language, HTML：標記語言是一種純文字型態的檔案，以一種標記的方式來告知瀏覽器將以何種方式來將文字、圖像等多媒體資料呈現於網頁之中。通常要撰寫網頁的 HTML 語法時，只要使用 Windows 預設的記事本就可以了。

- Impression, IMP（**曝光數**）：經由廣告到網友所瀏覽的網頁上一次即為曝光數一次。

- Influencer（**影響者 / 網紅**）：在網路上某個領域具有影響力的人。

- Influencer Marketing（**網紅行銷**）：虛擬社交圈更快速取代傳統銷售模式，網紅的推薦甚至可以讓廠商業績翻倍，素人網紅似乎在目前的社群平台比明星代言人更具行銷力。

- Intellectual Property Rights, IPR（**智慧財產權**）：劃分為著作權、專利權、商標權等三個範疇進行保護規範，這三種領域保護的智慧財產權並不相同，在制度的設計上也有所差異，例如發明專利、文學和藝術作品、表演、錄音、廣播、標誌、圖像、產業模式、商業設計等等。

- Internet（**網際網路**）：最簡單的說法就是一種連接各種電腦網路的網路，以 TCP/IP 為它的網路標準，也就是說只要透過 TCP/IP 協定，就能享受 Internet 上所有一致性的服務。網際網路上並沒有中央管理單位的存在，而是數不清的個人網路或組織網路，這網路聚合體中的每一成員自行營運與負擔費用。

- Internet Bank（**網路銀行**）：係指客戶透過網際網路與銀行電腦連線，無須受限於銀行營業時間、營業地點之限制，隨時隨地從事資金調度與理財規劃，並可充分享有隱密性與便利性，即可直接取得銀行所提供之各項金融服務，現代家庭中有許多五花八門的帳單，都可以透過電腦來進行網路轉帳與付費。

- Internet Celebrity Marketing（**網紅行銷**）：並非是一種全新的行銷模式，就像過去品牌找名人代言，主要是透過與藝人結合，提升本身品牌價值，相對於企業砸重金請明星代言，網紅的推薦甚至可以讓廠商業績翻倍，素人網紅似乎在目前的行動平台更具說服力，逐漸地取代過去以明星代言的行銷模式。

- Internet Content Provider, ICP（**線上內容提供者**）：是向消費者提供網際網路資訊服務和增值業務，主要提供有智慧財產權的數位內容產品與娛樂，包括期刊、雜誌、新聞、CD、影帶、線上遊戲等。

- **Internet of Things, IOT（物聯網）**：是近年資訊產業中一個非常熱門的議題，被認為是網際網路興起後足以改變世界的第三次資訊新浪潮，它的特性是將各種具裝置感測設備的物品，例如 RFID、環境感測器、全球定位系統（GPS）雷射掃描器等裝置與網際網路結合起來而形成的一個巨大網路系統，並透過網路技術讓各種實體物件、自動化裝置彼此溝通和交換資訊，也就是透過網路把所有東西都連結在一起。

- **Internet Marketing（網路行銷）**：藉由行銷人員將創意、商品及服務等構想，利用通訊科技、廣告促銷、公關及活動方式在網路上執行。

- **Intranet（企業內部網路）**：透過 TCP/IP 協定來串連企業內外部的網路，以 Web 瀏覽器作為統一的使用者介面，更以 Web 伺服器來提供統一服務窗口。

- **JavaScript**：是一種直譯式（Interpret）的描述語言，是在客戶端（瀏覽器）解譯程式碼，內嵌在 HTML 語法中，當瀏覽器解析 HTML 文件時就會直譯 JavaScript 語法並執行，JavaScript 不只能讓我們隨心所欲控制網頁的介面，也能夠與其他技術搭配做更多的應用。

- **jQuery**：是一套開放原始碼的 JavaScript 函式庫（Library），可以說是目前最受歡迎的 JS 函式庫，不但簡化了 HTML 與 JavaScript 之間與 DOM 文件的操作，讓我們輕鬆選取物件，並以簡潔的程式完成想做的事情，也可以透過 jQuery 指定 CSS 屬性值，達到想要的特效與動畫效果。

- **Key Opinion Leader, KOL（關鍵意見領袖）**：能夠在特定專業領域對其粉絲或追隨者有發言權及強大影響力的人，也就是我們常說的網紅。

- **Keyword（關鍵字）**：就是與各位網站內容相關的重要名詞或片語，也就是在搜尋引擎上所搜尋的一組字，例如企業名稱、網址、商品名稱、專門技術、活動名稱等。

- **Keyword Advertisements（關鍵字廣告）**：是許多商家行動行銷的入門選擇之一，它的功用可以讓店家的行銷資訊在搜尋關鍵字時，會將店家所設定的廣告內容

曝光在搜尋結果最顯著的位置，讓各位以最簡單直接的方式，接觸到搜尋該關鍵字的網友所而產生的商機。

- Landing Page（**到達頁**）：到達網頁是指使用者拜訪網站的第一個網頁，這一個網頁不一定是該網站的首頁，只要是網站內所有的網頁都可能是到達網頁。到達頁和首頁最大的不同，就是到達頁只有一個頁面就要完成讓訪客馬上吸睛的任務，通常這個頁面是以誘人的文案請求訪客完成購買或登記。

- Law of Diminishing Firms（**公司遞減定律**）：在摩爾定律及梅特卡菲定律的影響之下，專業分工、外包、策略聯盟、虛擬組織將比傳統業界來得更經濟及更有績效，形成一價值網路（Value Network），而使得公司的規模有遞減的現象。

- Law of Disruption（**擾亂定律**）：結合了「摩爾定律」與「梅特卡夫定律」的第二級效應，主要是指出社會、商業體制與架構以漸進的方式演進，但是科技卻以幾何級數發展，速度遠遠落後於科技變化速度，當這兩者之間的鴻溝愈來愈擴大，使原來的科技、商業、社會、法律間的平衡被擾亂，因此產生了所謂的失衡現象，就愈可能產生革命性的創新與改變。

- LINE Pay：主要以網路店家為主，將近 200 個品牌都可以支付，LINE Pay 支付的通路相當多元化，越來越多商家加入 LINE 購物平台，可讓您透過信用卡或現金儲值，信用卡只需註冊一次，同時支援線上與實體付款，而且 LINE Pay 累積點數非常快速，且許多通路都可以使用點數折抵。

- Location Based Service, LBS（**定址服務**）：或稱為「適地性服務」，是行動行銷中相當成功的環境感知的創新應用，透過行動隨身設備的各式感知裝置，例如當消費者在到達某個商業區時，可以利用手機快速查詢所在位置周邊的商店、場所以及活動等即時資訊。

- Logistics（**物流**）：是電子商務模型的基本要素，定義是指產品從生產者移轉到經銷商、消費者的整個流通過程，透過有效管理程序，並結合包括倉儲、裝卸、包裝、運輸等相關活動。

- Long Tail Keyword（**長尾關鍵字**）：是網頁上相對不熱門，不過也可以帶來搜索流量，但接近主要關鍵字的關鍵字詞。

- Long Term Evolution, LTE（**長期演進技術**）：是以現有的 GSM ／ UMTS 的無線通信技術為主來發展，不但能與 GSM 服務供應商的網路相容，用戶在靜止狀態的傳輸速率達 1Gbps，而在行動狀態也可以達到最快的理論傳輸速度 170Mbps 以上，是全球電信業者發展 4G 的標準。例如各位傳輸 1 個 95M 的影片檔，只要 3 秒鐘就完成。

- Machine Learning, ML（**機器學習**）：機器透過演算法來分析數據、在大數據中找到規則，機器學習是大數據發展的下一個進程，可以發掘多資料元變動因素之間的關聯性，進而自動學習並且做出預測，充分利用大數據和演算法來訓練機器。

- Marketing Mix（**行銷組合**）：可以看成是一種協助企業建立各市場系統化架構的元素，藉著這些元素來影響市場上的顧客動向。美國行銷學學者 Jerome McCarthy 在 20 世紀的 60 年代提出了著名的 4P 行銷組合，所謂行銷組合的 4P 理論是指行銷活動的四大單元，包括產品（Product）、價格（Price）、通路（Place）與促銷（Promotion）等四項。

- Market Segmentation（**市場區隔**）：是指任何企業都無法滿足所有市場的需求，應該著手建立產品的差異化，行銷人員根據市場的觀察進行判斷，在經過分析市場的機會後，接著便在該市場中選擇最有利可圖的區隔市場，並且集中企業資源與火力，強攻下該市場區隔的目標市場。

- Merchandise Turnover Rate（**商品迴轉率**）：指商品從入庫到售出時所經過的這一段時間和效率，也就是指固定金額的庫存商品在一定的時間內週轉的次數和天數，可以作為零售業的銷售效率或商品生產力的指標。

- Metcalfe's Law（**梅特卡夫定律**）：是一種網路技術發展規律，也就是使用者越多，其價值便大幅增加，對原來的使用者而言，反而產生的效用會越大。

- Metrics（**指標**）：觀察項目量化後的數據被稱為「指標（Metrics）」，也就是進一步觀察該訪客的相關細節，這是資料的量化評估方式。舉例來說，「語言」維度可連結「使用者」等指標，在報表中就可以觀察到特定語言所有使用者人數的總計值或比率。

- Micro Film（**微電影**）：又稱為「微型電影」，它是在一個較短時間且較低預算內，把故事情節或角色／場景，以視訊方式傳達其理念或品牌，適合在短暫的休閒時刻或移動的情況下觀賞。

- Mobile-Friendliness（**行動友善度**）：就是讓行動裝置操作環境能夠盡可能簡單化與提供使用者最佳化行動瀏覽體驗，包括閱讀時的舒適程度，介面排版簡潔、流暢的行動體驗、點選處是否有足夠空間、字體大小、橫向滾動需求、外掛程式是否相容等等。

- Mixed Reality（**混合實境**）：介於 AR 與 VR 之間的綜合模式，打破真實與虛擬的界線，同時擷取 VR 與 AR 的優點，透過頭戴式顯示器將現實與虛擬世界的各種物件進行更多的結合與互動，產生全新的視覺化環境，並且能夠提供比 AR 更為具體的真實感，未來很有可能會是視覺應用相關技術的主流。

- Mobile Advertising（**行動廣告**）：就是在行動平台上做的廣告，與一般傳統與網路廣告的方式並不相同，擁有隨時隨地互動的特性與一般傳統廣告的方式並不相同。

- Mobile Commerce, m-Commerce（**行動商務**）：電商發展最新趨勢，不但促進了許多另類商機的興起，更有可能改變現有的產業結構。自從 2015 年開始，現代人人手一機，人們的視線已經逐漸從電視螢幕轉移到智慧型手機上，從網路優先（Web First）向行動優先（Mobile First）靠攏的數位浪潮上，而且這股行銷趨勢越來越明顯。

- Mobile Marketing（**行動行銷**）：主要是指伴隨著手機和其他以無線通訊技術為基礎的行動終端的發展而逐漸成長起來的一種全新的行銷方式，不僅突破了傳統定點式網路行銷受到空間與時間的侷限，也就是透過行動通訊網路來進行的商業交易行為。

- Mobile Payment（**行動支付**）：就是指消費者透過手持式行動裝置對所消費的商品或服務進行帳務支付的一種方式，很多人以為行動支付就是用手機付款，其實手機只是一個媒介，平板電腦、智慧手錶，只要可以連網都可以拿來做為行動支付。

- Moore's law（**摩爾定律**）：表示電子計算相關設備不斷向前快速發展的定律，主要是指一個尺寸相同的 IC 晶片上，所容納的電晶體數量，因為製程技術的不斷提升與進步，每隔約十八個月會加倍，執行運算的速度也會加倍，但製造成本卻不會改變。

- Multi-Channel（**多通路**）：是指企業採用兩條或以上完整的零售通路進行銷售活動，每條通路都能完成銷售的所有功能，例如同時採用直接銷售、電話購物或在 PChome 商店街上開店，也擁有自己的品牌官方網站，就是每條通路都能完成買賣的功能。

- Native Advertising（**原生廣告**）：一種讓大眾自然而然閱讀下去，不容易發現自己在閱讀廣告的廣告形式，讓訪客瀏覽體驗時的干擾降到最低，不僅傳達產品廣告訊息，也提升使用者的接受度。

- Natural Language Processing, NLP（**自然語言處理**）：就是讓電腦擁有理解人類語言的能力，也就是一種藉由大量的文字資料搭配音訊數據，並透過複雜的數學聲學模型（Acoustic model）及演算法來讓機器去認知、理解、分類並運用人類日常語言的技術。

- Nav tag（**nav 標籤**）：能夠設置網站內的導航區塊，可以用來連結到網站其他頁面，或者連結到網站外的網頁，例如主選單、頁尾選單等，能讓搜尋引擎把這個標籤內的連結視為重要連結。

- Near Field Communication, NFC（**近場通訊**）：是由 PHILIPS、NOKIA 與 SONY 共同研發的一種短距離非接觸式通訊技術，可在您的手機與其他 NFC 裝置之間傳輸資訊，例如手機、NFC 標籤或支付裝置，因此逐漸成為行動交易、行銷接收工具的最佳解決方案。

- Network Economy（**網路經濟**）：是一種分散式的經濟，帶來了與傳統經濟方式完全不同的改變，最重要的優點就是可以去除傳統中間化，降低市場交易成本，整個經濟體系的市場結構也出現了劇烈變化，這種現象讓自由市場更有效率地靈活運作。

- Network Effect（**網路效應**）：對於網路經濟所帶來的效應而言，有一個很大的特性就是產品的價值取決於其總使用人數，透過網路無遠弗屆的特性，一旦使用者數目跨過門檻，也就是越多人有這個產品，那麼它的價值自然越高，登時展開噴出行情。

- New Visit（**新造訪**）：沒有任何造訪記錄的訪客，數字愈高表示廣告成功地吸引了全新的消費訪客。

- Nofollow tag（**nofollow 標籤**）：由於連結是影響搜尋排名的其中一項重要指標，nofollow 標籤就是用於向搜尋引擎表示目前所處網站與特定網站之間沒有關連，這個標籤是在告訴搜尋引擎，不要前往這個連結指向的頁面，也不要將這個連結列入權重。

- Omni-Channel（**全通路**）：是利用各種通路為顧客提供交易平台，以消費者為中心的 24 小時營運模式，並且消除各個通路間的壁壘，以前所未見的速度與範圍連結至所有消費者，包括在實體和數位商店之間的無縫轉換，去真正滿足消費者的需要，提供了更客製化的行銷服務，不管是透過線上或線下都能達到最佳的消費體驗。

- Online Analytical Processing, OLAP（**線上分析處理**）：可被視為是多維度資料分析工具的集合，使用者在線上即能完成的關聯性或多維度的資料庫（例如資料倉儲）的資料分析作業，並能即時快速地提供整合性決策。

- Online and Offline, ONO：就是將線上網路商店與線下實體店面能夠高度結合的共同經營模式，從而實現線上線下資源互通，雙邊的顧客也能彼此引導與消費的局面。

- Online Broker（線上仲介商）：主要的工作是代表其客戶搜尋適當的交易對象，並協助其完成交易，藉以收取仲介費用，本身並不會提供商品，包括證券網路下單、線上購票等。

- Online Community Provider, OCP（線上社群提供者）：是聚集相同興趣的消費者形成一個虛擬社群來分享資訊、知識、甚或販賣相同產品。多數線上社群提供者會提供多種讓使用者互動的方式，可以為聊天、寄信、影音、互傳檔案等。

- Online Interacts with Offline, OIO：就是線上線下互動經營模式，近年電商業者陸續建立實體據點與體驗中心，即除了電商提供網購服務之外，並協助實體零售業者在既定的通路基礎上，可以給予消費者與商品面對面接觸，並且為消費者提供交貨或者送貨服務，彌補了電商平台經營服務的不足。

- Offline Mobile Online, OMO 或 O2M：更強調的是行動端，打造線上 - 行動 - 線下三位一體的全通路模式，形成實體店家、網路商城、與行動終端深入整合行銷，並在線下完成體驗與消費的新型交易模式。

- Online Service Offline：是結合 O2O 模式與 B2C 的行動電商模式，把用戶服務納入進來的新型電商運營模式即線上商城 + 直接服務 + 線下體驗。

- Offline to Online（反向 O2O）：從實體通路連回線上，消費者可透過在線下實際體驗後，透過 QR code 或是行動終端連結等方式，引導消費者到線上消費，並且在線上平台完成購買並支付。

- Online to Offline, O2O：O2O 模式就是整合「線上（Online）」與「線下（Offline）」兩種不同平台所進行的一種行銷模式，也就是將網路上的購買或行銷活動帶到實體店面的模式。

- OnlINE Transaction Processing, OLTP（線上交易處理）：是指經由網路與資料庫的結合，以線上交易的方式處理一般即時性的作業資料。

- Organic Traffic（自然流量）：指訪問者透過搜尋引擎，由搜尋結果進去你的網站的流量，通常品質是較好。

- Page View, PV（**頁面瀏覽次數**）：是指在瀏覽器中載入某個網頁的次數，如果使用者在進入網頁後按下重新載入按鈕，就算是另一次網頁瀏覽。簡單來說就是瀏覽的總網頁數。數字越高越好，表示你的內容被閱讀的次數越多。

- Paid Search（**付費搜尋流量**）：這類管道和自然搜尋有一點不同，它不像自然搜尋是免費的，反而必須付費的，例如 Google、Yahoo 關鍵字廣告（如 Google Ads 等關鍵字廣告），讓網站能夠在特定搜尋中置入於搜尋結果頁面，簡單的說，它是透過搜尋引擎上的付費廣告的點擊進入到你的網站。

- Parallel Processing（**平行處理**）：這種技術是同時使用多個處理器來執行單一程式，借以縮短運算時間。其過程會將資料以各種方式交給每一顆處理器，為了實現在多核心處理器上程式性能的提升，還必須將應用程式分成多個執行緒來執行。

- PayPal：是全球最大的線上金流系統與跨國線上交易平台，適用於全球 203 個國家，屬於 ebay 旗下的子公司，可以讓全世界的買家與賣家自由選擇購物款項的支付方式。

- Pay per Click, PPC（**點擊數收費**）：就是一種按點擊數付費廣告方式，是指搜尋引擎的付費競價排名廣告推廣形式，就是按照點擊次數計費，不管廣告曝光量多少，沒人點擊就不用付錢，多數新手都會使用單次點擊出價。

- Pay per Mille, PPM（**廣告千次曝光費用**）：這種收費方式是以曝光量計費，也就是廣告曝光一千次所要花費的費用，就算沒有產生任何點擊，只要千次曝光就會計費，這種方式對商家的風險較大，不過最適合加深大眾印象，需要打響商家名稱的廣告客戶，並且可將廣告投放於有興趣客戶。

- Pop-Up Ads（**彈出式廣告**）：當網友點選連結進入網頁時，會彈跳出另一個子視窗來播放廣告訊息，強迫使用者接受，並連結到廣告主網站。

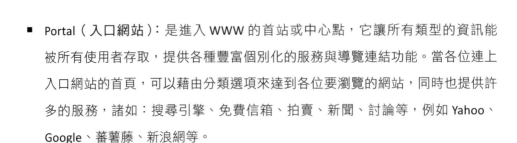

- Portal（入口網站）：是進入 WWW 的首站或中心點，它讓所有類型的資訊能被所有使用者存取，提供各種豐富個別化的服務與導覽連結功能。當各位連上入口網站的首頁，可以藉由分類選項來達到各位要瀏覽的網站，同時也提供許多的服務，諸如：搜尋引擎、免費信箱、拍賣、新聞、討論等，例如 Yahoo、Google、蕃薯藤、新浪網等。

- Porter five forces analysis（五力分析模型）：全球知名的策略大師 Michael E. Porter 於 80 年代提出以五力分析模型作為競爭策略的架構，他認為有五種力量促成產業競爭，每一個競爭力都是為對稱關係，透過這五方面力的分析，可以測知該產業的競爭強度與獲利潛力，並且有效的分析出客戶的現有競爭環境。五力分別是供應商的議價能力、買家的議價能力、潛在競爭者進入的能力、替代品的威脅能力、現有競爭者的競爭能力。

- Positioning（市場定位）：是檢視公司商品能提供之價值，向目標市場的潛在顧客介紹商品的價值。品牌定位是 STP 的最後一個步驟，也就是針對作好的市場區隔及目標選擇，為企業立下一個明確不可動搖的層次與品牌印象。

- Pre-roll（插播廣告）：影片播放之前的插播廣告。

- Private Cloud（私有雲）：是將雲基礎設施與軟硬體資源建立在防火牆內，以供機構或企業共享數據中心內的資源。

- Public Cloud（公用雲）：是透過網路及第三方服務供應者，提供一般公眾或大型產業集體使用的雲端基礎設施，通常公用雲價格較低廉。

- Publisher（出版商）：平台上的個體，廣告賣方，例如媒體網站 Blogger 的管理者，以提供網站固定版位給予廣告主曝光。例如 Facebook 發展至今，已經成為網路出版商（Online Publishers）的重要平台。

- Quick Response Code, QR Code：是在 1994 年由日本 Denso-Wave 公司發明，利用線條與方塊所組成，除了文字之外，還可以儲存圖片、記號等相關資訊。QR Code 連結行銷相關的應用相當廣泛，可針對不同屬性活動搭配不同的連結內容。

- Radio Frequency IDentification, RFID（**無線射頻辨識技術**）：是一種自動無線識別數據獲取技術，可以利用射頻訊號以無線方式傳送及接收數據資料，例如在所出售的衣物貼上晶片標籤，透過 RFID 的辨識，可以進行衣服的管理，例如全球最大的連鎖通路商 Wal-Mart 要求上游供應商在貨品的包裝上裝置 RFID 標籤，以便隨時追蹤貨品在供應鏈上的即時資訊。

- Reach（**觸及**）：一定期間內，個用來記錄廣告至少一次觸及到了多少人的總數。

- Real-time Bidding, RTB（**即時競標**）：為近來新興的目標式廣告模式，相當適合強烈網路廣告需求的電商業者，由程式瞬間競標拍賣方式，廣告購買方對某一個曝光出價，價高者得標，贏家的廣告會馬上出現在媒體廣告版位，可以提升廣告主的廣告投放效益。至於無得標（Zero Win Rate）則是在即時競價（RTB）中，沒有任何特定廣告買主得標的狀況。

- Referral（**參照連結網址**）：Google Analytics 會自動識別是透過第三方網站上的連結而連上你的網站，這類流量來源則會被認定為參照連結網址，也就是從其他網站到我們網站的流量。

- Referral Traffic（**推薦流量**）：其他網站上有你的網站連結，訪客透過點擊連結，進去你的網站的流量。

- Relationship Marketing（**關係行銷**）：是以一種建構在「彼此有利」為基礎的觀念，強調銷售是關係的開始，而非交易的結束，發展出了解顧客需求，而進行顧客服務，以建立並維持與個別顧客的關係，謀求雙方互惠的利益。

- Repeat Visitor（**重複訪客**）：訪客至少有一次或以上造訪記錄。

- Responsive Web Design, RWD：新一代的電商網站設計趨勢，因為 RWD 被公認為是能夠對行動裝置用戶提供最佳的視覺體驗，原理是使用 CSS3 以百分比的方式來進行網頁畫面的設計，在不同解析度下能自動改變網頁頁面的布局排版，讓不同裝置都能以最適合閱讀的網頁格式瀏覽同一網站，不用一直忙著縮小放大拖曳，給使用者最佳瀏覽畫面。

- Retention Time（**停留時間**）：是指瀏覽者或消費者在網站停留的時間。

- **Return of Investment, ROI（投資報酬率）**：指透過投資一項行銷活動所得到的經濟回報，以百分比表示，計算方式為淨收入（訂單收益總額 – 投資成本）除以「投資成本」。

- **Return on Ad Spend, ROAS（廣告收益比）**：計算透過廣告所有花費所帶來的收入比率。

- **Revenue Per Mille, RPM（每千次觀看收益）**：代表每 1,000 次影片觀看次數，你所賺取的收益金額，RPM 就是為 Youtuber 量身訂做的制度，RPM 是根據多種收益來源計算而得，也就是 Youtuber 所有項目的總瀏覽量，包括廣告分潤、頻道會員、Premium 收益、超級留言和貼圖等等，主要就是概算出你每千次展示的可能收入，有助於你了解整體營利成效。

- **Revolving-door Effect（旋轉門效應）**：許多企業往往希望不斷的拓展市場，經常把焦點放在吸收新顧客上，卻忽略了手邊原有的舊客戶，如此一來，也就是費盡心思地將新顧客拉進來時，被忽略的舊用戶又從後門悄悄的溜走了。

- **Segmentation（市場區隔）**：是指任何企業都無法滿足所有市場的需求，應該著手建立產品的差異化，企業在經過分析市場的機會後，接著便在該市場中選擇最有利可圖的區隔市場，並且集中企業資源與火力，強攻下該市場區隔的目標市場。

- **Search Engine Results Page, SERP（搜尋引擎結果頁）**：是使用關鍵字，經搜尋引擎根據內部網頁資料庫查詢後，所呈現給使用者的自然搜尋結果的清單頁面，SERP 的排名是越前面越好。

- **Search Engine Marketing, SEM（搜尋引擎行銷）**：指的是與搜尋引擎相關的各種直接或間接行銷行為，由於傳播力量強大，吸引了許許多多行動行銷人員與店家努力經營。廣義來說，也就是利用搜尋引擎進行數位行銷的各種方法，包括增進網站的排名、購買付費的排序來增加產品的曝光機會、網站的點閱率與進行品牌的維護。

- Search Engine Optimization, SEO（**搜尋引擎最佳化**）：也稱作搜尋引擎優化，是近年來相當熱門的行動行銷方式，就是一種讓網站在搜尋引擎中取得 SERP 排名優先方式，終極目標就是要讓網站的 SERP 排名能夠到達第一。

- Secure Electronic Transaction, SET（**安全電子交易協定**）：由信用卡國際大廠 VISA 及 MasterCard，在 1996 年共同制定並發表的安全交易協定，並陸續獲得 IBM、Microsoft、HP 及 Compaq 等軟硬體大廠的支持，加上 SET 安全機制採用非對稱鍵值加密系統的編碼方式，並採用知名的 RSA 及 DES 演算法技術，讓傳輸於網路上的資料更具有安全性。

- Secure Socket Layer, SSL（**安全資料傳輸層協定**）：於 1995 年間由網景（Netscape）公司所提出，是一種 128 位元傳輸加密的安全機制，目前大部分的網頁伺服器或瀏覽器，都能夠支援 SSL 安全機制。

- Service Provider（**服務提供者**）：是比傳統服務提供者更有價值、便利與低成本的網站服務，收入可包括訂閱費或手續費。例如翻開報紙的求職欄，幾乎都被五花八門分類小廣告佔領所有廣告版面，而一般正當的公司企業，除了偶爾刊登求才廣告來塑造公司形象外，大部分都改由網路人力銀行中尋找人才。

- Session（**工作階段**）：代表指定的一段時間範圍內在網站上發生的多項使用者互動事件；舉例來說，一個工作階段可能包含多個網頁瀏覽、滑鼠點擊事件、社群媒體連結和金流交易。當一個工作階段的結束，可能就代表另一個工作階段的開始。一位使用者可開啟多個工作階段。

- Shopping Cart Abandonment（**購物車放棄率**）：是指顧客最後拋棄購物車的數量與總購物車成交數量的比例。

- Six Degrees of Separation（**六度分隔理論**）：由哈佛大學心理學教授 Stanely Milgram 所提出，是說在人際網路中，要結識任何一位陌生的朋友，中間最多只要透過六個朋友就可以。換句話說，最多只要透過六個人，你就可以連結到全世界任何一個人。例如像 Facebook 類型的 SNS 網路社群就是六度分隔理論的最好證明。

- Social Media Marketing（社群行銷）：就是透過各種社群媒體網站，讓企業吸引顧客注意而增加流量的方式。由於大家都喜歡在網路上分享與交流，透過朋友間的串連、分享、社團、粉絲頁與動員令的高速傳遞，創造了互動性與影響力強大的平台，進而提高企業形象與顧客滿意度，並間接達到產品行銷及消費，所以被視為是便宜又有效的行銷工具。

- Social Networking Service, SNS（社群網路服務）：Web 2.0 體系下的一個技術應用架構，隨著各類部落格及社群網站（SNS）的興起，網路傳遞的主控權已快速移轉到網友手上，從早期的 BBS、論壇，一直到近期的部落格、Plurk（噗浪）、Twitter（推特）、Pinterest、Instagram、微博、Facebook 或 YouTube 影音社群，主導了整個網路世界中人跟人的對話。

- Social、Location、Mobile, SoLoMo（SoLoMo 模式）：是由 KPCB 合夥人 John Doerr 在 2011 年提出的一個趨勢概念，強調「在地化的行動社群活動」，主要是因為行動裝置的普及和無線技術的發展，讓 Social（社交）、Local（在地）、Mobile（行動）三者合一能更為緊密結合，顧客會同時受到社群（Social）、行動裝置（Mobile）、以及本地商店資訊（Local）的影響，稱為 SoLoMo 消費者。

- Social Traffic（社交媒體流量）：是指透過社群網站的管道來拜訪你的網站的流量，例如 Facebook、IG、Google+，當然來自社交媒體也區分為免費及付費，藉由這些管量的流量分析，可以作為投放廣告方式及預算的決策參考。

- Spam（垃圾郵件）：網路上亂發的垃圾郵件之類的廣告訊息。

- Spark：是由加州大學柏克萊分校的 AMPLab 所開發，是目前大數據領域最受矚目的開放原始碼（BSD 授權條款）計畫，Spark 相當容易上手使用，可以快速建置演算法及大數據資料模型，目前許多企業也轉而採用 Spark 做為更進階的分析工具，也是目前相當看好的新一代大數據串流運算平台。

- Start Page（起始網頁）：訪客用來搜尋您網站的網頁。

- Stay at Home Economic（宅經濟）：這個名詞迅速火紅，在許多報章雜誌中都可以看見它的身影，「宅男、宅女」這名詞是從日本衍生而來，指許多整天呆坐

在家中看 DVD、玩線上遊戲等地消費群，在這一片不景氣當中，宅經濟帶來的「宅」商機卻創造出另一個經濟奇蹟，也為遊戲產業注入一股新的活水。

- **Streaming Media（串流媒體）**：是近年來熱門的一種網路多媒體傳播方式，它是將影音檔案經過壓縮處理後，再利用網路上封包技術，將資料流不斷地傳送到網路伺服器，而用戶端程式則會將這些封包一一接收與重組，即時呈現在用戶端的電腦上，讓使用者可依照頻寬大小來選擇不同影音品質的播放。

- **Structured Data（結構化資料）**：則是目標明確，有一定規則可循，每筆資料都有固定的欄位與格式，偏向一些日常且有重複性的工作，例如薪資會計作業、員工出勤記錄、進出貨倉管記錄等。

- **Structured Schema（結構化資料）**：是指放在網站後台的一段 HTML 中程式碼與標記，用來簡化並分類網站內容，讓搜尋引擎可以快速理解網站，好處是可以讓搜尋結果呈現最佳的表現方式，然後依照不同類型的網站就會有許多不同資訊分類，例如在健身網頁上，結構化資料就能分類工具、體位和體脂肪、熱量、性別等內容。

- **Supply Chain（供應鏈）**：觀念源自於物流（Logistics），目標是將上游零組件供應商、製造商、流通中心，以及下游零售商上下游供應商成為夥伴，以降低整體庫存之水準或提高顧客滿意度為宗旨。

- **Supply Chain Management, SCM（供應鏈管理）**：理論的目標是將上游零組件供應商、製造商、流通中心，以及下游零售商上下游供應商成為夥伴，以降低整體庫存之水準或提高顧客滿意度為宗旨。如果企業能作好供應鏈的管理，可大為提高競爭優勢，而這也是企業不可避免的趨勢。

- **Supply Side Platform, SSP（供應方平台）**：幫助網路媒體（賣方，如部落格、FB 等），託管其廣告位和廣告交易，就是擁有流量的一方，出版商能夠在 SSP 上管理自己的廣告位，可以獲得最高的有效展示費用。

- **SWOT Analysis（SWOT 分析）**：是由世界知名的麥肯錫咨詢公司所提出，又稱為態勢分析法，是一種很普遍的策略性規劃分析工具。當使用 SWOT 分析架構時，可以從對企業內部優勢與劣勢與面對競爭對手所可能的機會與威脅來進行分析，然後從面對的四個構面深入解析，分別是企業的優勢（Strengths）、劣勢（Weaknesses）、與外在環境的機會（Opportunities）和威脅（Threats），就此四個面向去分析產業與策略的競爭力。

- **Target Audience, TA（目標受眾）**：又稱為目標顧客，是一群有潛在可能會喜歡你品牌、產品或相關服務的消費者，也就是一群「對的消費者」。

- **Targeting（市場目標）**：是指完成了市場區隔後，我們就可以依照我們的區隔來進行目標的選擇，把這適合的目標市場當成你的最主要的戰場，將目標族群進行更深入的描述，設定那些最可能族群，從中選擇適合的區隔做為目標對象。

- **Target Keyword（目標關鍵字）**：就是網站確定的主打關鍵字，也就是網站上目標使用者搜索量相對最大與最熱門的關鍵字，會為網站帶來大多數的流量，並在搜尋引擎中獲得排名的關鍵字。

- **The Long Tail（長尾效應）**：Chris Anderson 於 2004 年首先提出長尾效應的現象，也顛覆了傳統以暢銷品為主流的觀念，過去一向不被重視，在統計圖上像尾巴一樣的小眾商品，因為全球化市場的來臨，即眾多小市場匯聚成可與主流大市場相匹敵的市場能量，可能就會成為具備意想不到的大商機，足可與最暢銷的熱賣品匹敵。

- **The Sharing Economy（共享經濟）**：這樣的經濟體系是讓個人都有額外創造收入的可能，就是透過網路平台所有的產品、服務都能被大眾使用、分享與出租的概念，例如類似計程車「共乘服務」（Ride-sharing Service）的 Uber。

- **The Two Tap Rule（兩次點擊原則）**：一旦你打開你的 App，如果要點擊兩次以上才能完成使用程序，就應該馬上重新設計。

- **Third-Party Payment（第三方支付）**：就是在交易過程中，除了買賣雙方外由具有實力及公信力的「第三方」設立公開平台，做為銀行、商家及消費者間的服

務管道代收與代付金流，就可稱為第三方支付。第三方支付機制建立了一個中立的支付平台，為買賣雙方提供款項的代收代付服務。

- Traffic（**流量**）：是指該網站的瀏覽頁次（Page view）的總合名稱，數字愈高表示你的內容被點擊的次數越高。

- Trueview（**真實觀看**）：通常廣告出現 5 秒後便可以跳過，但觀眾一定要看滿 30 秒才有算有效廣告，這種廣告被稱為「Trueview」，YouTube 會向廣告主收費後，才會分潤給 Youtuber。

- Trusted Service Manager, TSM（**信任服務管理平台**）：是銀行與商家之間的公正第三方安全管理系統，也是一個專門提供 NFC 應用程式下載的共享平台，主要負責中間的資料交換與整合，在台灣建立 TSM 平台的業者共有四家，商家可向 TSM 請款，銀行則付款給 TSM。

- Ubiquinomics（**隨經濟**）：盧希鵬教授所創造的名詞，是指因為行動科技的發展，讓消費時間不再受到實體通路營業時間的限制，行動通路成了消費者在哪裡，通路即在哪裡，消費者隨時隨處都可以購物。

- Ubiquity（**隨處性**）：能夠清楚連結任何地域位置，除了隨處可見的行銷訊息，還能協助客戶隨處了解商品及服務，滿足使用者對即時資訊與通訊的需求。

- Unstructured Data（**非結構化資料**）：是指那些目標不明確，不能數量化或定型化的非固定性工作、讓人無從打理起的資料格式，例如社交網路的互動資料、網際網路上的文件、影音圖片、網路搜尋索引、Cookie 記錄、醫學記錄等資料。

- Upselling（**向上銷售、追加銷售**）：鼓勵顧客在購買時是最好的時機進行追加銷售，能夠銷售出更高價或利潤率更高的產品，以獲取更多的利潤。

- Unique Page View（**不重複瀏覽量**）：是指同一位使用者在同一個工作階段中產生的網頁瀏覽，也代表該網頁獲得至少一次瀏覽的工作階段數（或稱拜訪次數）。

- Unique User, UV（**不重複訪客**）：在特定的時間內時間之內所獲得的不重複（只計算一次）訪客數目，如果來造訪網站的一台電腦用戶端視為一個不重複訪客，所有不重複訪客的總數。

- Uniform Resource Locator, URL（**全球資源定址器**）：主要是在 WWW 上指出存取方式與所需資源的所在位置來享用網路上各項服務，也可以看成是網址。

- User（**使用者**）：在 GA 中，使用者指標是用識別使用者的方式（或稱不重複訪客），所謂使用者通常指同一個人，「使用者」指標會顯示與所追蹤的網站互動的使用者人數。例如如果使用者 A 使用「同一部電腦的相同瀏覽器」在一個禮拜內拜訪了網站 5 次，並造成了 12 次工作階段，這種情況就會被 Google Analytics 記錄為 1 位使用者、12 次工作階段。

- User Generated Content, UGC（**使用者創作內容**）：是代表由使用者來創作內容的一種行銷方式，這種聚集網友創作來內容，也算是近年來蔚為風潮的內容行銷手法的一種。

- User Interface, UI（**使用者介面**）：是一種虛擬與現實互換資訊的橋梁，以浩瀚的網際網路資訊來說，UI 是人們真正會使用的部分，它算是一個工具，用來和電腦做溝通，以便讓瀏覽者輕鬆取得網頁上的內容。

- User Experience, UX（**使用者體驗**）：著重在「產品給人的整體觀感與印象」，這印象包括從行銷規劃開始到使用時的情況，也包含程式效能與介面色彩規劃等印象。所以設計師在規劃設計時，不單只是考慮視覺上的美觀清爽而已，還要考慮使用者使用時的所有細節與感受。

- Urchin Tracking Module, UTM：是發明追蹤網址成效表現的公司縮寫，作法是將原本的網址後面連接一段參數，只要點擊到帶有這段參數的連結，Google Analytics 都會記錄其來源與在網站中的行為。

- Video On Demand, VoD（**隨選視訊**）：是一種嶄新的視訊服務，使用者可不受時間、空間的限制，透過網路隨選並即時播放影音檔案，並且可以依照個人喜好「隨選隨看」，不受播放權限、時間的約束。

- Viral Marketing（**病毒式行銷**）：身處在數位世界，每個人都是一個媒體中心，可以快速的自製並上傳影片、圖文，行銷如病毒般擴散，並且一傳十、十傳百地

快速轉寄這些精心設計的商業訊息，病毒行銷要成功，關鍵是內容必須在「吵雜紛擾」的網路世界脫穎而出，才能成功引爆話題。

■ Virtual Hosting（**虛擬主機**）：是網路業者將一台伺服器分割模擬成為很多台的「虛擬」主機，讓很多個客戶共同分享使用，平均分攤成本，也就是請網路業者代管網站的意思，對使用者來說，就可以省去架設及管理主機的麻煩。

■ Virtual Reality Modeling Language, VRML（**虛擬實境技術**）：是一種程式語法，主要是利用電腦模擬產生一個三度空間的虛擬世界，提供使用者關於視覺、聽覺、觸覺等感官的模擬，利用此種語法可以在網頁上建造出一個 3D 的立體模型與立體空間。VRML 最大特色在於其互動性與即時反應，可讓設計者或參觀者在電腦中就可以獲得相同的感受，如同身處在真實世界一般，並且可以與場景產生互動，360 度全方位地觀看設計成品。

■ Visibility（**廣告能見度**）：廣告的能見度就是指廣告有沒有被網友給看到，也就是確保廣告曝光的有效性，例如以 IAB ／ MRC 所制定的基準，是指影音廣告有 50% 在持續播放過程中至少可被看見兩秒。

■ Voice Assistant（**語音助理**）：就是依據使用者輸入的語音內容、位置感測而完成相對應的任務或提供相關服務，讓你完全不用動手，輕鬆透過說話來命令機器打電話、聽音樂、傳簡訊、開啟 App、設定鬧鐘等功能。

■ Virtual Youtuber Vtuber（**虛擬頻道主**）：他們不是真人，而是以虛擬人物（如動畫、卡通人物）來進行 YouTube 平台相關的影音創作與表現。

■ Web Analytics（**網站分析**）：所謂網站分析就是透過網站資料的收集，進一步作為網站訪客行為的研究，接著彙整成有用的圖表資訊，透過這些所得到的資訊與關鍵績效指標來加以判斷該網站的經營情況，以作為網站修正、行銷活動或決策改進的依據。

■ Webinar：是指透過網路舉行的專題討論或演講，稱為「網路線上研討會」（Web Seminar 或 Online Seminar），目前多半可以透過社群平台的直播功能，提供演講者與參與者更多互動的新式研討會。

- Website（網站）：就是用來放置網頁（Page）及相關資料的地方，當我們使用工具設計網頁之前，必須先在自己的電腦上建立一個資料夾，用來儲存所設計的網頁檔案，而這個檔案資料夾就稱為「網站資料夾」。

- White Hat SEO（白帽 SEO）：是腳踏實地來經營 SEO，也就是以正當方式優化 SEO，核心精神是只要對用戶有實質幫助的內容，排名往前的機會就能提高，例如加速網站開啟速度、選擇適合的關鍵字、優化使用者體驗、定期更新貼文、行動網站優先、使用較短的 URL 連結等。

- Widget Ad：是一種桌面的小工具，可以在電腦或手機桌面上獨立執行，讓店家花極少的成本，就可迅速匯集超人氣，由於手機具有個人化的優勢，算是目前市場滲透率相當高的行銷裝置。

- Youtuber（頻道主）：所謂 Youtuber，是指經營 YouTube 頻道的影音內容創作者，或稱為頻道主、直播主或實況主。